安徽省省级规划教材

采场顶板控制及监测技术

主　编　高召宁
副主编　孟祥瑞　李德忠
　　　　王向前　梁世伟

煤炭工业出版社
·北　京·

内 容 提 要

本书系统地介绍了采场顶板控制基本知识、采场顶板事故及预防措施、单体液压支柱工作面顶板控制设计、综采工作面顶板控顶设计、支护质量与顶板动态监测等方面的内容。

本书可作为普通高等院校采矿、安全等专业的教学用书或参考书，也可供煤矿采掘工程技术人员、设计人员和管理人员参考。

前　言

为落实好“2014年度安徽省高等学校教学质量与教学改革工程项目”，加快煤炭高等院校教材建设步伐，以卓越工程师教育培养计划为目标，按照《安徽省支持本科高校发展能力提升计划》和《安徽省高等教育振兴计划》的精神和要求，我们组织有关教师编写了本书。本书在编写过程中注意理论联系实际，力求做到点面结合、重点突出、举一反三。

本书为安徽省普通高等学校省级规划教材，由安徽理工大学采矿工程学科采场顶板控制及监测技术课程组共同编写。其中，高召宁任主编，孟祥瑞、李德忠、王向前和梁世伟任副主编。

在本教材的编写过程中，编者吸收和借鉴了同类教材、相关书籍的精华，在此对各位作者致以诚挚的谢意。感谢郑志伟、应治中、王辉、闫化晴、王中涛、王育良、王斌、马宗沛、沈顺平、潘继良等研究生为本书在文字录入、绘图、排版方面所做的工作；感谢“安徽省高等教学振兴计划重大教学改革资助项目——采矿工程专业创新人才培养‘三位一体’实践教学体系构建与实践（2013zdjy084）”对本书的资助。

由于编者水平所限，书中难免有错误和不妥之处，恳请有关专家和广大读者提出宝贵意见，以便再版完善。

编　者

2014年10月

目　录

第一章　采场顶板控制基本知识

第一节　概　　述

采场顶板事故俗称冒顶，指的是在井下生产过程中，因为顶板意外冒落、垮塌而造成的人员伤亡、设备损坏和生产中断等事故。在实行综采以前，顶板事故在煤矿中占有很高的比例。随着液压支架的使用，对顶板事故研究的深入和预防技术的不断完善和提高，顶板事故所占比例有所下降，但仍然是煤矿生产的主要灾害之一。目前，我国煤矿伤亡事故中顶板事故的伤亡人数仍高达40%左右，因此，顶板事故的防治至关重要。

顶板事故和其他任何事物一样都有它的规律性。管理好顶板是防治顶板事故的有效措施之一，但管理好顶板首先必须认识顶板的力学性质以及变形、破坏、移动和失稳的自然规律，并运用这些规律采取合理的支护措施预防冒顶，达到安全生产的目的。所以，要从根本上解决顶板事故问题，不仅应具有丰富的生产实践经验、过硬的操作技能，而且还应掌握一定的矿山压力基础知识。

第二节　岩石的主要性质

一、岩石的物理性质

与顶板控制关系较大的岩石物理性质主要有岩石的结构特征、岩石的重度（又称体积力）、碎胀性以及软化性。

1. 岩石的结构特征

岩石的非均质性、岩石的层理性，以及岩石的裂隙性是岩石区别于其他力学对象（材料）的最突出的结构特征，也是在顶板管理过程中应该考虑的因素。

1）岩石的非均质性

由于组成岩石的矿物的结晶程度、颗粒大小、形状、分布排列以及胶结物的性质不同，使岩石具有非均质性。例如，煤系地层大多为沉积岩，由于沉积岩是由形状各异、颗粒大小不均匀的矿物和岩石碎屑胶结而成，在颗粒间的各种胶结物质中，有胶结强度大的硅质和钙质，有胶结强度较弱的黏土质和泥质，并有层理性和裂隙性的特点，所以岩石具有非均质性。

2）岩石的层理性

沉积岩形成时，由于岩石成分、颗粒大小和颜色深浅不同，可显示出形态不同的层状构造，这样的层状构造就是层理。层理是沉积岩的重要构造特征，但某些变质岩如片麻岩也有层理。从地质剖面图上可以看出，许多岩层是由种类不同的沉积岩层理组成，同一层岩石的内部还可见许多分层。所以沉积岩的层理形态多样，不易分辨。

3）岩石的裂隙性

岩石按成因不同可分为岩浆岩、变质岩和沉积岩。在成岩过程中和成岩之后，由于受各种因素的影响，岩石中都存在裂隙。岩石的裂隙分为原生裂隙和次生裂隙两种。由于裂隙的存在使岩体的连续性和完整性遭到破坏，从而削弱了岩体内的黏结力，降低了岩体的坚固性和稳定性，不利于顶板管理。

2. 岩石的重度

岩石的重度是指单位体积（包括空隙体积）岩石的重量，岩石的重度不仅与组成岩石的矿物成分有关，而且与岩石的孔隙中的含水量有关。

岩石的重度是研究矿山压力问题的参考指标。一般认为，重度大的岩石，其抗压强度也大。煤矿中常见岩石的重度见表1-1。

表1-1 煤矿中常见岩石的重度

岩石种类	重度/($kN \cdot m^{-3}$)	岩石种类	重度/($kN \cdot m^{-3}$)
石灰岩	22~26	页岩	20~24
砂岩	20~26	煤	12~14

3. 岩石的碎胀性

岩石破碎后的体积将比整体状态下的体积大，这个性质称为岩石的碎胀性。岩石的碎胀性用岩石的碎胀系数 k（岩石破碎膨胀后的体积与岩石处于整体状态下体积的比值）表示。岩石破碎后，在其自重和外加载荷的作用下会逐渐被压实，体积随之减小，碎胀系数比初始破碎时小；破碎岩石被压实后的体积与破碎前原始体积之比称为岩石的残余碎胀系数，用 k' 表示。煤矿中常见岩石的碎胀系数见表1-2。

表1-2 煤矿中常见岩石的碎胀系数和残余碎胀系数

岩石种类	碎胀系数 k	残余碎胀系数 k'
砂	1.06~1.15	1.01~1.03
黏土	<1.2	1.03~1.07
碎煤	<1.2	1.05
黏土页岩	1.4	1.10
砂质页岩	1.6~1.8	1.1~1.15
硬砂岩	1.5~1.8	—

4. 岩石的软化性

岩石浸水后，强度明显降低，通常用软化系数 η_c 表示水对岩石强度的影响程度。软化系数 η_c 是水饱和岩石试件的单轴向抗压强度与干燥岩石试件单轴向抗压强度的比值。软化系数 η_c 越接近于1，表明岩石的软化性越小。表1-3为煤矿中几种常见岩石的软化系数值，由该表可见，各种岩石的软化系数都小于1，说明岩石都具有软化性。

表1-3　煤矿中几种常见岩石的软化系数

岩石种类	干试件抗压强度/MPa	水饱和试件抗压强度/MPa	软化系数
黏土岩	20.3~57.8	2.35~31.2	0.08~0.87
页岩	55.8~133.3	13.4~73.6	0.24~0.55
砂岩	17.1~245.8	5.6~240.6	0.44~0.97
石灰岩	13.1~202.6	7.6~185.4	0.58~0.94

二、岩石的力学性质

岩石受力后既可出现弹性变形，也可出现塑性变形。岩石在弹性变形阶段就已伴随一定程度的塑性变形，甚至在刚开始出现变形的时刻，便出现了塑性变形。因此，岩石是同时具有弹性和塑性的材料。与顶板控制关系较大的岩石的力学性质是岩石的强度。

岩石试件在单轴向压缩时所能承受的最大压应力称作岩石的单轴向抗压强度；岩石试件在单轴向拉伸时所能承受的最大拉应力称作岩石的单轴向抗拉强度；岩石试件所能承受的最大剪应力称作岩石的抗剪强度。我国若干煤田煤层顶、底板岩石的单轴向抗压、单轴向抗拉和抗剪强度见表1-4。

表1-4　我国若干煤田煤层顶、底板岩石的强度性质　MPa

岩石种类	单轴向抗压强度	单轴向抗拉强度	抗剪强度
石灰岩	52.9~157.8	7.7~13.8	9.8~30.4
砾岩	80.4~94.0	4.0~11.76	6.6~26.4
砂砾岩	6.9~121.5	2.8~9.7	7.0~28.8
细砂岩	103.9~143.0	5.5~17.6	17.4~53.4
中砂岩	85.7~133.3	6.0~14.0	13.3~36.5
粗砂岩	56.8~123.5	5.4~11.6	12.4~30.4
粉砂岩	36.3~54.9	1.3~2.4	6.86~11.5
砂质页岩	39.2~90.2	3.9~11.8	20.6~29.9
页岩	18.6~39.2	2.7~5.4	15.6~23.3
煤	4.9~49.0	2.0~4.9	1.08~16.2

岩石试件在三向压应力作用下所能承受的最大轴向应力值称为岩石的三向抗压强度；岩石三向抗压强度比单轴向抗压强度大得多。煤矿中常见煤、岩的三向抗压强度见表1-5。

表1-5　煤矿中常见煤、岩的三向抗压强度　MPa

岩石种类	不同围压作用下的三向抗压强度											
	0	9.8	19.6	24.5	27.4	29.4	39.2	49.0	53.8	58.8	73.5	78.4
石灰岩	156.8		274.4				372.4					558.6
石英砂岩	158.5	218.9	210.8			251	305.3	354.7				

表1-5（续）　　MPa

岩石种类	不同围压作用下的三向抗压强度											
	0	9.8	19.6	24.5	27.4	29.4	39.2	49.0	53.8	58.8	73.5	78.4
砂岩	67.6				227.3				307.2			
砂页岩	58.8									377.3		406.7
硬煤	19.6										189.1	

根据实验研究可知，岩石在不同受力状态下的强度值，一般符合下列由大到小的顺序：三向等压抗压强度>三向不等压抗压强度>双向抗压强度>单轴向抗压强度>抗剪强度>单轴向抗拉强度。

以上岩石强度都是指岩石试件的强度，而顶板岩层是一个岩体，由于岩层中存在裂隙、层理和弱面，所以岩体的强度比岩石强度小得多，一般只有岩石强度的1/20~1/5。

此外，岩石还具有蠕变特性。蠕变是指岩石在应力不变的条件下，应变随时间延长而增加的现象。

第三节　矿　山　压　力

回采工作是一种打破煤（岩）层原始应力状态的活动，如果不掌握矿山压力活动的规律，很难做到对顶板的有效控制，使开采活动具有盲目性和危险性，导致顶板事故的发生。因此，必须加强对矿山压力理论的研究，以期掌握矿山压力活动规律，获得控制矿山压力的主动权。

一、矿山压力的形成和显现

1. 矿山压力的形成

地下岩体在受到开挖以前，煤岩体内原岩应力处于平衡状态。开挖巷道或进行回采工作时，破坏了原始的应力平衡状态，引起煤岩体内部的应力重新分布，直至形成新的平衡状态。我们把这种由于矿山开采活动的影响，在巷硐周围岩体中形成的和作用在巷硐支护物上的力定义为矿山压力。

2. 矿山压力显现

在矿山压力作用下，会引起各种力学现象，如岩体的变形、破坏、塌落，支护物的变形、破坏、折损，以及在岩体中产生动力现象。这些由于矿山压力作用使巷硐周围岩体和支护物上产生的种种力学现象，统称为矿山压力显现。

3. 矿山压力控制

在大多数情况下，矿山压力显现会对采矿工程造成不同程度的危害。为使矿山压力显现不致影响采矿工作正常进行和保障安全生产，必须采取各种技术措施将矿山压力显现控制在一定范围内。对于有利于采矿生产的矿山压力显现，也应合理利用。所有减轻、调节、改变和利用矿山压力作用的各种方法，均称作矿山压力控制。而把控制采掘工作面矿山压力显现的方法称作顶板管理。

二、采场上覆岩层活动规律假说

为探索采场上覆岩层活动规律与矿山压力的关系，寻求合理的控顶方法，人们提出了一些假说。这些假说都有一定的理论依据，并在生产实践中得到了证明，有力地指导了顶板管理工作。

（一）压力拱假说

压力拱假说是由德国人哈克（W. Hack）和吉里策尔（G. Gillitzer）于1928年提出的。此假说认为，在回采工作空间上方，由于岩层自然平衡而形成了一个“压力拱”，拱的一个支撑点是在工作面前方煤体内，形成了前拱脚 a，而另一个支撑点是在采空区内已垮落的矸石上或采空区的充填体上，形成了后拱脚 b，如图1-1所示。随着工作面的推进，前、后拱脚也将向前移动。a、b 均为应力增高区，工作面则处于应力降低区。在前、后拱脚之间，无论在顶板或底板中都形成了一个减压区，采煤工作面的支架只承受压力拱内的岩石重量。

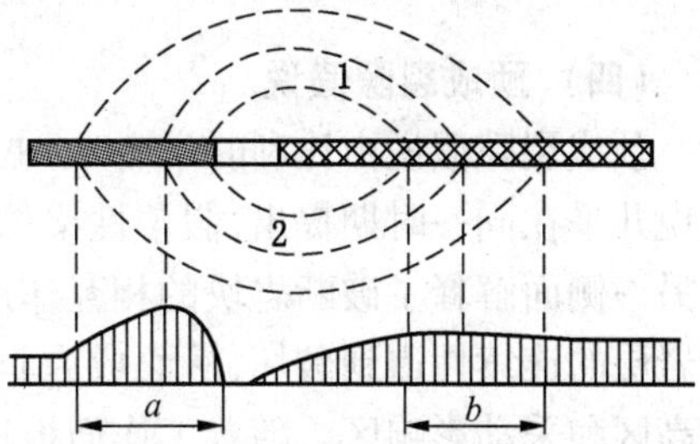

1—顶板内压力拱轴线；2—底板内压力拱轴线

图1-1　采煤工作面压力拱假说

压力拱假说对采煤工作面前后的支承压力及回采工作空间处于减压范围做出了粗略的但却是经典的解释，而对于此拱的特性、岩层变形、移动和破坏的发展过程，以及支架与围岩的相互作用，并没有做任何分析。

（二）悬臂梁假说

悬臂梁假说是由德国人施托克（K. Stoke）于1916年提出的，后得到英国的弗里德（L. Friend）、苏联的格尔曼等的支持。此假说认为，工作面和采空区上方的顶板可视为梁，它一端固定于岩体内，另一端则处于悬伸状态。当顶板由几个岩层组成时，形成组合悬臂梁。在悬臂梁弯曲下沉后，受到已垮落岩石的支撑，当悬伸长度很大时，发生有规律的周期性折断，从而引起周期来压。

此假说可以解释工作面近煤壁处顶板下沉量小，支架载荷也小，而距煤壁越远则两者均大的现象。同时也可解释工作面前方出现的支承压力及工作面出现的周期来压现象。

根据上述观点，提出了各种计算方法，但由于并未查明开采后上覆岩层活动规律，因此，仅凭悬臂梁本身计算所得的顶板下沉量和支架载荷与实际所测得的数据相差甚远。

（三）铰接岩块假说

铰接岩块假说由苏联人库兹涅佐夫于1950—1954年提出。此假说认为，工作面上覆岩层的破坏可分为垮落带和其上的规则移动带。垮落带分上下两部分，下部垮落时，岩块杂乱无章；上部垮落时，则呈规则的排列，但与规则移动带的差别在于无水平方向有规律的水平挤压力的联系。规则移动带岩块间可以相互铰合而形成一条多环节的铰链，并规则地在采空区上方下沉，具体如图1-2所示。

此假说对支架和围岩的相互作用做了较详细的分析。假说认为，工作面支架存在两种不同的工作状态。当规则移动带（相当于基本顶）下部岩层变形小而不发生折断时，垮落带岩层（相当于直接顶）和基本顶间就可能发生离层，支架最多只承受直接顶折断岩层的全部重量，这种情况称为支架处于“给定载荷状态”。当直接顶受基本顶影响折断

1—不规则冒落带；2—规则垮落带；3—裂隙带

图 1-2 铰接岩块假说

时，支架所承受的载荷和变形取决于规则移动带下部岩块的相互作用，载荷和变形将随岩块的下沉不断增加，直到岩块受已垮落岩石的支承达到平衡为止，这种情况称为支架的“给定变形状态”。铰接岩块间的平衡关系称为三铰拱式的平衡。

铰接岩块假说正确阐明了工作面上覆岩层的分带情况，并初步涉及岩层内部的力学关系及其可能形成的“结构”。但此假说未能对铰接岩块间的平衡条件做进一步探讨。

(四) 预成裂隙假说

预成裂隙假说由比利时学者 A. 拉巴斯于 20 世纪 50 年代初提出，该假说与铰接岩块假说几乎在同一时期提出，假塑性梁的定义是此假说中的主要组成部分。事实上，此假说是从另一侧面解释了破断岩块的相互作用关系。此假说认为，由于开采的影响，采煤工作面上覆岩层的连续性遭到破坏，从而成为非连续体。在采煤工作面周围存在着应力降低区、应力增高区和采动影响区。随着工作面推进，3 个区域同时相应地向前移动，如图 1-3 所示。

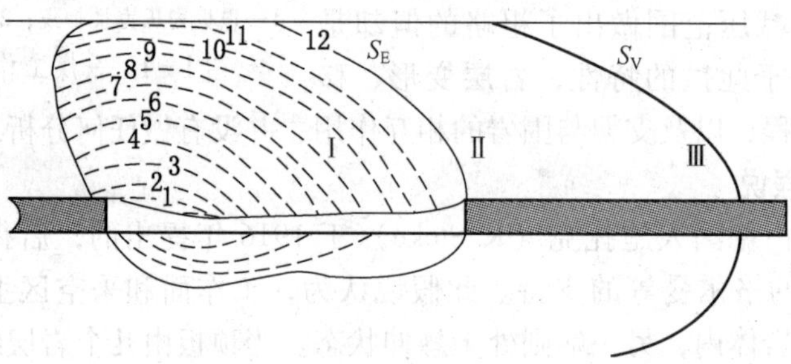

Ⅰ—应力降低区；Ⅱ—应力增高区，包围面 S_E 上的剪应力达到最大；Ⅲ—采动影响区；

S_E—最大剪应力包围面，即沿该曲面岩体中的径向和切向的主应力 σ_r 和 σ_t 之差最大；

S_V—极限影响面，沿该曲面岩体由于原有的假塑性可能发生变形，但不形成新的裂隙

图 1-3 预成裂隙假说

由于开采后上覆岩层中存在各种裂隙，这些裂隙有可能是由于支承压力作用而形成的，它可能是平行于正压力的张开裂隙，也可能是与正压应力成一定交角的剪切裂隙，从而使岩体发生很大的类似塑性体的变形，因而可将其视为“假塑性体”。这种被各种裂隙破坏了的假塑性体处于一种彼此被挤紧的状态时，可以形成类似于梁的平衡；在自重及上覆岩层的作用下，假塑性体将发生明显的假塑性弯曲；当下部岩层的下沉量大于上部岩层时，就产生离层。

此假说还认为，为了有效控制顶板，应保证支架具有足够的初撑力和工作阻力，并应及时支撑顶板岩层，使各岩层及岩块之间处于挤紧状态，借助彼此之间的摩擦阻力，阻止岩层破断岩块之间的相对滑移、张裂与离层。

(五)“砌体梁”假说

我国学者钱鸣高院士以铰接岩块假说及预成裂隙假说为基础，在大量生产实践过程中对岩层内部移动进行现场观测，于 20 世纪 70 年代末 80 年代初提出了岩体结构的“砌体

梁”力学模型，从而发展了上述有关假说。

“砌体梁”结构认为，采场上覆岩层的岩体结构骨架是覆岩中的坚硬岩层，可将上覆岩层划分为若干组，每组以坚硬岩层为底层，其上部的软弱岩层可视为直接作用于骨架上的载荷。随着工作面的推进，采空区上方坚硬岩层在裂隙带内将断裂成排列整齐的岩块，岩块间将受水平推力作用而形成铰接关系。经实测岩层移动曲线的形态开始为下凹，而后随工作面的推进逐渐恢复水平状态，由此决定了断裂岩块间铰接点的位置。若曲线下凹，则铰接点位置在岩块断裂面的偏下部；反之，则在偏上部。如果在采煤空间以及邻近的采空区上方出现明显的离层区，说明该区内断裂的岩块可以形成悬露结构。

采场上覆岩层中的“砌体梁”力学结构模型如图 1-4 所示。鉴于此结构是类似于砌体一样排列而组成的，因而称之为“砌体梁”。

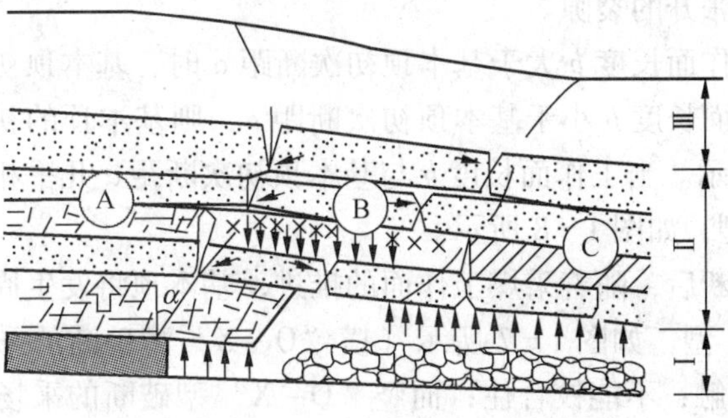

Ⅰ—垮落带；Ⅱ—裂隙带；Ⅲ—弯曲下沉带；
A—煤壁支撑影响区；B—离层区；C—重新压实区

图 1-4　采场上覆岩层中的“砌体梁”力学结构模型

钱鸣高院士在其“砌体梁”理论中提出，基本顶岩层必须具备以下两个条件才能形成平衡结构（即进入裂隙带）：第一，岩层厚度要比其下自由空间的高度大得多；第二，基本顶断块长度与其岩层厚度的比值应大于 2。

此假说具体给出了破断岩块的咬合方式及平衡条件，同时还讨论了基本顶破断时在岩体中引起的扰动，很好地解释了采场矿山压力显现规律，为采场矿山压力的控制及支护设计提供了理论依据。此假说通过现场观测和生产实践的验证已得到公认，对我国煤矿采场矿压理论研究与指导生产实践都起到了重要作用。

（六）“薄板”假说

我国学者还对采场及采空区上方基本顶的破断进行了研究。根据开采条件及采面周边煤柱的尺寸，把基本顶板的支撑条件分 4 种情况，即四边固支（图 1-5a）；三边固支，一边简支（图 1-5b）；两边固支，两边简支（图 1-5c）；一边固支，三边简支（图 1-5d）。

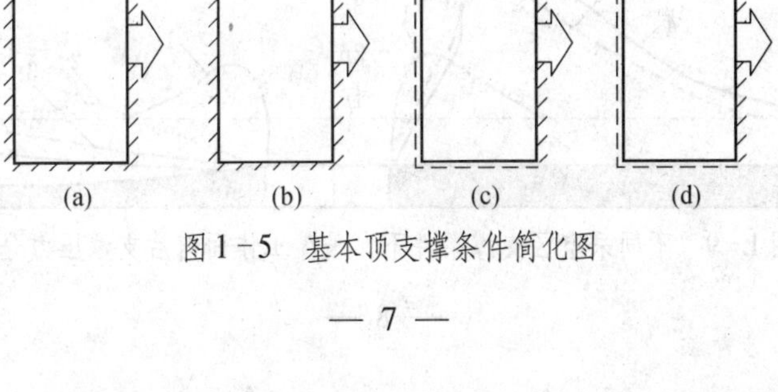

图 1-5　基本顶支撑条件简化图

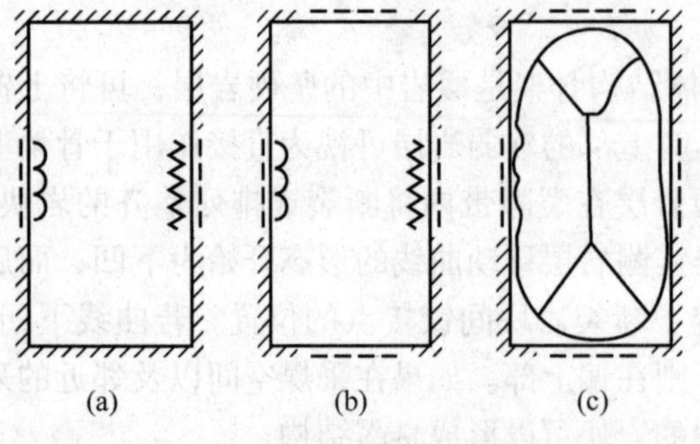

图1-6　基本顶板的竖“O-X”型破断

为了说明基本顶的初次破断特征，以四边固支的板为例，当采煤工作面自开切眼推进到一定距离时，弯矩的最大值发生在长边的中心位置，因此首先在该位置处形成断裂（图1-6a），而后在短边的中央形成裂隙（图1-6b），待四周裂隙贯通而呈“O”形后，板中央的弯矩又达到最大值，超过强度极限而形成裂隙，最后形成“X”型破断，如图1-6c所示，这就是基本顶初次破断。

此时，在板的支撑边四周形成上部张开、下部闭合的裂隙，而在“X”型破断部分则形成上部闭合、下部张开的裂隙。

上面所述，是工作面长度 b 大于基本顶初次断距 a 时，基本顶初次破断呈竖“O-X”型的情况。如果工作面长度 b 小于基本顶初次断距 a，则基本顶的初次破断将呈横“O-X”型，如图1-7所示。当工作面长度 b 与基本顶初次断距 a 几乎相等时，基本顶初次破断则呈正“O-X”型，如图1-8所示。

在基本顶初次破断后，随着采煤工作面的推进，基本顶将发生周期性破断。这时的破断只有半个“O-X”型，如图1-7所示（横“O-X”型破断的采场上方断块，与其后面断块只有“点”接触，不能铰合住；而竖“O-X”型破断的采场上方断块，与其后边断块是“线”接触，有可能形成砌体梁结构）。

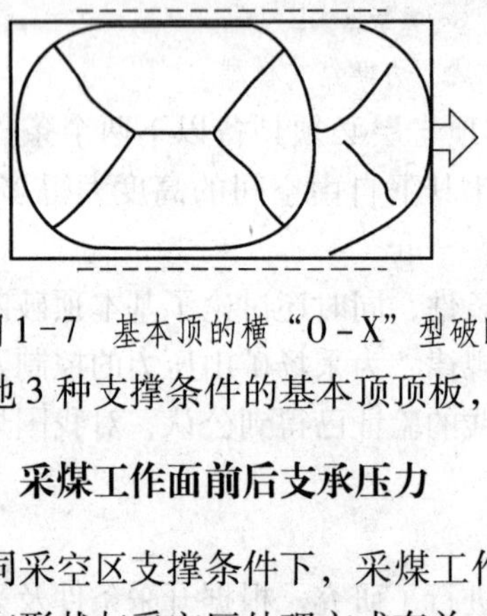

图1-7　基本顶的横“O-X”型破断

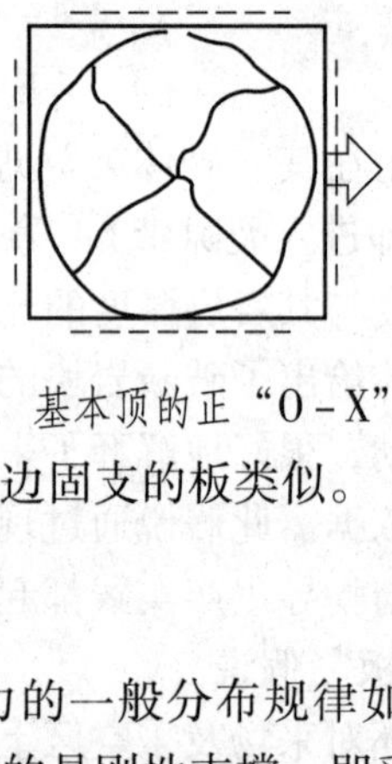

图1-8　基本顶的正“O-X”型破断

其他3种支撑条件的基本顶顶板，其破断形式与四边固支的板类似。

三、采煤工作面前后支承压力

不同采空区支撑条件下，采煤工作面前后支承压力的一般分布规律如图1-9所示，具体分布形状与采空区处理方式有关。假如采空区采用的是刚性支撑，即采用刀柱法，工作面前方的支承压力分布如图1-9中曲线1，即前后支承压力分布几乎相等。

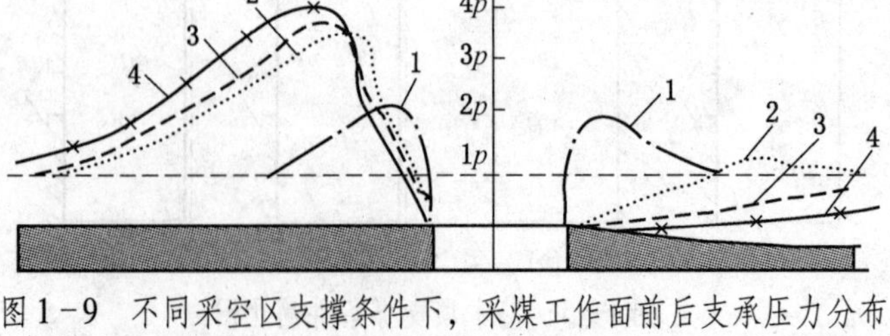

图1-9　不同采空区支撑条件下，采煤工作面前后支承压力分布

假设采空区处理采用垮落法或充填法，则将导致工作面前方支承压力急剧增加，而采空区支承压力则大幅度降低，如图 1－9 中曲线 2。

若顶板比较坚硬，则在悬顶时工作面前方支承压力较高，而采空区则较低，如图 1－9 中曲线 3。但当顶板切落时，则前方支承压力有所降低，而采空区有所增加。

由于种种原因，如采深太大或岩性的影响，致使开采后岩层移动未能波及地表，则此时将出现图 1－9 中曲线 4 的状态，即采空区的支承压力有可能恢复不到 γH 值（γ 为上覆岩层平均重度，H 为埋深）。

根据上述分析，采煤工作面前后的支承压力状态一般可绘成如图 1－10 所示的形态，并可将其分为应力降低区 b、应力增高区 a 和应力不变区 c，这 3 个区域的范围受众多因素的影响。

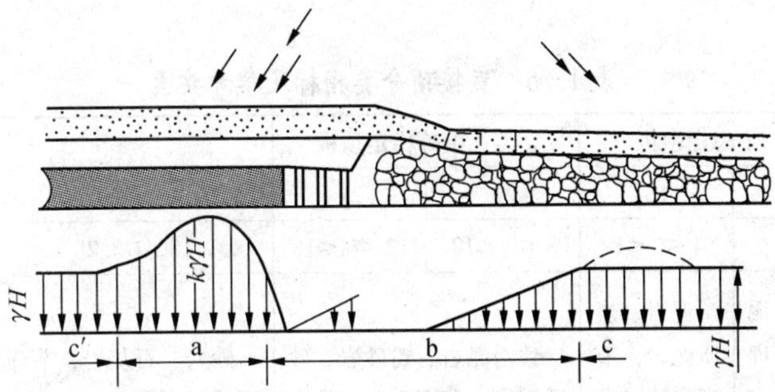

图 1－10　工作面前后支承压力分布

了解采煤工作面的支承压力分布状态，对于顶板管理中的采场支护和采空区处理，具有现实意义。

第四节　顶、底板分类

一、顶板与底板

在煤层或矿床开采过程中，一般把直接进行采煤或开采有用矿物的工作空间称为采煤工作面或简称为采场。

赋存在煤层之上的岩层称为顶板或称为上覆岩层，位于煤层下方的岩层称为底板。

一般把直接位于煤层上方的一层或几层性质相近的岩层称为直接顶。它通常由具有一定稳定性，且易于随工作面回柱放顶而垮落的页岩、砂页岩或粉砂岩等岩层组成。

在煤层与直接顶之间有时存在厚度小于 0.3～0.5 m、极易垮落的软弱岩层，称为伪顶。它随采随冒，一般为炭质页岩、泥质页岩等。

通常把位于直接顶之上（有时直接位于煤层之上）、对采场矿山压力直接造成影响的、厚而坚硬的岩层称为基本顶，曾称老顶。基本顶一般是由砂岩、石灰岩及砂砾岩等岩层组成。

二、顶板分类与底板特性

（一）顶板分类

直接顶是采煤工作面空间直接维护的对象，直接顶的完整程度和稳定性，不仅直接影响工作面的安全及工作面生产能力的发挥，而且对支架的选型、支护方式常常起主导作用。

基本顶的失稳及来压不仅对直接顶的稳定性有直接影响，而且对确定支护强度、支架具备的可缩量，以及选择采空区处理方法等都起着决定性作用。

为了确定液压支架的支护强度和单体液压支柱的支护密度，以提高工作面的安全程度，减少顶板事故等，原煤炭工业部颁发了缓倾斜煤层采煤工作面顶板分类方案。采煤工作面直接顶类别按其在开采过程中表现的稳定程度进行划分，共分为4类，其中，1类直接顶又分为2个亚类；对于2类直接顶，可根据需要分为2个亚类。直接顶分类指标见表1-6。表1-6中，τ_r 为直接顶平均初次垮落步距。

表1-6　直接顶分类指标及参考要素

类　别	1类：不稳定顶板		2类：中等稳定顶板		3类：稳定顶板	4类：非常稳定顶板
	1a	1b	2a	2b		
基本指标	$\tau_r \leqslant 4$	$4 < \tau_r \leqslant 8$	$8 < \tau_r \leqslant 12$	$12 < \tau_r \leqslant 18$	$18 < \tau_r \leqslant 28$	$28 < \tau_r \leqslant 50$
岩性和结构特征	泥岩、泥页岩，节理裂隙发育或松软	泥岩、炭质泥岩，节理裂隙较发育	致密泥岩、粉砂岩、砂质泥岩，节理裂隙不发育		砂岩、石灰岩，节理裂隙很少	致密砂岩、石灰岩，节理裂隙极少

基本顶的分级指标是指基本顶初次来压当量（p_e），其值由基本顶初次来压步距（C_0）、直接顶充填系数（N）和煤层采高（M）按式（1-1）确定。基本顶的分级指标见表1-7。

$$p_e = 241.3\ln(C_0) - 15.5N + 52.6M \tag{1-1}$$

式中　p_e——基本顶初次来压当量，kN/m^2；

C_0——基本顶初次来压步距，m；

N——直接顶充填系数，$N = h_i/M$；

h_i——直接顶厚度，m；

M——煤层采高。

表1-7　基本顶分级指标

基本顶分级	Ⅰ	Ⅱ	Ⅲ	Ⅳ	
基本顶来压显现	不明显	明显	强烈	非常强烈	
				$Ⅳ_a$	$Ⅳ_b$
分级指标	$p_e \leqslant 895$	$895 < p_e \leqslant 975$	$975 < p_e \leqslant 1075$	$1075 < p_e \leqslant 1145$	$p_e > 1145$

（二）底板特征

底板岩层在矿山压力控制中涉及两类问题：一方面，煤层开采后引起的底板破坏，其范围将与开采范围及采空区周围的支承压力分布有关，由于底板的破坏可能导致地下水分布的变化，如我国华北地区许多煤层的底板为富含水性的奥陶纪石灰岩，煤层开采后底板的变形破坏可能引起突水等事故，因此必须研究开采后的底板破坏规律；另一方面，从采场支护系统而言，支护系统的刚度是由“底板—支架—顶板”所组成，因此底板岩层的刚度将直接影响支护性能的发挥，比如单体液压支柱的底面积仅100 cm^2，在底板比较松软的情况下，支柱很容易插入底板，从而影响对顶板的控制。

将支架底座对单位面积底板上所造成的压力称为底板载荷集度，即底板比压。

工作面支柱插入底板的破坏形式有3种(图1-11)，即整体剪切、局部剪切和其他剪切。

整体剪切的特征：当载荷达到某一定值后，突然下降，压入深度迅速增大，此突破点称为底板的极限抗压入强度。局部剪切的特征：没有明显的突破点，但随载荷的增加，压入深度的变形率增长较快。其他剪切的破坏形式介于整体剪切和局部剪切之间，有突破点，但不明显，载荷超过突破点后压入深度明显增大。

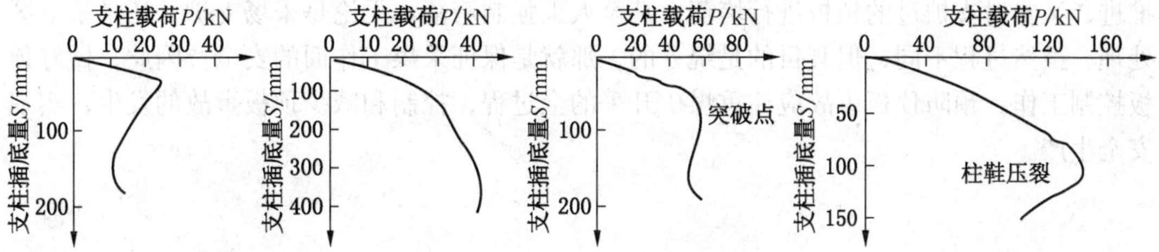

图1-11 支柱对底板的破坏形式

实践中为防止支柱插底，提高支护系统的刚度，采取穿柱鞋的措施。当支柱穿上底鞋时，则其承受的载荷将随底鞋的特点而明显增加，当底鞋压裂后其承载能力迅速下降，且穿底量明显增加。底鞋不宜采用木材，因为木材的横向抗压强度很小，只有3 MPa左右，与软底板情况相近，因此抗插入能力差，效果不明显。

根据我国煤矿开采工作面底板对支柱的影响，将底板进行分类，具体见表1-8。可根据表1-8选择支柱应具有的底面积。

表1-8 煤层底板分类方案

底板类别		基本指标		辅助指标	参考指标	岩性描述
名称	代号	允许比压 q_c/MPa	允许刚度 K_c/(MPa·mm^{-1})	允许穿透度 β_c/mm^{-1}	允许底板单轴抗压强度 R_c/MPa	
极软	Ⅰ	<3.0	<0.035	<0.20	<7.22	充填砂、泥岩、软煤
松软	Ⅱ	3.0~6.0	0.035~0.32	0.20~0.40	7.22~10.80	泥页岩、煤
较软	$Ⅲ_a$	6.0~9.7	0.32~0.67	0.40~0.65	10.80~15.21	中硬煤、薄层状页岩
	$Ⅲ_b$	9.7~16.1	0.67~1.27	0.65~1.08	15.21~22.84	硬煤、致密页岩
中硬	Ⅳ	16.1~32	1.27~2.76	1.08~2.16	22.84~41.79	致密页岩、砂质泥岩
坚硬	Ⅴ	>32	>2.76	>2.16	>41.79	厚层砂质页岩、粉砂岩、砂岩

第五节　顶板控制的概念

煤矿地下开采所处的深度一般都在几百米乃至上千米，采掘工作面要受到矿山压力、构造应力、温度应力和膨胀应力的影响，巷道周围的围岩也对采掘工作面有较大的影响。因此，在回采过程中必须深入了解、掌握矿山压力活动显现规律和岩石性质。所以，我们把控制矿山压力显现的方法称作顶板控制（或顶板管理）。

顶板控制的内容是采场支护和采空区处理。采煤工作面的回采过程包括：破煤、装煤、运煤、支护、处理采空区五道工序，又称回采工艺。前三者是为了把煤采出来，简称为“采”；后两者是为了控制顶板，简称为“控”。

采空区的处理方法一般分为垮落法、充填法（局部充填法、全部充填法）、煤柱支撑法和缓慢下沉法。采场支护是控制围岩的变形、破坏和移动，但是随着采煤工作面的不断推进，又要对支护过的顶板进行垮落，甚至人工强制垮落。无论是采场支护，还是采空区处理，虽然过程不同，但其目的是统一的，那就是保证采煤工作面的安全。因此，做好顶板控制工作，预防顶板事故应注重煤矿开采的全过程，控制和减少顶板事故的发生，实现安全生产。

第二章　采场顶板事故及预防措施

第一节　顶板事故分类

人们在地下煤层中采煤，如果处理不当，顶板就会冒落，轻则影响生产，重则造成人员伤亡等，这就是顶板事故。顶板事故与水、火、瓦斯、煤尘并列，被称为煤矿五大灾害之一，一直以来是影响煤矿安全生产的主要因素。

为彻底消灭采场顶板事故，必须研究采场顶板事故的发生机理及其预防措施，而科学进行采场顶板事故分类，则是首先必须解决的问题。

关于采场顶板事故分类，有关专家学者根据个人的实践与研究，提出了不同的看法，主要有以下几种：

一、《煤矿总工程师工作指南》一书中的分类

采场顶板事故分为两大类，即大面积切顶、小范围局部冒顶。

1. 大面积切顶

（1）基本顶运动导致的大面积切顶包括：①压垮型；②冲击推垮型（砸垮型）。

（2）直接顶运动导致的大面积切顶包括：①压垮型；②推垮型；③沿倾斜方向推垮；④向采空区方向推垮；⑤向煤壁方向推垮。

2. 小范围局部冒顶

（1）采煤过程中的局部冒顶。

（2）放顶过程中的局部冒顶。

二、《煤矿顶板事故的防治》一书中的分类

采场顶板事故分为以下 3 大类：

1. 局部冒顶事故

（1）镶嵌型顶板局部冒顶。

（2）脆性支护突然折断，造成的局部冒顶。

（3）局部空顶（空洞）冒落、冲击造成的局部冒顶。

（4）断层带处局部冒顶。

（5）端头冒顶。

2. 大型冒顶事故

（1）复合顶板条件下冒顶。

（2）金属网下推垮型冒顶。

（3）坚硬顶板冒顶。

（4）因控顶距不当引起的大型冒顶。

3. 急斜煤层采煤工作面顶板事故

（1）局部冒顶型。

（2）推垮冒顶型。

（3）压垮冒顶型。

（4）底板滑漏型。

三、《顶板灾害防治》中的分类

采场顶板事故按力源的不同，可分为压垮型、漏冒型与推垮型三大类。压垮型冒顶是由垂直于层面方向的顶板力压坏采场支架而导致的冒顶；漏冒型冒顶是因已破碎顶板没有得到有效支护、受重力作用冒落而导致的冒顶；推垮型冒顶是由平行于层面方向的顶板力推倒采场支架而导致的冒顶。此外，还可能出现综合类型的冒顶。按力源的不同，将采场顶板事故分类如下：

1. 压垮型冒顶

压垮型冒顶主要发生在基本顶来压时，具体包括以下 3 种类型。

（1）垮落带基本顶岩块压坏采场支架导致的冒顶。

（2）垮落带基本顶岩块冲击压坏采场支架导致的冒顶。

（3）垮落带或裂隙带基本顶旋转下沉时压坏采场支架导致的冒顶。

2. 漏冒型冒顶

（1）大面积漏垮型冒顶。

（2）靠煤帮附近的局部冒顶。

（3）采场两端（即机头、机尾处）局部冒顶。

（4）放顶线及其附近的局部冒顶。

3. 推垮型冒顶

（1）金属网下推垮型冒顶。

（2）采空区冒矸冲入采场的推垮型冒顶。

4. 综合类型冒顶

（1）厚层难冒顶板导致的冒顶，在这种顶板下主要是大面积的压力，但不排除一定条件下，采空区冒矸冲入采场的可能。

（2）地质破坏带附近的局部冒顶，主要在断层附近，这时压、漏、推类型的冒顶都有可能发生。

（3）大块游离顶板导致的冒顶，包括复合顶板推垮型冒顶、冲击推垮型冒顶、大块游离顶板旋转推垮型冒顶。

下面按压垮型、漏冒型、推垮型以及综合类型冒顶的顺序，分别阐述冒顶机理及预防措施。

第二节　压垮型冒顶的机理及预防措施

压垮型冒顶主要是在基本顶来压时发生，因此在介绍压垮型冒顶的机理及预防措施之前，应先介绍基本顶来压问题。

一、基本顶来压时的压垮型冒顶

（一）采动后顶板活动的一般规律

众所周知，当煤层上面有基本顶而直接顶厚度又较小时，采场会出现基本顶来压，而基本顶来压时可能发生压垮型冒顶。下面对基本顶来压问题作如下分析。

1. 基本顶初次来压

若直接顶厚度不到采高的 2～4 倍，则直接顶垮落后不能填满采空区。开始时，基本顶在采空区上方呈双支点梁状态，基本顶岩梁将自身及其上部岩层的重量主要作用到采空空间周围的煤体上，这时基本顶不会对工作面造成很大压力。

随着采煤工作面的推进，梁的跨度越来越大，基本顶就逐渐弯曲下沉；当基本顶双支点梁达到极限跨距时，它就断裂下沉，如图 2－1a 所示。这时，采煤工作面内顶板下沉加快，煤壁片帮严重，支柱受力增大。当采煤工作面过基本顶断裂线时，甚至发生顶板台阶下沉，如图 2－1b 所示。这是工作面回采以来基本顶初次大规模来压，即基本顶初次来压。基本顶初次来压步距一般为 20～35 m，有时更大。

2. 基本顶周期来压

基本顶初次来压后，随着采煤工作面的继续推进，基本顶岩梁周期性断裂下沉，工作面内将出现顶板下沉加快，煤壁严重片帮，支柱受载增大，以及顶板台阶下沉等基本顶周期来压现象（图 2－2）。基本顶周期来压步距，一般为初次来压步距的 1/4～1/2。

3. 有关基本顶来压的几个问题

（1）在采煤工作面中，当支柱的初撑力较低时，基本顶往往易断裂在煤壁之内。实践表明，随基本顶及其支撑条件的不同，基本顶在煤壁内的断裂位置距煤壁由 1～2 m 至十余米不等。

（2）基本顶来压全过程包括基本顶断裂下沉和顶板台阶下沉两个阶段，但由于地质条件不同，并非所有基本顶来压都会出现台阶下沉。基本顶断裂下沉时，工作面上方基本顶岩块是顺时针方向旋转（以图 2－1 与图 2－2 所规定的工作面推进方向为准），由于基本顶下沉速度大，工作面支柱下缩较快，支柱工作阻力增加也较快。当工作面推进到基本顶断裂线附近时，顶板可能出现台阶下沉，此时工作面上方基本顶岩块是逆时针方向旋转，基本顶下沉速度较大，又会出现工作面支柱下缩较快，工作阻力增加也较快的现象。如果基本顶在距工作面煤壁较近处断裂，这两个阶段的过程可能连接在一起，在一次基本顶来压过程中，工作面支柱的工作阻力只出现一次峰值。如果基本顶在距工作面煤壁较远处发生断裂，这两个阶段的过程可能间隔一段时间；当基本顶断裂下沉时，工作面支柱的工作阻力要出现一次峰值，过一段时间顶板台阶下沉时，工作面支柱的工作阻力再一次出现峰值。

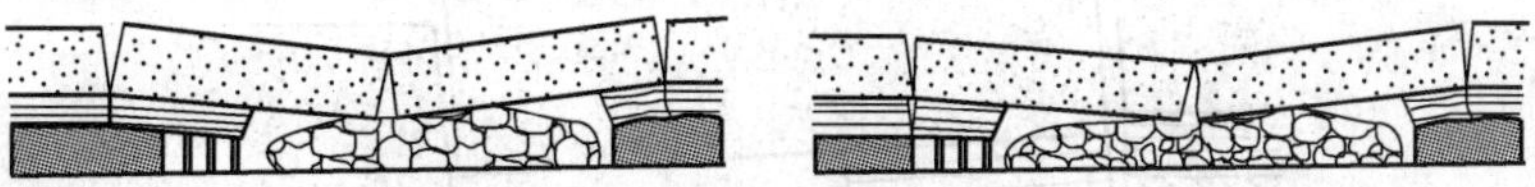

(a) 基本顶断裂下沉　　(b) 顶板台阶下沉

图 2－1　基本顶初次来压

（3）这里所指的基本顶，可能是垮落带中的岩层，也可能是裂隙带中的岩层。如果

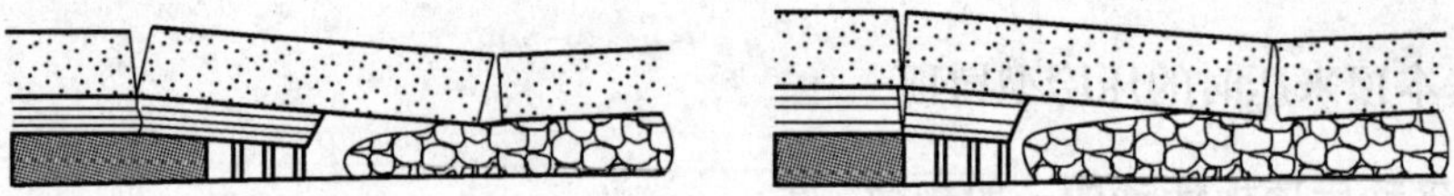

(a) 基本顶断裂下沉　　(b) 顶板台阶下沉

图2－2　基本顶周期来压

是垮落带的岩层，在初次来压后会在采空区以悬臂梁状态出现；如果是裂隙带的岩层，则会在回采过程中以砌体梁式的平衡结构出现。

（二）基本顶来压时压垮型冒顶机理

20世纪50年代，我国采煤工作面中主要使用木支架，由于它的可缩量小，当时支护密度也小，在基本顶来压时往往被折断，导致压垮型冒顶事故频发。20世纪50年代末期，采煤工作面中开始使用金属摩擦支柱，随后得到普遍推广，使压垮型冒顶事故得到一定程度的抑制。20世纪70年代以来，相当多的采煤工作面已经使用单体液压支柱。直至目前，很多采煤工作面已装备液压支架。由于这些支架的工作阻力较大，可缩量也较大，能够适应基本顶的下沉，并有足够的工作阻力与顶板压力相抗衡，因而大大降低了基本顶来压时压垮型冒顶的事故发生率。

以上情况说明，过去形成的采场重大冒顶事故主要是由基本顶来压导致的观念，已经随采场支护手段的更新而不再适用。虽然如此，目前对基本顶来压导致的压垮型冒顶仍有研究的必要，因为应用液压支架的工作面仍有压垮型冒顶事故的发生。

1. 压垮型冒顶的顶板条件

可能发生基本顶来压时压垮型冒顶的煤层顶板条件：

（1）直接顶比较薄，其厚度小于煤层采高的2～3倍。

（2）煤层或直接顶上存在基本顶，基本顶分层基础岩层厚度小于4 m。

2. 冒顶的机理

前已述及，基本顶来压分为断裂下沉和台阶下沉两个阶段。这两个阶段都有可能发生压垮型冒顶。

1）垮落带基本顶岩块压坏采场支架导致的冒顶

基本顶来压时，断裂、下沉的基本顶岩块要挤压采场支架，如果采场支架的支撑力不足，就会被压坏而导致冒顶。垮落带基本顶岩块压坏采场支架最不利的情况如图2－3所示，垮落带基本顶岩块前端已露出工作面煤壁，后端又未触矸，这时基本顶岩块的全部重量均由采场支架承受，发生压垮型冒顶的可能性最大。

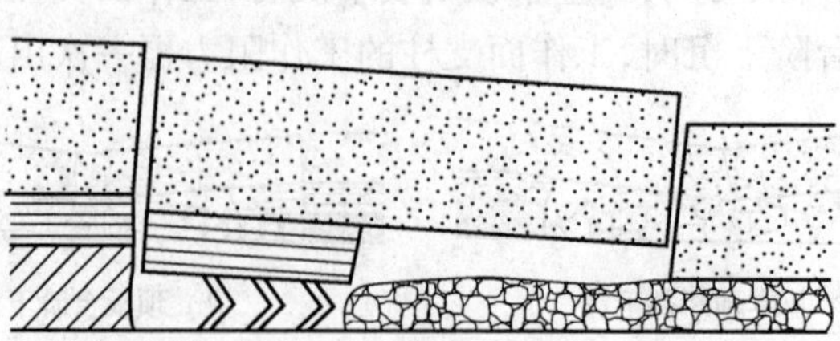

图2－3　垮落带基本顶岩块压坏采场支架

2）垮落带基本顶岩块冲击压坏采场支架导致的冒顶

如图2-4所示，由于采场支架的初撑力不足，在基本顶岩块未明显运动之前，直接顶与基本顶已发生离层（图2-4a），当基本顶岩块向下运动时，采场支架要承受冲击载荷，支架容易被损坏，从而导致冒顶（图2-4b）。

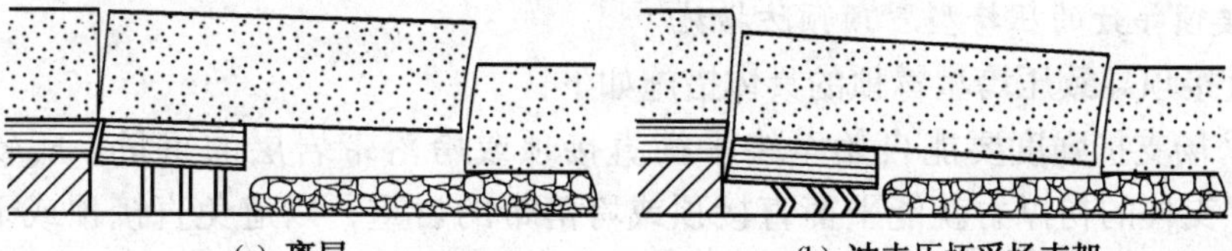

图2-4　垮落带基本顶岩块冲击压坏采场支架

综采工作面如遇基本顶冲击来压，可能将支架压死、压坏（立柱液压缸炸裂、平衡千斤顶拉坏等）或压入底板，从而导致顶板事故。

3）垮落带或裂隙带基本顶旋转下沉时压坏采场支架导致冒顶

当垮落带或裂隙带基本顶断裂、旋转、下沉、触矸时，如果采场支架的可缩量不足，就可能被压坏从而导致冒顶。如图2-5所示为垮落带或裂隙带基本顶岩块后端已触矸，这时采场顶板下沉量最大，所需支架可缩量也最大。

如果支架可缩量较小，当垮落带或裂隙带基本顶岩块后端未触矸时，支架就可能已被压坏。此外，如果旋转下沉的是裂隙带基本顶，由于裂隙带基本顶本身不会垮落，采场支架被压坏后，垮落下的只是垮落带岩层。

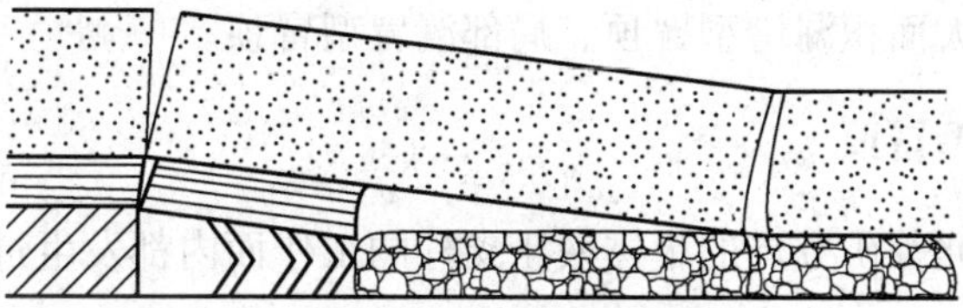

图2-5　裂隙带基本顶压坏采场支架

（三）基本顶来压时压垮型冒顶预防措施

预防基本顶来压时压垮型冒顶的具体措施如下：

（1）合理设计采场支护形式，使支柱具有足够的支撑力和可缩量。采场支架的初撑力应能保证直接顶与基本顶之间不离层；当基本顶来压比较强烈时，要选用可缩量较大的支柱，有时要选用具有大流量安全阀的支柱；对于单体液压支柱工作面，要加强后排支柱的支撑强度。

（2）要进行顶板断层情况的预测预报。遇到平行于工作面的断层时，当断层刚露出煤壁，就应加强该段工作面支护，不得正常回柱，并扩大该段工作面的控顶距；如果工作面用的是金属支柱，要用替换柱替换金属支柱，待断层进入采空区后，再用绞车回柱。

二、直接顶导致的压垮型冒顶

1. 顶板条件

由于地质构造、采动等原因，使采场工作空间上方某部分直接顶与其周围岩体产生断裂，整体向下运动时，有可能造成压垮型冒顶事故。

2. 直接顶导致的压垮型冒顶机理

压垮型冒顶的机理是指，当与岩体脱离的直接顶垂直层面方向向下运动时，采场支架的支撑力不足，因而导致压垮型冒顶。

3. 直接顶导致的压垮型冒顶预防措施

预防直接顶导致压垮型冒顶的具体措施如下：

（1）采场支护强度要能自始至终平衡直接顶或垮落带岩层的重量，底软时必须穿鞋，力求以支柱的初撑力就能平衡直接顶或垮落带的岩重，以避免直接顶或下位岩层离层。

（2）开采下分层时不要留煤皮，以免增加支架的载荷，如因条件限制非留煤皮不可，要相应增加支柱的初撑力或支柱密度。

（3）在构造或采动破坏严重的区域进行工作面作业时，除应采取缩小控顶距以及加强放顶支柱的初撑强度措施外，还应采用绞车远距离回柱。

第三节　漏冒型冒顶的机理及预防措施

发生漏冒型冒顶，是由于采场上的直接顶软弱破碎。针对这种软弱破碎顶板，主要是利用采场支架护好它。应用自移式支架的综采工作面，支架宜选用掩护式或支撑掩护式；应用单体液压支柱的工作面，支柱上应有顶梁，顶梁上要背板，甚至要背严。此外，柱距宜小于0.7 m。

漏冒型冒顶包括大面积漏垮型冒顶、局部漏冒型冒顶。

一、大面积漏垮型冒顶

过去，本溪、淮北等矿务局的单体液压支柱的工作面内都发生过大面积漏冒型冒顶事故。

1. 大面积漏垮型冒顶的顶板条件

当直接顶异常破碎，而煤层倾角又比较大时，可能发生大面积漏垮型冒顶。

2. 大面积漏垮型冒顶的机理

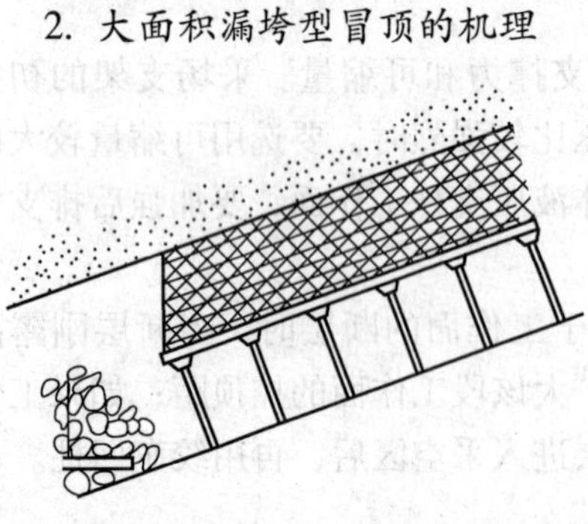

图2-6　漏垮工作面示意图

大面积漏垮型冒顶的机理如下：由于煤层倾角较大，直接顶又异常破碎，采场支护系统中如果某个地点支护失效发生局部漏冒，则紧邻局部漏冒地点的支架上方的破碎顶板在自然安息角以上的部分会在重力作用下冒落，从而使该支架失稳倾倒，又使该支架控制的其余破碎顶板也冒落。这种现象会沿工作面向上逐个支架发生。因此，只要某个地点发生局部漏冒，破碎顶板就有可能从这个地点开始沿工作面向上全部漏空，造成大量支架失稳倾倒，从而导致形成漏垮工作面，如图2-6所示。

3. 大面积漏垮型冒顶预防措施

预防大面积漏垮型冒顶的主要措施如下：

（1）选用合适的支护形式，使工作面支护系统有足够的支撑力和可缩量。

（2）顶板必须背严接实，梁头顶紧煤壁，采煤后及时支护，甚至要掏梁窝。

（3）严防爆破、移输送机等工序推倒支架，防止出现局部冒顶。

二、局部漏冒型冒顶形式及预防措施

（一）靠煤帮附近的漏冒

由于原生或构造等原因，在一些煤层的直接顶中因存在多组交叉裂隙而形成某些离散岩块，一些矿区根据其形状特征称之为“人字劈”“升斗劈”“锅底石”“将军帽”“驴槽石”等，这些镶嵌在直接顶中通常具有光滑破裂面的孤立岩块，在采煤机采煤或爆破落煤后，如果支护不及时，端面距（第一排支架顶梁前端至煤壁的距离）过大，就可能在无任何预兆的情况下突然冒落砸人，造成局部漏冒型冒顶事故。由于第一排支柱的初撑力不足，容易使机道上方直接顶产生过大变形而破裂，从而导致局部漏冒。当采用爆破法采煤时，如果炮眼布置不当或装药量过多，可能在爆破时崩倒支架，从而导致局部漏冒。当基本顶来压时，煤壁附近直接顶可能破碎，如果煤层本身因强度低而发生片帮，从而扩大了无支护空间，也会造成局部漏冒。此外，网下采煤可能出现破网漏冒情况。靠煤帮附近的局部漏冒导致的死亡事故较多，必须严加防范。

预防靠煤帮附近局部漏冒的主要措施有：

1. 单体液压支柱工作面预防靠煤帮附近局部冒顶的措施

（1）采用能及时支护悬露顶板的支架，减小端面距，使端面距不大于200 mm。

当采煤机截深很小时，可用正悬臂交错顶梁支架（图2－7）或正（倒）悬臂错梁直线柱支架（图2－8）布置形式。当顶板很破碎、采煤机截深为0.5 m时，可用HLD－500型短梁（图2－9）与1 m长铰接顶梁配合使用；在机道宽度为1.15 m而又未接短梁时，若支柱前后梁长各为0.6 m和0.4 m，则端面距为0.55 m，接一节0.5 m的短梁后，端面距就只有0.05 m。采煤机割第一刀煤后，在顶梁上接一根顶梁，支临时柱，端面距还是0.05 m；采煤机割第二刀煤后，支正常柱，拆临时柱，在新支顶梁上固定短梁，端面距又是0.05 m，如图2－10所示。如果沿工作面有部分范围顶板异常破碎，可在金属支柱铰接顶梁基础上，增设一些长钢梁抬棚，并让抬棚顶梁刹紧煤帮；必要时可在煤帮上挖梁窝，抬棚顶梁伸入梁窝架设。此外，在金属网下，还可采用Π型长钢梁对棚迈步支架（图2－11）。在架设支架前还必须敲帮问顶，以防掉岩伤人。

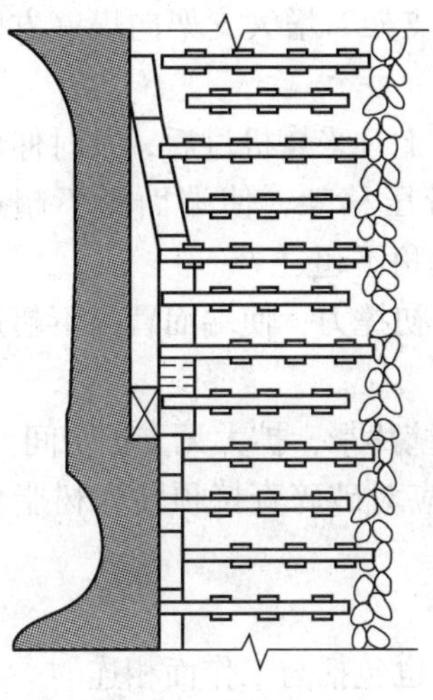

图2－7　正悬臂交错顶梁支架

（2）炮采时，炮眼布置及装药量应合理，尽量避免崩倒支架。

（3）提高支柱初撑力，尤其是第一排支柱的初撑力，以减小机道上方直接顶的下沉量，使端面冒高不超过200 mm。

（4）尽量使工作面与煤层的主节理方向垂直或斜交，避免煤壁片帮，一旦片帮应超前支护，防止冒顶。

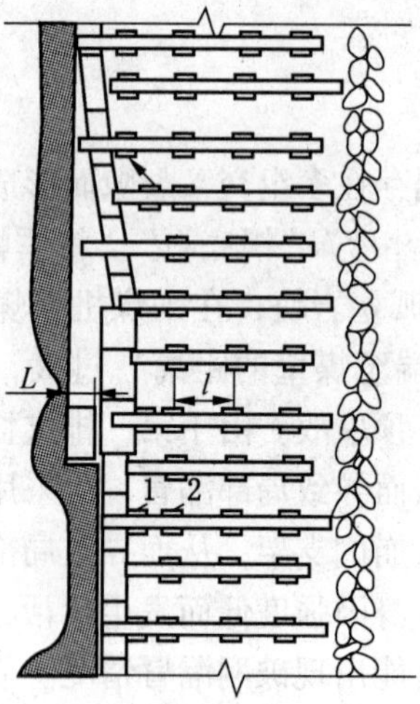

1—临时柱；2—基本柱；
L—采煤机截深；l—支柱排距

图2－8　正（倒）悬臂错梁直线柱支架布置

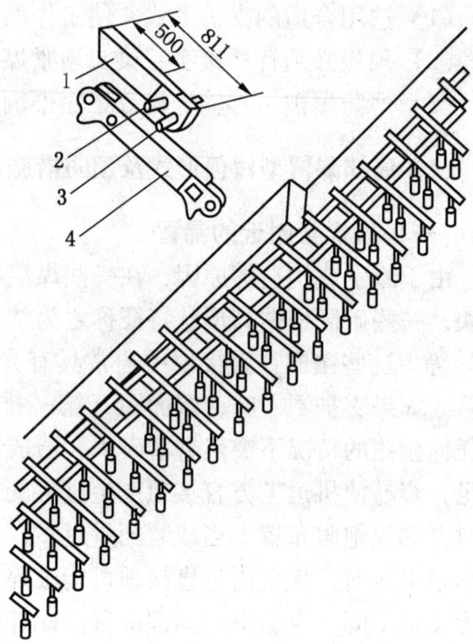

1—短梁；2—连接圆销；3—楔件；4—顶梁

图2－9　HLD－500型短梁结构及安装示意图

2. 综采工作面靠煤壁附近局部冒顶的预防措施

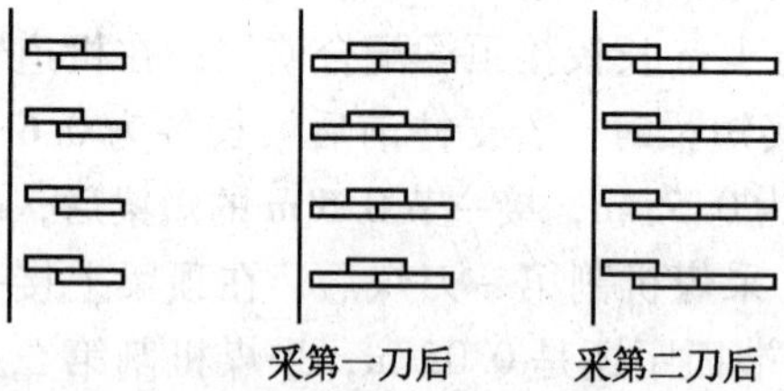

图2－10　短梁与顶梁配合示意图

（1）在支架选型上，采用长侧护板、整体顶梁、内伸缩式前梁的支架，增大支架向煤壁方向的水平推力。

（2）在操作工艺上，采煤机过后，及时伸出伸缩梁，及时擦顶带压移架，使端面距不超过340 mm，顶梁的俯视角不超过7°。

（3）提高支架的初撑力，使端面冒高不超过300 mm。

（4）当采高2.5～3.0 m时，支架应带护帮装置，以免煤壁片帮，扩大无支护空间。

（5）如果顶板破碎范围比较大，如过断层破碎带等，则应对破碎直接顶注入树脂类黏结剂使其固化，以防冒顶。

（二）工作面两端的漏冒

工作面两端的漏冒，包括输送机机头、机尾处局部漏冒，也包括与工作面相连的一段巷道中的局部漏冒。

1. 机头机尾处

工作面两端，经常要进行机头机尾的移置工作。机头机尾处一般采用架设抬棚进行支护，移置机头机尾时需拆除抬棚下的支柱，如果造成直接顶下沉，就可能导致破碎顶板或孤立岩块冒落。

预防工作面两端发生漏冒措施：

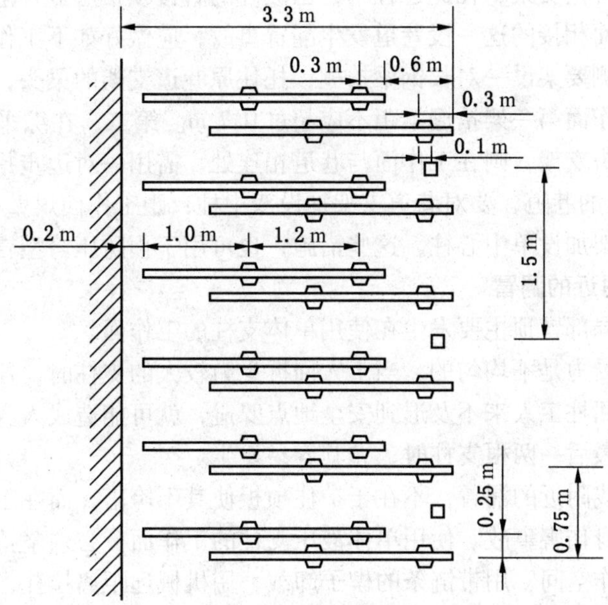

图 2-11 Ⅱ型长钢梁对棚迈步支架

（1）机头机尾处应各采用四对八梁支护（图 2-12）。梁用 3.2 m 以上的 Ⅱ 型长钢梁，柱用单体液压支柱，一梁三柱。每对一梁三柱抬棚随机头机尾移置迈步前进，每移一次机头机尾，只拆移一个抬棚，另一个抬棚保持不动，起支护作用。

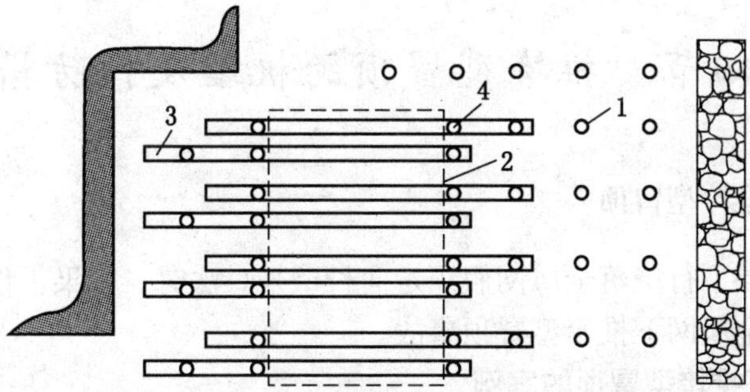

1—支柱；2—机头位置；3—固定梁；4—移动梁

图 2-12 四对八梁支护

（2）在机头机尾处采用双楔铰接顶梁支护。

（3）在综采工作面，采用端头支架进行支护。

2. 工作面与巷道交接处

与工作面相连的一段巷道，在掘进时，由于巷道支护一般都没有初撑力，很难使直接顶不下沉、松动甚至破碎，当直接顶由薄弱软岩层组成时更是这样。此外，工作面与巷道交接处还受回采支承压力的影响，不仅顶板破碎很难避免，而且支承压力还可能损坏巷道支架，使支架失效而引起局部漏冒。随着采煤工作面的推进，要拆除与工作面相接的原巷道棚腿，有时还要替换支架，在此过程中，已破碎的直接顶很可能冒落而酿成事故。

为预防与工作面相接的这一段巷道发生漏冒事故，应做好如下工作：第一，巷道与工作面出口相连的一侧要架设一对长钢梁抬棚，托住原巷道支架的梁头，这一对抬棚也是迈步前移，而且与工作面第一架抬棚梁距不应超过0.7 m。第二，在综采工作面，如果工作面两端没有应用端头支架，则在工作面与巷道相连处，需用一对迈步抬棚。第三，距工作面煤壁10 m范围内的巷道，要对巷道支架加设双中柱；距工作面煤壁10～20 m范围内的巷道，要对巷道支架加设单中心柱。这些措施，也可用于预防压垮型冒顶。

（三）放顶线附近的漏冒

放顶线附近的局部冒顶主要发生在使用单体支柱的工作面。

放顶线上支柱受力是不均匀的，当工人回拆受力较大的支柱时，往往支柱一倒下，顶板随即垮落，如果回柱工人来不及退到安全地点躲避，就可能造成人身伤害事故。这种情况在分段回柱回撤最后一两根支柱时，尤其容易发生。

可见预防放顶线附近的漏冒，不在于护住顶板使其不垮落，而在于保证回柱工人不因放顶工作而造成人身伤害事故。使用单体液压支柱的工作面，必须坚持远距离回柱，即工人要在有支护的工作空间，用带链条的楔子卸载，用机械远距离拉柱，防止放顶时发生伤人事故，以保证回柱工人的安全。

如果工作面顶板中存在由断层、裂隙、层理等切割而成的大块游离岩块时，回柱后游离的岩块推倒支架，导致冒顶。针对这一情况，要加强地质勘探及顶板观察工作，及时发现并记载顶板中可能出现的大岩块尺寸和位置，如果顶板中存在沿工作面推进方向的长度超过一次放顶步距的大岩块时，则在大岩块的范围内要延长控顶距，并用替换柱替换工作面单体支柱，待大岩块全部处在放顶线以外的采空区时，再用绞车回柱。

第四节　推垮型冒顶的机理及预防措施

一、金属网下推垮型冒顶

在应用倾斜分层下行垮落金属网假顶走向长壁采煤法时，如果工作面内使用单体液压支柱，可能会发生金属网下推垮型冒顶事故。

（一）金属网下推垮型冒顶的案例

1. 某煤矿276工作面冒顶事故

276工作面所在区段煤层厚度为10～12 m，倾角为22°～27°，采用倾斜分层金属网假顶开采。276工作面回采第二分层，采高为1.8～2.0 m。

金属网假顶上为3 m左右冒矸，再上为已断裂的硬岩大块。

工作面长从开切眼处的106 m，到离开切眼30 m后的116 m，如图2－13所示。冒顶处相当于二分层开切眼内错布置。

采煤及支护：普采采煤机采煤，可弯曲刮板输送机运煤，金属摩擦支柱铰接顶梁支护。

冒顶事故发生在采煤工作面推进35 m处。这时，工作面下端11 m、控顶距宽7.6 m，尚未初次放顶，并且支柱密度不够。当准备采煤时，工作面下端11 m、控顶距宽7.6 m

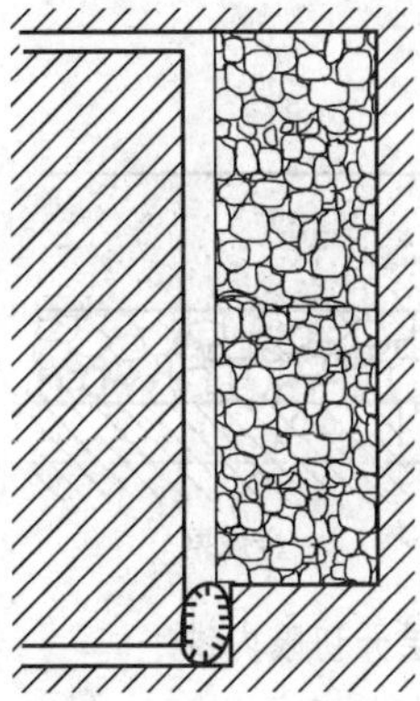

图 2-13 276 工作面冒顶位置

顶板支柱突然全部推垮，造成事故。

2. 某煤矿 262 工作面冒顶事故

262 工作面回采区段煤层厚 6.5 m，倾角 25°，采用倾斜分层金属网假顶开采。262 工作面回采第 3 分层，采高 1.8 m。

金属网假顶上为 6 m 左右冒矸，再上为已断裂的硬岩大块。

工作面平均长 73 m，冒顶处为 57 m。第三分层开切眼内错二分层开切眼 7 m 布置。

采煤及支护：炮采，40 型刮板输送机运煤，金属摩擦支柱及木梁支护。

工作面开两次帮后第一次放顶，控顶距 1.9 m，放顶距为 1.6 m，放顶未成功。工作面又开了一次帮又推进了 0.6 m，在进行回柱放顶过程中，发现工作面上部顶板掉渣、支柱向下歪斜。顶板稳定后继续工作，突然从工作面回风巷向下 10 m 处开始，向下共 37 m 长、4.1 m 宽的顶板支柱全部推垮。

3. 某煤矿 231 工作面冒顶事故

231 工作面回采区段煤层厚 6 m，倾角 25°，采用倾斜分层金属网假顶开采。

231 工作面回采第二分层，采高 1.8 ~2.0 m。

金属网假顶上为 2 m 左右冒矸，再上为已断裂的硬岩大块。

工作面长 60 ~180 m，冒顶处为 60 m。第二分层开切眼与第一分层开切眼垂直布置。

采煤及支护：炮采，金属摩擦支柱及木梁支护。

由于工作面支柱密度不够，冒顶发生在工作面上部推进 4 次（每次推进 0.7 m），下部推进 5 次时。爆破后发现工作面中上部支柱向下歪斜，约半小时后，自回风巷向下共 45 m 长、5.1 m 宽的顶板支柱全部推垮。

处理事故现场时发现冒矸上有一块自上部硬岩中掉下的大块，长 5.6 m、宽 3.4 m、厚 0.58 m。但工作面支柱只是被向下推倒，没有砸坏的支柱。

（二）推垮型冒顶的条件

（1）据事故案例统计，煤层倾角在 20°以上。

（2）金属网上的碎矸石与上部已断裂的硬岩大块之间存在空隙，从而形成悬浮顶板。

回采第二分层（或以下分层）时，有以下两种情况可能导致发生金属网下推垮型冒顶事故。

（1）当上下分层开切眼垂直布置时，在开切眼附近，金属网上是碎矸石，与上部已断裂的硬岩大块之间存在一个空隙，即网上顶板处于“自然堆放状态”，而在下分层开切眼附近却存在悬浮顶板，如图 2-14 所示。

（2）当下分层开切眼内错布置或垂直布置，但工作面已推过三角形空隙区时，虽然金属网上的碎矸石与上部已断裂的硬岩大块之间不存在空隙，但碎矸石与硬岩大块并不黏结在一起，即网上顶板处于“松散状态”，如果支柱初撑力小，松散顶板与上部硬岩没顶紧，也将会转化为悬浮顶板，如图 2-15 所示。

（三）金属网下推垮型冒顶的特点

通过分析归纳，得出金属网下推垮型冒顶有如下特点：

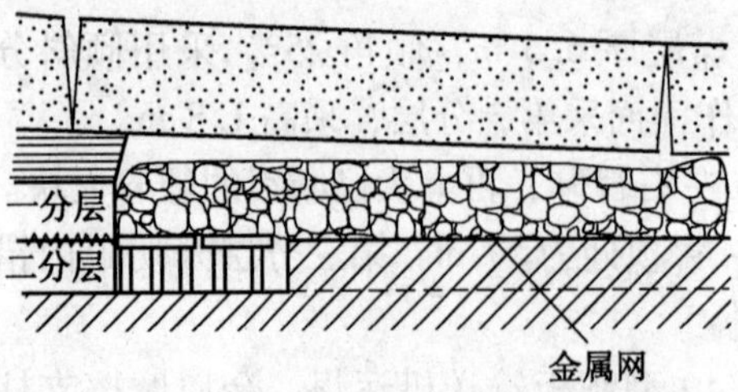

图2-14　上下分层开切眼垂直布置时顶板情况

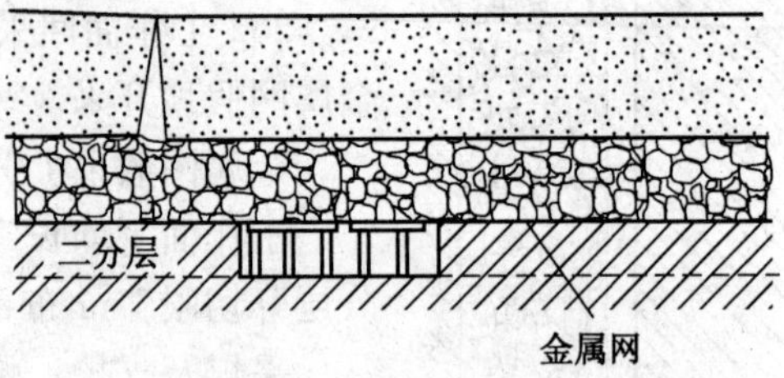

图2-15　下分层开切眼内错布置时顶板情况

（1）冒顶多数在初次放顶前后发生。

（2）多数是无征兆的突然推垮，少数工作面在推垮前发生支柱向下斜，即有明显预兆。

（3）推垮前支柱受力一般不大。

（4）推垮后支柱没有折损，多数是沿倾斜方向被推倒，也有向采空区方向被推倒。

（5）推垮后上位已断裂的硬岩大块大面积悬露，少数工作面从上位岩层掉下几个大块。

（6）发生推垮型冒顶时大多数是速度很快，人力无法抗拒。

（7）推垮型冒顶特别容易在回柱时发生。

（8）工作面倾角较大，一般在20°以上。

（9）多数工作面是采用摩擦支柱。

（四）金属网下推垮型冒顶的发生机理

专门的实验研究表明，金属网下推垮型冒顶的全过程可分为两个阶段。第一阶段是形成网兜阶段。这是由工作面内某位置支护失效导致的，具体如图2-16a所示。这时，如果周围支架的稳定性很好，一般不会发展到第二阶段，即还不至于发生冒顶事故。第二阶段是推垮工作面阶段。如前所述，在开切眼附近，金属网上面的碎矸之间有空隙（第一种顶板情况），或者由于支架初撑力小、刚度低，从而使网上碎矸石与上位已断裂的硬岩大块离层（第二种顶板情况），就会造成网下单体支架不稳定，在网兜沿倾斜等方向的拉力作用下，依次使网兜上侧的支柱由迎山变成反山，最终造成推垮型冒顶，如图2-16b所示。当然，这两个阶段有可能间隔时间很短。

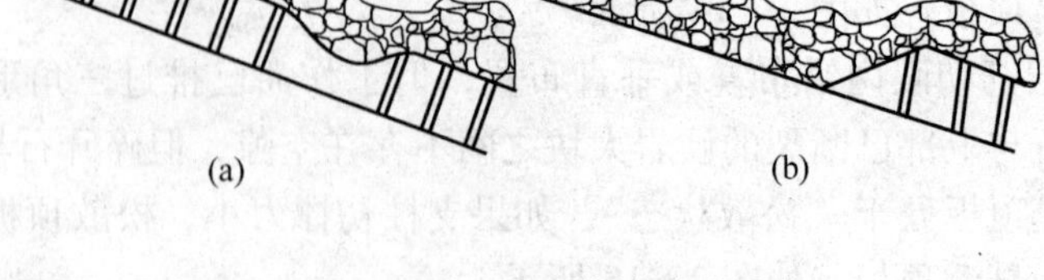

(a)　(b)

图2-16　金属网假顶推垮型冒顶过程

实验研究还表明，如果金属网下没有失效的支护，就不会形成网兜，也不会发生推垮型冒顶。

引起金属网下大型冒顶的情况是很复杂的。除上述推垮型冒顶外，当发生局部破网漏冒，漏冒处以上一定斜长内，金属网兜着碎矸可能以漏冒处为去路，整体运动推倒工作面支架，造成推垮型冒顶。如果网上是散体矸石，而且煤层倾角又较大，一旦某个地点破网漏冒，漏冒处以上工作面就可能发生大面积漏垮型冒顶。

此外，回采第一分层时如果铺顶网，也可能发生金属网下推垮型冒顶。

（五）预防金属网下推垮型冒顶的措施

防止金属网下推垮型冒顶事故的主要措施是提高支柱初撑力及增加支架的稳定性，具体措施如下：

（1）控制柱距，提高支柱初撑力，避免形成网兜，防止各工序碰倒支架。

（2）"整体支架"增加支架的稳定性，如使用金属支柱铰接顶梁加拉钩式连接器的整体支架等。

（3）回采第二分层及以下分层时用内错式布置开切眼，避免金属网上碎矸存在空隙。

（4）采用伪俯斜工作面，目的在于增加抵抗下推的阻力。

（5）初次放顶前应把靠采空区一侧的金属网剪断，确保将金属网放到底板。

二、采空区冒矸冲入采场的推垮型冒顶

如果煤层之上是石灰岩等较坚硬岩层，当其以大块形式在采空区垮落时，则可能顺着已垮落的矸石堆冲入采场，推倒采场支架（从根部推倒支柱而不是从顶部），从而引发推垮型冒顶，如图 2－17 所示。

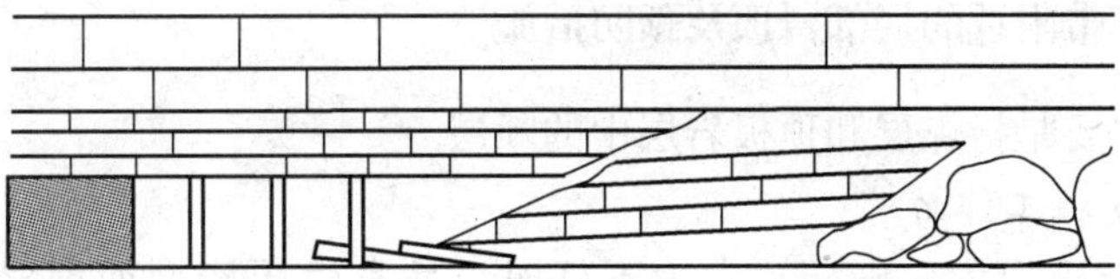

图 2－17　大块冒矸冲入采场推倒支架

预防这类冒顶事故的主要措施如下：

（1）用挑顶等办法使采空区小块冒矸超过采高，而使大块冒矸无法冲入采场。

（2）提高墩柱或特种支柱的初撑力及稳定性。

（3）用墩柱或特种支柱切断顶板，这样一方面可减小冒矸面积，另一方面可阻挡冒矸，使其不能冲入采场。

急斜煤层工作面，如果密集支柱初撑力不足或稳定性不好，采空区冒矸也可能冲倒密集支柱及采场支架，进而冲入采场，造成顶板事故。

第五节　综合类型冒顶的机理及预防措施

一、厚层难冒顶板导致的冒顶及预防措施

当煤层顶板是厚层难冒顶板时，它们要悬露数千平方米，甚至数万平方米才能冒落。这样大面积的顶板在极短时间内冒落下来，不仅会产生严重的冲击破坏力，而且会把已采空间的空气瞬时挤出，形成巨大的暴风，破坏力极强。

顶板大面积冒落现象，在大同、北京及新疆的一些矿区都发生过，而以大同矿区最为严重。

1. *厚层难冒顶板大面积冒顶的机理*

厚层难冒顶板初次破断时，瞬间所有断块全部垮落。只有基本顶呈正“O－X”型破断、基本顶周边断裂线离采空区煤壁较近、基本顶下自由空间高度较大时，才可能瞬间全部断块都冒落。

2. *厚层难冒顶板大面积冒顶的预防措施*

（1）增大工作面长度，使厚层难冒顶板初次破断时呈竖“O－X”型。

（2）使厚层难冒顶板下的自由空间高度不大于其基础岩层厚度的1/2。

（3）考虑到单体液压支柱工作面的采空区冒矸块度较大，放顶线上的支柱应有足够的支撑力与稳定性，以免被冒矸推倒，条件允许时应尽量使用墩柱。

（4）在开采煤层群时，当下部煤层的顶板较软，上部煤层的顶板是厚层难冒顶板时，可先开采下部煤层，使上部煤层及其顶板虽然位于下部煤层采后顶板的裂隙带内，产生松动和断裂，但可保持一定的完整性。这样，避免厚层难冒顶板大面积冒顶的发生。

二、地质破坏带附近的局部冒顶及预防措施

地质破坏带主要是指煤层和顶板岩层中的断层。

1. *单体液压支柱工作面*

断层附近顶板压力大、破碎、支护不好时，易发生压垮型或漏冒型冒顶。当碎顶沿倾斜断层面移动时，易推倒支架导致推垮型冒顶。因而在断层附近应增大支护密度，提高支护初撑力，甚至用木垛加强支护，护好碎顶，并用戗棚戗柱增加支架的稳定性。

2. *综采工作面*

综采工作面遇到长度大于5 m的平行工作面的断层时，支架若有较大的富余阻力，工作面可照常推进；若无，应使工作面与断层斜交。

三、复合顶板推垮型冒顶机理及预防措施

（一）复合顶板的概念

复合顶板由下软上硬岩层构成。下部软岩层可能是一个整层，也可能是由几个分层组成的分层组。这里的软岩层与硬岩层只是一个形象的说法，实际是指采动后下部岩层或因岩石强度低，或因分层薄，其挠度比上部岩层大，向下弯曲多，而上下岩层间又没有多大

的黏结力，因此下部岩层与上部岩层形成离层。从外观看，下部岩层较软，上部岩层较硬。

典型的复合顶板特征如下：

（1）煤层顶板由下“软”上“硬”、不同岩性的岩层组成。

（2）“软”“硬”岩层间夹有煤线或薄层软弱岩层。

（3）下部“软”岩层的厚度一般在 0.5 ~ 3.0 m 之间。

除此以外，当煤层有伪顶时，如果采用托伪顶开采，则煤层的顶板就是复合顶板。

应用留煤皮方法采煤时，如果煤皮厚度在 0.5 ~ 3.0 m 之间，而煤皮与顶板又易分离或煤层有伪顶，这时采煤工作面也处在复合顶板之下。

厚煤层应用倾斜分层下行垮落开采时，第二分层及以下分层可能处在再生顶板之下。如果再生顶板的厚度为 0.5 ~ 3.0 m，其上为较硬岩层或咬合住的断裂岩块，再生顶板与它又没有多大黏结力，则在回采第二分层及以下分层时，该分层也处在再生的复合顶板之下。

（二）复合顶板推垮型冒顶特点

复合顶板推垮型冒顶特点如下：

（1）冒顶前采场顶板压力不大，支架没有压缩变形及损坏。

（2）多数情况下，冒顶前采场顶板已沿煤帮断裂。

（3）冒顶后支柱只是倾倒，多数沿煤层倾斜方向向下倾倒，也有向采空区倾倒的支柱。

（4）冒顶后上部硬岩层大面积悬露不垮，个别情况下垮落几个大块。

（5）冒顶在任何工序都可能发生，但多数是发生在回柱放顶过程中。

（6）冒顶多发生在开切眼附近。

（7）多数情况下冒顶前没有明显征兆，推垮发生时速度快、来势猛，有时推垮前有征兆，能发现靠采空区支柱向下倾斜，沿煤帮及采空区边顶板掉碴，因而来得及撤人。

（三）复合顶板推垮型冒顶机理

当煤层具有复合顶板时，还必须同时具备下列 4 个条件，才会发生推垮型冒顶。

1. 离层

由于支柱的初撑力小，在顶板下位软岩层的自重作用下支柱下缩、软岩层下沉，而上位硬岩层未下沉或下沉较慢，即软硬岩层下沉不同步，软快而硬慢，从而导致软岩层与其上部硬岩层离层，如图 2-18 所示。

支柱初撑力小原因：一是，支柱本身初撑力就小或支柱性能失效，达不到设计的初撑力；二是，工人支设时没有按要求施工，没有达到应有的初撑力或是将支柱支设在浮煤、软底之上，从而使初撑力达不到设计要求。

2. 断裂

由于各种原因，在顶板下位软岩层中断裂出一个六面体，如图 2-18 中的 $aa'bb'cc'dd'$。此六面体上面已与硬岩离层，四周或是已与原岩层断开或是以采空区为邻，六面体下面由单体液压支架支撑，如果周围没有约束，此六面体连同支撑它的单体支架将是一个不稳定结构。

下位软岩层断裂出六面体有以下 3 方面原因：一是，地质构造原因，即下位软岩层中

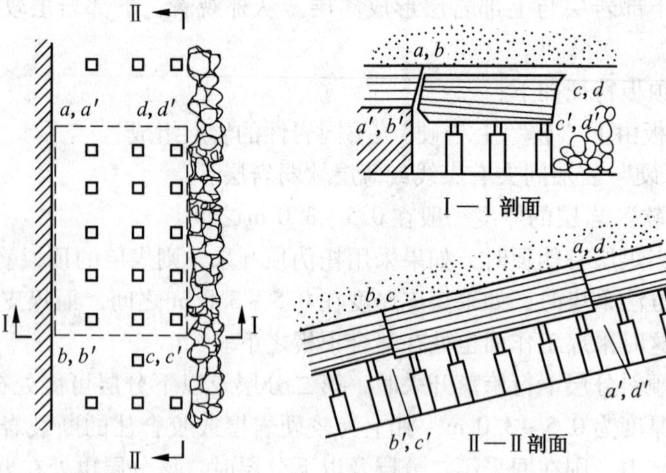

图2-18　下位软岩层离层断裂

存在断层、裂隙或尖灭构造；二是，巷道布置原因，即在工作面开采范围内存在沿走向或沿倾斜的旧巷，由于巷道支架没有初撑力，抑制不住巷道上方下位软岩层的下沉断裂；三是，支柱初撑力低，导致下位软岩层沿工作面煤壁断裂。

3. 去路和倾角

当六面体周围出现一个自由空间（例如六面体沿倾斜下侧发生局部漏冒，或采空区侧冒矸没有超过采高），使六面体有了去路，而且六面体沿去路方向又有一定的倾角时，在自重作用下，六面体就具有向去路方向的推力。

如果沿工作面自上而下至某点处，复合顶板下位软岩层尖灭，这就等于六面体在其倾斜下方有一个天然的去路，再加上煤层有一定的倾角，极易发生局部漏冒。

4. 推力大于阻力

如图2-18所示，假设 $bb'\ cc'$ 下侧有自由空间，则六面体 $aa'\ bb'\ cc'\ dd'$ 就具有沿倾斜向下的推力。当六面体有向下推的趋势时，$aa'\ bb'$ 左侧岩层断裂面将产生阻止六面体下推的摩擦阻力；采空区碎矸（如果其高度超过煤层采高）将对 $cc'\ dd'$ 面产生阻止下推的摩擦阻力。此外，支柱与戗柱的迎山角也会对六面体的下推有阻力。只有当总阻力小于六面体沿倾斜向下的推力时，才会发生推垮型冒顶。

由于阻止六面体下推的阻力是变化的，因为上述摩擦阻力是由岩层及碎矸夹紧六面体而产生的，而且是夹得越紧摩擦阻力越大。在这种状态下如果发生震动，则夹紧力将减小，从而摩擦阻力也将变小，可能导致六面体下推力超过总阻力。采场中爆破，采煤机割煤，调整支架、回柱放顶等工序，以及岩层自身的运动，都会或大或小地引起周围岩层产生震动，都会逐次减小阻止六面体下推的阻力。

以上就是复合顶板推垮型冒顶的机理。当采用伪仰斜工作面时，六面体可能推向采空区；多数情况下六面体可能推向工作面下方，其机理均是相同的。

造成复合顶板推垮型冒顶的4个条件中，断裂成六面体的去路和倾角这两个条件是最主要的。因此可以根据去路和倾角，以及断裂的情况，对复合顶板的推垮进行预报。

如果形成六面体的时候已经存在去路和倾角，而且下推力与总阻力已处于临界平衡状态，则只要工作面有点动静，就会发生突然的推垮型冒顶；很多工作面的推垮型冒顶都属于这种类型。如果六面体的下推力暂时还小于总阻力，随着采煤工作的推进，阻力将越来越小，六面体开始运动，阻力变得更小，六面体运动速度越来越快，产生支柱下斜，靠煤壁及采空区处掉碴（由岩石间摩擦而产生的）等征兆，接着就发生推垮型冒顶，有些工作面就发生过这种类型的有明显征兆的推垮型冒顶。

从支护观点考察复合顶板推垮型冒顶的发生可以看出，该型冒顶的发生不在于支护的支撑力不够，而在于支护的失稳，六面体是因为支护失稳才发生推垮的，即如果六面体下面稳定性好，具有能抵抗来自层面方向推力的支架，则也能阻止六面体下推。

（四）采场中容易发生复合顶板推垮型冒顶的地点

在具有复合顶板的采煤工作面中，下列地点容易发生推垮型冒顶。

（1）开切眼附近。在这个区域，顶板上部硬岩层两侧都有煤体支撑，不容易下沉，这就为下部软岩层的下沉离层创造了有利条件。

（2）地质破坏带（断层、裂隙等）附近。在这些地点，顶板下部软岩层容易形成六面体。

（3）尖灭构造附近。采场顶板存在尖灭构造，既容易形成六面体，又可能为六面体提供去路。

（4）旧巷（走向的或倾斜的）附近。由于旧巷顶板已破坏，增加了在顶板岩层中形成六面体的可能性。

（5）掘进工作面上下平巷时破坏了复合顶板的地点。破坏了下平巷的复合顶板，不仅给六面体的形成创造了条件，而且还为六面体提供去路；破坏了上平巷的复合顶板，也增大了形成六面体的可能性。

（6）局部漏冒区附近。这些地点也存在增加形成六面体的可能性与提供去路等问题。

（7）倾角大的地段。在这些地段，由重力作用而令六面体沿倾斜下推的力增大。

（8）顶板淋水地段。这些地段因有水导致岩块间摩擦因数减小，总阻力将大大减小。

（9）煤底或软底地段。这些地段支柱容易钻底，导致软硬岩层离层。

（五）预防复合顶板推垮型冒顶的措施

1. 提高支柱的初撑力

如果支柱的初撑力小，往往导致复合顶板中软岩层离层，又使工作面支架不稳定。为解决这个问题，必须提高支柱的初撑力，使初撑力不仅能支承住顶板下位软岩层，而且能将软岩层贴紧硬岩层，让它们之间的摩擦力足够阻止软岩层下滑，从而使支架本身稳定。为达到这个目标，支柱应具有的初撑力按式（2－1）计算：

$$P_0 \geqslant \frac{\gamma h_0}{n}\left(\cos\alpha + \frac{1}{f}\sin\alpha\right) \qquad (2-1)$$

式中 P_0——每根支柱的初撑力，kN/根；

n——支柱密度，根/m^2；

γ——软岩层平均重度，kN/m^3；

h_0——软岩层厚度，m；

α——煤层和岩层的倾角，(°)；

f——软硬岩层间的滑动摩擦因数。

2. 选用稳定性能好的支架或加强支架的稳定性

（1）有条件时，用掩护式或支撑掩护式支架代替单体液压支架。

（2）采用“整体支架”。

在使用单体液压支柱和金属铰接顶梁的采煤工作面中，用拉钩式连接器将每排支柱从工作面上端和工作面下端连接起来，如图2－19所示。由于在工作面走向上支架已由铰接顶梁连成一体，再加上沿工作面倾斜方向用拉钩式连接器连接，这样在采场中形成了一个稳定、可阻止“六面体”下滑的“整体支架”。

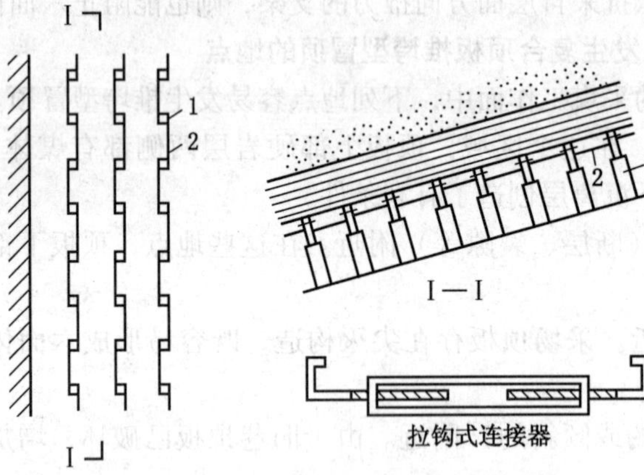

1—金属支柱；2—拉钩式连接器

图2－19　拉钩式连接器

3. 消除形成复合顶板推垮的条件

（1）应用伪俯斜工作面并使垂直工作面方向的向下倾角达4°~6°。采取这一措施的目的是限定六面体推移时只能沿工作面下侧推移，而阻止推移的摩擦阻力则较大。一些煤矿曾应用这一个措施，较有效地防止了推垮型冒顶的发生。但当煤层沿走向起伏不平时，会影响这一措施的效果。

（2）掘进工作面上下平巷及开切眼时尽可能不破坏复合顶板。

（3）工作面初采时不要反推。由于有时煤柱留得过宽，在初采时反推几排，如果工作面的顶板是复合顶板，开切眼处的顶板已离层断裂；当在反推范围内进行初次放顶时，极容易在原开切眼处诱发推垮型冒顶。

（4）控制采高，使软岩层垮落后能超过采高。这个措施的目的在于，第一，堵住六面体向采空区的去路；第二，在六面体向工作面下方推移时，增加阻止六面体下推的摩擦阻力。

（5）灵活应用戗柱戗棚，使它们迎着六面体可能推移的方向。

（6）在开切眼附近控顶区内，系统地布置树脂锚杆。这一措施将下位软岩层与上位硬岩层锚在一起，可预防推垮型冒顶的发生。

对综采工作面来讲，推垮型冒顶事故主要是指由顶板沿倾斜向下的推力，促使支架倒架的事故。在复合顶板断裂出一个自由六面体的情况下，可能发生这种推垮型冒顶事故。为预防液压支架倒架，设计掩护式或支撑掩护式支架时，一般要求在支架使用的倾角范围内，通过支架重心的垂线不会落在底座与底板接触线以外，而没有考虑顶板沿倾斜方向可能施加给支架的推力。因此，必须用支架的初撑力预防复合顶板推倒支架，即使支架初撑力不仅能平衡复合顶板的重量，而且使复合顶板与上位岩层间正压力所产生的摩擦阻力能够平衡复合顶板向下的推力。满足这种要求的支架初撑力值可以通过计算获得。

四、大块游离顶板旋转推垮型冒顶

当煤层顶板存在由断层、裂隙、层理或薄弱岩层切割成的大块游离顶板时,这一游离顶板可能旋转而下,将工作面单体液压支柱向煤壁侧推倒,造成推垮型冒顶,如图2－20所示。

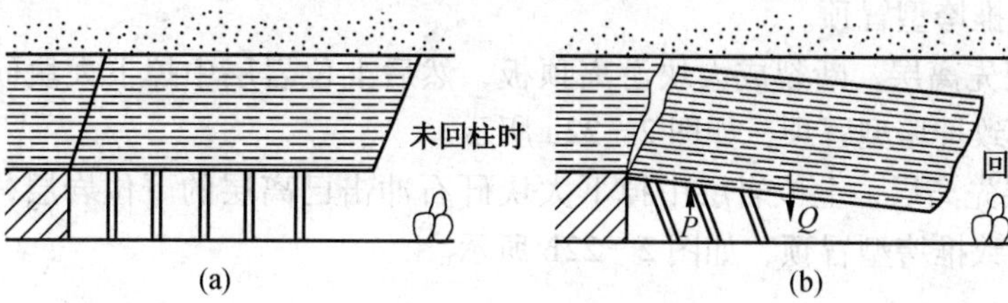

图2－20 游离顶板旋转推垮型工作面

大块游离顶板有时厚度可达6 m，长度可达20 m，宽度可以自煤壁到采空区悬顶处。岩性一般是中等稳定及以上，在采空区往往出现悬顶。

在游离顶板范围内进行回柱后，虽然工作面支柱及未回支柱工作阻力的合力 P 并不小于游离顶板的重量 Q，但是 P 与 Q 的作用点不在一条垂直线上。P 靠煤壁，Q 靠采空区，因而 P 的反力矩小于 Q 的作用力矩。在这种条件下，虽然不至于切垮工作面，但因力矩不平衡，游离顶板会旋转而下，推垮工作面。

如果大块游离顶板的尺寸相对较小，在采空区没有悬顶，但它沿工作面推进方向的长度超过一次放顶步距，回柱后游离岩块就会旋转而下，从而推倒采场支架，造成放顶线附近的小范围冒顶，如图2－21所示。

此外，在金属网假顶下回柱放顶时，由于网上有大块游离顶板，也可能发生因游离顶板旋转而推倒采场支架的冒顶。

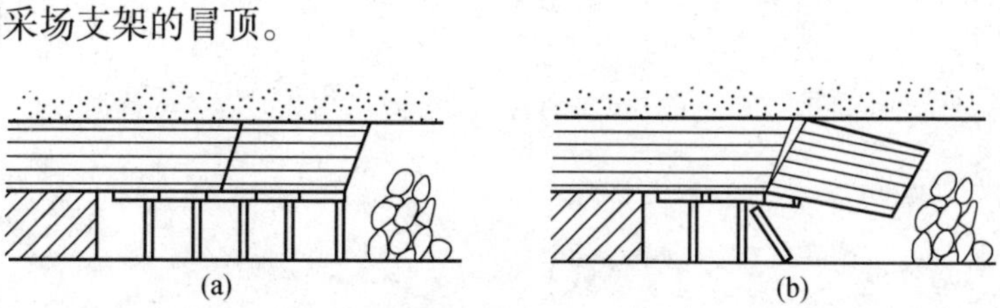

图2－21 顶板中游离顶板旋转推倒局部采场支架

预防大块游离顶板旋转推垮型冒顶的具体措施如下：

（1）提高工作面支架的初撑力和稳定性，尤其是后排支架的初撑力和稳定性。

（2）加强地质及采场观测工作，判断大块游离顶板的范围；在大块游离顶板范围内加强支护，扩大控顶距且不进行回柱作业。

（3）如果工作面中使用的是单体金属支架，要用木支架替换金属支架，待大块游离顶板全部都处在放顶线以外的采空区时，再用绞车回柱。

（4）在切顶线处应用墩柱或特种支柱切顶。

对于因金属网上大块游离顶板旋转而引起的冒顶预防措施，在满足上述4个条件的基础上，还要对金属网假顶开采的顶分层进行详细记录，记录采空区漏冒下大块顶板的尺寸、形状，以及在走向、倾斜的具体位置等。

五、冲击推垮型冒顶

当煤层顶板的下位岩层容易离层而且工作面又使用单体液压支柱时，在下列两种情况下，可能发生冲击推垮型冒顶。

（1）下位岩层先离层，断裂成大块游离顶板，然后上位岩层中掉下大块矸石砸在下位游离顶板上，导致推垮型冒顶，如图2-22a所示。

（2）下位岩层先离层，上位岩层中掉下大块矸石冲击已离层的下位岩层，使其产生大块游离顶板并导致推垮型冒顶，如图2-22b所示。

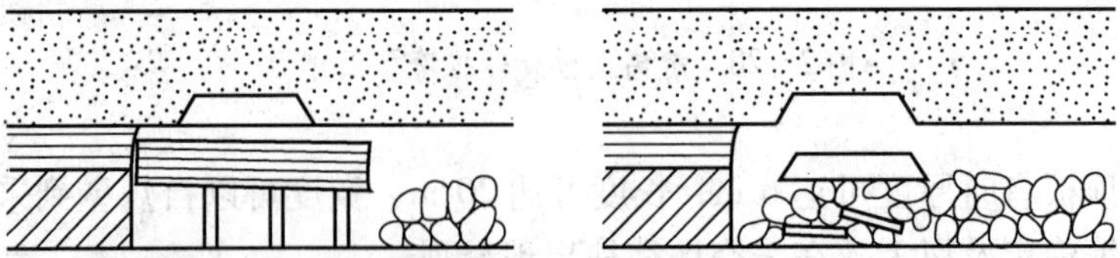

(a) 离层断裂成大块游离顶板　　(b) 下砸推垮

图2-22　冲击推垮型冒顶

预防冲击推垮型冒顶的主要措施如下：

（1）提高支柱的初撑力及支护系统刚度，避免下位岩层离层。

（2）提高支护系统的稳定性，尤其加强后排支护的稳定性，避免被推垮。在放顶线处应用墩柱或特种支柱是一个很好的方法。

第三章　单体液压支柱工作面顶板控制设计

第一节　单体液压支柱工作面顶板控制原理及目标

生产实践中，顶板控制包括以下两个方面，一是采场支护，二是采空区处理。

采空区的处理方法主要是垮落法（缓慢下沉法是垮落法的一种特例），部分采用充填法。以前对厚层难冒顶板采用煤柱支撑法，由于这一方法往往解决不了后期大面积冒顶的危害，又不利于机械化采煤，因而逐渐被废弃。垮落法与充填法的实质区别在于，后者采动后不存在垮落带。

下面以缓斜中斜煤层单体液压支柱长壁工作面为例，说明采用全部垮落法处理采空区时的顶板控制问题。所提到的顶板控制原理与目标，对缓斜中斜煤层中采用充填法处理采空区的工作面，基本上也适用。

一、顶板控制原理

采煤后，煤层上面的顶板岩层自下而上形成垮落带、裂隙带与弯曲下沉带。

采场支护的支撑力应能支撑住垮落带岩层的重量，支柱的可缩量应能适应裂隙带岩层的下沉。

实践表明，当直接顶厚度大于或等于2~3倍采高时，采空区中只要垮下2~3倍采高的直接顶岩层，就能将采空区填满。在这种情况下，垮落带即是2~3倍采高的直接顶岩层，其上部的直接顶和基本顶岩层已进入裂隙带。

当直接顶厚度不足2~3倍采高时，它上面的基本顶有3种情况：一是，直接顶上是分层厚度大于5~6 m的基本顶，采动后，这类基本顶虽然也可能断裂，但断块间挤压得很紧，下沉得不多，致使基本顶与已垮落直接顶间出现大面积自由空间。一旦基本顶大面积垮落，将产生冲击与暴风，危害极大，这种基本顶可称为厚层难冒顶板。二是，直接顶上是分层厚度小于5~6 m的基本顶，采动后，这类基本顶会断裂，转动下沉，直至触矸，但在这个过程中，基本顶断块间始终不失去水平力的联系，而且能形成平衡结构，即这类基本顶已进入裂隙带。三是，直接顶上也是分层厚度小于5~6 m的基本顶，采动后也会断裂、转动下沉、触矸，但岩块间没有水平力的联系，即不能形成平衡结构，这类基本顶处在垮落带中。

进入裂隙带的基本顶之所以能够形成平衡结构，是因为咬合点处有足够大的水平力，由其产生的摩擦阻力足以支承基本顶岩块本身的重量以及上位岩层运动时对它施加的力。由于基本顶岩块在其转动下沉过程中会挤碎咬合点处的岩石，因此基本顶岩层的厚度如果只比其下面自由空间高度稍大一点，即咬合面的高度太小，是不可能形成平衡结构，也进不了裂隙带。根据研究与实践，建议咬合面的高度应不小于1.5~2.0 m，才能形成平衡结构，才能进入裂隙带，因此，可用下面关系式判断某基本顶岩层是否已进入裂隙带。

设H_i是开始进入裂隙带的第i层基本顶厚度，则

$$H_i \geqslant M - \left[\sum_{i=0}^{i-1} H'_i(K_{i1} - 1) + h(K_z - 1) \right] + (1.5 \sim 2) \qquad (3-1)$$

式中 H_i——由下而上第 i 层基本顶岩层（基础岩层）的厚度；

H'_i——由下而上第 i 层基本顶及其附加岩层的厚度，m；

M——煤层采高，m；

K_{i1}——基本顶及其附加岩层的岩石碎胀系数；

h——直接顶厚度，m；

K_z——直接顶岩层的岩石碎胀系数，1.33~1.5。

在上述关系式中，实际上是将直接顶看作是不规则垮落带，把垮落带基本顶看作是规则垮落带。用这个关系式自下而上逐层判别各基本顶分层，很容易判别出哪些基本顶岩层已进入裂隙带，哪些基本顶岩层是在垮落带中。

我国学者在砌体梁理论和传递岩梁理论中，都提出了判断裂隙带岩层的方法。

前面已经提到，采场支柱的可缩量应能适应裂隙带岩层的下沉，即对裂隙带岩层是采取“让”的方法；对垮落带岩层，则必须由采场支柱的支撑力来支撑。

为支撑垮落带岩层，我国学者提出：采场支护的工作阻力应能平衡工作空间上方4~8倍采高岩重，或采场支护的工作阻力应能平衡工作空间及采空区上方垮落带岩层的重量。

在单体液压支柱工作面中，考虑到支柱的初撑力比较大，可以利用支柱这一特点，防止或减小离层。

二、顶板控制目标

对应用单体液压支柱的工作面，从当前技术水平出发，其合理的顶板控制目标如下：第一，能最大程度地消除压、漏、推冒顶隐患，防止发生各种类型的冒顶事故；第二，能保持顶底板移近量、台阶下沉量，以及端面冒高等顶板状态参数在一定限度之内，保证顶板处于良好状态；第三，所需的费用最少。

为达到上述第一个目标，从当前顶板事故主要是推垮型冒顶这个事实出发，应尽可能地提高单体液压支柱的初撑力。为达到上述第二个目标，必须在生产实践中进行日常的支护质量与顶板动态监测或调压试验。

此外，应在达到第一个及第二个目标的前提下，再考虑使所需费用最少。

三、单体液压支柱工作面顶板控制设计的基础

（一）控制岩层范围及顶板运动参数确定方法

1. 高度方向需控制的岩层范围

研究表明，明显影响顶板下沉、支架受力及煤壁片帮等矿压显现的上覆岩层范围是有限的，该范围包括以下两部分。

（1）第一部分是指能在采空区垮落的岩层。这部分岩层随着回柱放顶在采空区自行垮落，且垮落后堆积在采空区的岩块不具备向煤壁前方传递作用力的能力。因此，其载荷必须由支架全部承担，否则有切顶的危险。

考虑采空区充填、底鼓等因素时，这部分岩层的厚度 h_z 为

$$h_z = [M - (h_t + h_d) - S_A]/(K_A - 1) \qquad (3-2)$$

式中 M——采高，m；

S_A——岩梁触矸处沉降值，m；

(h_t+h_d)——采空区充填厚度及底鼓量；

K_A——岩梁触矸处矸石碎胀系数，取1.3。

当采空区无充填和底鼓时，式中 $(h_t+h_d)=0$，即

$$h_z=(M-S_A)/(K_A-1) \tag{3-3}$$

分层开采时，顶分层垮落厚度表达式与式（3-2）相同。下部第 n 分层开采时 h_z 用 h_{zn} 表示，计算公式如下：

$$h_{zn}=(M_n-S_A)/(K_A-1)+h_{z(n-1)}[1-(K_A-K_C)/(K_A-1)] \tag{3-4}$$

式中 M_n——下部分层采高，m；

$h_{z(n-1)}$——上一分层开采时已垮落岩层厚度，m；

K_C——下分层工作面所在位置已垮矸石的碎胀系数。

从式（3-4）可以看出，如果开采下部分层的采高相同（$M_n=M$），则

$K_C=1$（矸石压实）时

$$h_{zn}=h_z$$

$K_C=K_A$（矸石未压实）时

$$h_{zn}=nh_z$$

可见上部已垮矸石的压实情况（即分层工作面间隔时间和距离）对垮高及矿压控制有明显影响。

S_A 的确定方法如下：

$$S_A=\frac{C_0}{L_k}\Delta h_0 \tag{3-5}$$

其中，Δh_0 为来压前相应控顶距 L_k 处顶板下沉量，m；C_0 为基本顶下位岩梁第一次来压步距，m；L_k 为控顶距，m。

另外，h_z 也可根据支柱载荷推断，即根据工作面正常工作状态下支柱的载荷 P_z 反求 h_z：

$$h_z=P_z/\gamma_z f_z \tag{3-6}$$

其中，f_z 为直接顶悬顶系数；γ_z 为直接顶重度，kN/m³。

当顶板具有充分垮落条件时，还可根据上覆顶板各分层厚度 h_i 小于其下部允许运动的自由空间高度的原理，自下而上逐层判定，推断出垮落岩层及总厚度 h_z：

$$h_z=\sum_{i=1}^{n}h_i \tag{3-7}$$

其中，$h_n\leqslant M-\sum_{i=1}^{n-1}h_i(K_A-1)$，则岩层垮落；当 $h_n\leqslant M-\sum_{i=1}^{n-1}h_i(K_A-1)$ 且 $h_{n+1}>M-\sum_{i=1}^{n}h_i(K_A-1)$，则岩层进入基本顶范围。

（2）第二部分是指在第一部分上面，由明显影响采场矿压显现的一组或几组岩梁组成。该岩梁在工作面推进中能始终保持向煤壁前方和采空区矸石上传递作用力的能力。

①岩梁组成及厚度：

每一岩梁由同时或接近同时运动的岩层组合而成，其厚度为同时运动各岩层厚度的总和。相邻两岩层是否同时运动，可根据下列条件判断：

同时运动时

$$E_n h_n^2 \geqslant K^4 E_{n-1} h_{n-1}^2 \tag{3-8a}$$

分别运动时

$$E_n h_n^2 < K^4 E_{n-1} h_{n-1}^2 \tag{3-8b}$$

式中 E_{n-1}、E_n——上、下部岩层的弹性模量，Pa；

h_{n-1}、h_n——上、下部岩层的厚度，m；

K——考虑上、下部岩层悬跨度差别的系数，取 1.15 ~ 1.25。

②基本顶内对工作面有明显影响的岩梁数目及其厚度：

基本顶内岩梁数目可根据各岩梁运动对工作面超前支承压力显现，以及支架载荷等压力显现的影响程度来确定。实践证明，组成这些对工作面有明显影响的岩梁，厚度为采高的 6 ~ 8 倍。

2. 推进方向顶板运动参数的确定

顶板岩层沿推进方向的运动步距取决于岩层本身的强度及两端支承条件。研究和实践证明，对于强度较高、完整性较好的岩层，可以用连续介质力学方法进行估算。其中，各岩梁第一次来压步距 C_0 为

$$C_0 = \sqrt{\frac{2\ h_1^2 R_t}{h_E \gamma_E}} \tag{3-9}$$

其中，h_E 为岩梁全厚，m；h_1 为岩梁下部支托层厚，m；R_t 为支托层抗拉强度，kPa；γ_E 为岩梁平均重度，kN/m³。

对工作面有明显影响岩梁周期来压步距 C_i 的计算公式分别为

$$C_i = \frac{C_{i-1}}{2} + \frac{1}{2}\sqrt{C_{i-1}^2 + \frac{4\ h_1^2 R_t}{3\gamma_E h_E}} \tag{3-10}$$

式中 C_i——对工作面有明显影响岩梁第 i 次周期来压步距，当 $C_i = C_0$ 时，$C_{i-1} = 0.5C_0$。

式（3-10）说明，对工作面有明显影响的岩梁周期来压步距在开始阶段是不相等的，但经过几个周期后将趋于稳定，为第一次来压步距的 1/3 左右。实际计算时，一般计算两次，取其平均值作为周期来压步距。

（二）支架阻力与顶板位态间的力学关系

1. 垮落顶板影响下支架的工作状态

在垮落顶板和对工作面有明显影响岩梁并存的采场，岩梁下沉过程中，支架与垮落顶板之间的力学关系，按给定载荷处理是接近实际的，即垮落顶板作用于支架的力 A 可认为近似是恒定的，可由下式得出：

$$A = P_z = h_z \gamma_z f_z \tag{3-11}$$

式中 h_z——垮落顶板厚度，m；

γ_z——垮落顶板重度，kN/m³；

f_z——垮落顶板悬顶系数。

2. 对工作面有明显影响的岩梁下支架的工作状态

对工作面有明显影响的岩梁作用于支架的力，一般取决于支架对岩梁运动的抵抗程度，这时支架可能存在“给定变形”和“限定变形”两种工作状态。

（1）“给定变形”工作状态。在该状态条件下，岩梁的位态是由其力学性质和两端支承情况所决定的。支架的阻力只起到降低岩梁运动速度的作用。在这一工作状态下，支架对岩梁的位态不起限制作用，而处于“让压”状态。设给定变形工作状态下采场顶板下沉量为 Δh_A（最大下沉量），在不发生破顶钻底的情况下，支柱受力大小由其刚度决定。

$$\Delta h_A=\frac{M-h_z(K_A-1)}{C}L_K \tag{3-12}$$

在该状态条件下，顶板可能显现的压力范围为

$$A\leqslant P_T\leqslant A+\frac{h_E\gamma_E L_A}{2L_K} \tag{3-13}$$

式中 P_T——顶板作用在支架上的作用力，kN/m^2；

A——垮落顶板作用在支架上的作用力，kN/m^2；

h_E、γ_E——岩梁的厚度、重度；

L_K——采场控顶距，m；

L_A——来压结束时岩梁的悬跨度，m，周期来压时 $L_A=C$，第一次来压时 $L_A=0.5C_0$。

（2）“限定变形”工作状态。支柱与顶板的作用结果，使岩梁不在无阻碍最终沉降位置处触矸。在这一工作状态下，岩梁的位态受到支柱阻力的限制。在限定变形工作条件下，支柱受力由限定的岩梁位态（用对应的采场顶板下沉量 Δh_T 表示）决定，而与支柱的刚度无关。

在该状态下，顶板施予支架的作用力由岩梁的位态方程得出：

$$P_T=A+P_E \tag{3-14}$$

式中 P_E——岩梁对支架的作用力，kN/m^2。

P_E 由下式决定：

$$P_E=B/\Delta h_T \tag{3-15}$$

式中 Δh_T——岩梁的控制位态参数，指来压结束时刻控顶距 L_K 处控制的顶板下沉量，mm；

B——常数，$B=\frac{h_E\gamma_E C}{2L_K}\Delta h_A$。

P_E 的值由采场控制的顶板下沉量 Δh_T 决定，可能的范围是 $\frac{h_E\gamma_E C}{2L_K}\leqslant P_E\leqslant\frac{h_E\gamma_E C}{L_K}$。

3. 顶板来压时支架工作状态的选择

对垮落顶板来说，上述结构力学特点决定了支架应处于“给定载荷”的工作方式。

对于对工作面有明显影响的每一个岩梁，支架都可能存在“给定变形”和“限定变形”两种工作状态。显然，只要运动对工作面不造成威胁，支架可以在“给定变形”状态下工作。

如果岩梁运动结束时顶板下沉量过大，可能超过活柱缩量界限，造成直接顶破碎，以及有可能引起冲击等现象，应根据具体控制要求，使支架在“限定变形”工作状态下工作。在该状态下，岩梁的位态由支架的阻抗力限定，控顶区内最大顶板下沉量（即控制

位态）$\Delta h_T < \Delta h_A$。

对岩梁控制的总原则是对上位坚硬岩梁采取“给定变形”方式，而对下位岩梁采取“限定变形”方式。要求限定的 Δh_T 值应保证在上位坚硬岩梁来压时，下位岩梁处于与之贴紧的状态，以防动压冲击。

四、单体液压支柱工作面顶板控制原则及方法

（一）顶板控制原则

采用垮落法控制顶板时，根据直接顶厚度与采高之比，以及直接顶上覆岩层破坏特征的不同，可将缓斜、中斜煤层顶板分为表 3-1 所列的几种情况。

表 3-1　缓斜、中斜煤层顶板分类

<table>
<tr><th colspan="2">顶板分类</th><th>直接顶厚度与采高之比</th><th>附加条件</th><th>直接顶上覆岩层特征</th></tr>
<tr><td colspan="2">Ⅰ</td><td colspan="3">$h_z/M \geqslant 2 \sim 3$</td></tr>
<tr><td rowspan="3">Ⅱ</td><td>$Ⅱ_a$</td><td rowspan="3">$h_z/M \leqslant 2 \sim 3$</td><td rowspan="2">$h_z/M > 1$</td><td>基本顶的垮落带</td></tr>
<tr><td>$Ⅱ_b$</td><td>基本顶的裂隙带</td></tr>
<tr><td>$Ⅱ_c$</td><td></td><td>厚层难冒岩层</td></tr>
<tr><td colspan="2">Ⅲ</td><td>$h_z/M < 1$</td><td></td><td>非厚层难冒岩层</td></tr>
</table>

从顶板控制原理与目标出发，单体液压支柱工作面的顶板控制原则如下：

（1）对垮落带岩层采取“支”的原则，即采场支柱的工作阻力应能平衡工作空间及采空区上方垮落带岩层的重量；采场支柱的初撑力应能平衡工作空间及采空区上方垮落带直接顶岩重。

（2）对裂隙带岩层采取“让”的原则，即采场支柱的可缩量应能适应裂隙带岩层的下沉。

（3）当直接顶厚度不足 1 倍采高，尤其是煤层上直接就是厚度不大的基本顶时，可用“切”的原则，切断采空区上方基本顶。

（4）当直接顶厚度不足 1 倍采高时，可用“挑”的原则，挑落 1 倍采高顶板。对厚层难冒顶板，应松动碎裂 3 倍采高顶板岩层，或在工作面前方采用钻眼爆破或高压注水的措施进行松动软化，或在采空区挑顶 3 倍采高，这些措施可统称为“挑”。

（5）不论哪一种顶板，都要针对直接顶的稳定性考虑“护”的问题。

（6）不论哪一种顶板，如果是复合顶板，应使支柱的初撑力本身就能防推。为此，支柱初撑强度 p_c 应满足下式要求。

$$p_c \geqslant \gamma h\left(\cos\alpha + \frac{1}{f}\sin\alpha\right) \tag{3-16}$$

其中，γ 为复合顶板下位软岩层平均重度，kN/m³；h 为复合顶板下位软岩层厚度，m；α 为煤层倾角；f 为复合顶板软硬岩层之间的摩擦因数。

（7）支护参数应保证顶板处于良好状态。一般情况下，应保持工作面控顶范围内顶底板移近量每米采高不大于 100 mm，顶板不出现台阶下沉，端面冒高不大于 200 mm。

（二）顶板控制方法

从上述“支、让、切、挑”原则出发，针对不同的顶板，提出如下控顶方法：

1. Ⅰ和$Ⅱ_b$类顶板的控制

Ⅰ和$Ⅱ_b$顶板的控顶原则是“支”。原则上，应用支柱工作阻力平衡工作空间及采空区上方垮落带岩层重量，用支柱初撑力平衡工作空间及采空区上方垮落带直接顶岩层重量。由于这两种顶板的垮落带岩层重量与垮落带直接顶岩层重量是相等的，因此只需用支柱初撑力平衡工作空间及采空区上方垮落带直接顶岩重即可。或先定支柱的初撑力，计算出支柱密度,再换算成排柱距;或先定排柱距,换算成支柱密度后,再求所需支柱初撑力。

2. $Ⅱ_a$类顶板的控制

$Ⅱ_a$类顶板的控顶原则也是“支”，但这里的支有两重含义：第一，用支柱工作阻力平衡工作空间及采空区上方垮落带岩层重量，即用采场支柱工作阻力平衡工作空间上方垮落带岩重，并确定支柱密度及排柱距；用放顶线另增支柱的工作阻力，平衡垮落带基本顶断块及其附加岩层重量的1/2，并确定支柱线密度及柱距。第二，用支柱初撑力平衡工作空间与采空区上方直接顶岩层的重量，从而确定支柱初撑力、支柱密度及排柱距。

3. Ⅲ类顶板的控制

Ⅲ类顶板的控制，分以下两种情况：

1）直接顶上是裂隙带基本顶

这类顶板的控制原则是支与让。这里的支与Ⅰ类顶板情况类似，使用支柱初撑力平衡工作空间及采空区上方直接顶岩层重量，从而确定支柱的初撑力、支柱密度与排柱距。为确保安全，无论直接顶厚度多小，设计时均按约1倍采高考虑。这里的让是指支柱的可缩量要适应裂隙带基本顶的下沉。

2）直接顶上是垮落带基本顶

对于这类顶板，控制原则是挑或切，或挑顶1倍采高（包括直接顶在内），或切断采空区上方厚度不大的基本顶，从而将条件转化成Ⅰ、$Ⅱ_a$、$Ⅱ_b$类顶板再处理。同时，设计支柱初撑力时，应按支柱初撑力能平衡约1倍采高直接顶岩重考虑。

4. $Ⅱ_c$类顶板的控制

对这类顶板，应以挑为原则，松动软化3倍采高顶板岩层。如果是超前工作面松动软化顶板，则需用采场支柱的初撑力平衡工作空间上方3倍采高顶板岩重，从而确定支柱的初撑力、支柱密度及排柱距。此外，在放顶线，应根据直接顶的有无及顶板松碎程度，每米增设初撑力为100～300 kN的特种支柱。

如果是在采空区挑顶，则需用采场支柱的初撑力平衡工作空间上方直接顶岩重（应不小于1倍采高直接顶岩重），从而确定支柱的初撑力、支柱密度及排柱距。此外，在放顶线，每米应增设初撑力不小于300 kN的特种支柱，用以挡矸。

以上是当厚层难冒顶板的厚度比较大、松动软化3倍采高（包括直接顶在内）后，剩余厚度仍大于5～6 m时的控制方法。如果厚层难冒顶板的厚度不是很大，则松动软化的范围只要令剩下的厚度不足5～6 m即可，然后按$Ⅱ_b$类顶板进行处理。

第二节　单体液压支柱工作面控顶距的确定

一个采煤工作面，从开切眼开始采煤后，通常只用各种支架维护靠煤帮3排或4排（不计贴帮柱）的工作空间，多余的采空空间就是采空区。为进行采煤工作所必需的最小工作空间宽度（煤壁至采空区梁端或密集支柱）称作最小控顶距，其通常由机道、人行道和材料道组成。多数情况下支柱布置3排，有时也布置4排支柱。最小控顶距加上放顶距（一排或两排）就是最大控顶距。

最小控顶距中支柱排数越少，放顶距越小，一个工作面所需的支柱与顶梁数量就越少，从经济合理角度考虑，也最有利。因此，不宜随意扩大控顶距。

由上述可知，控顶距的确定，需确定最小控顶距和放顶距。

一、基本控顶距

根据安全生产的基本要求，采场至少必须布置3排支柱，分别供运煤、行人和堆料使用，因此，在“见四回一”的采场，基本控顶距最大为4排排距，最小为3排排距；在“见五回二”的采场，最大控顶距为5排排距，最小为3排排距。

任何小于3排支柱的控顶方式在安全方面都是不允许的，即满足采煤工作面最小控顶距时，至少布置3排（不包括贴帮柱）支柱，即满足机道、人行道与材料道宽度之和，具体值与机道的宽度与所使用的采煤机、输送机的宽度有关，目前多在1.2～1.4 m之间。炮采时控顶距只与输送机的宽度有关，一般比普采时略小一些。随着对普采工作面单产要求的提高，以及大功率采煤机和输送机的应用，机道的宽度还会加大，人行道或材料道的宽度则是随排距而定，与工作面所用的顶梁长度有关，通常为0.8 m、1.0 m或1.2 m。当采场条件特殊时，要改变控顶距，以适应变化的生产条件。

二、影响控顶距的因素

影响控顶距的因素有复合顶板所处的推进阶段、局部地质构造影响、支架性能、顶板的完整性、基本顶的冲击程度、工艺特点（顶梁长度、进尺、放顶距等）、瓦斯、采高和倾角等。

三、最小控顶距的确定

控顶距的确定，一是根据支架—围岩关系的基本理论，二是根据事故分析的结论。当采场各方面条件无特殊变化和特殊要求时，一般选用3～4排支柱控顶，即最小控顶距为3排排距，最大控顶距为4排排距。在下列条件下可考虑增加控顶距：

(1) 当一个工作面存在基本顶来压威胁时，在基本顶初次来压期间可扩大一排控顶距，即最小控顶距需要采用四排支柱，以增加对基本顶断块的反力力矩，从而缓和基本顶初次来压的威胁。

(2) 复合顶板初次垮落期间的控顶距。此阶段易发生恶性顶板事故，为增加控顶区的稳定性，根据现场经验，也可扩大一排控顶距，尤其下位直接顶厚度在1.5 m以下，且比较坚硬的采场。

(3) 松软顶板采场的控顶距。当煤层上直接是破碎顶板，再上部又是强度较大的顶板时，可能出现破碎顶板的抽冒现象（图3－1）。如果支柱的初撑力很小，这个问题会更加突出。这时，抽冒区以下的支架是不稳定的，除必须使用连接件将工作面支架连成整体支架以增加其稳定性外，还必须增大最小控顶距。应将抽冒区以下的范围考虑在内，增加的控顶距 ΔL 按下式进行计算：

$$\Delta L = h_0 \cdot \cot\varphi \tag{3-17}$$

式中 h_0——破碎顶板厚度，m；

φ——抽冒角，一般为 40°～50°。

设计时 ΔL 应扩大为排距的整倍数。

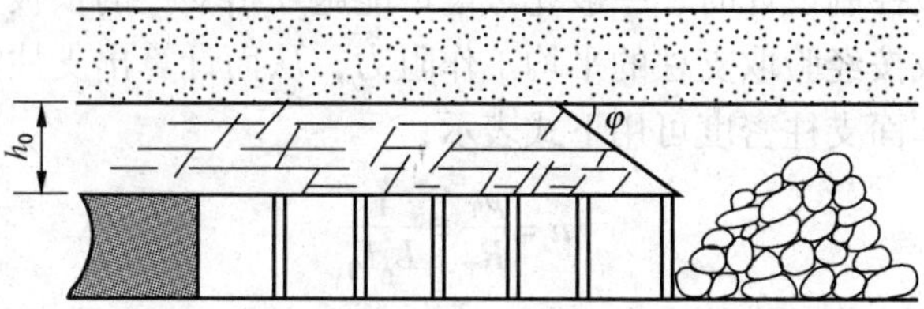

图 3－1 破碎顶板的抽冒现象

（4）在工作面仰采时，或在大采高、大倾角、留有煤顶的工作面，或在网下工作面，也可扩大一排控顶距，以增加支护的稳定性。

（5）当基本顶中存在平行于工作面的断层或出现顶板台阶下沉时，在其露出煤壁阶段，不能进行正常回柱。在断层或顶板台阶下沉范围内应扩大控顶距，直到断层或顶板台阶下沉部分已进入采空区后，再用绞车回柱。

此外，当矿井瓦斯涌出量较大时，为满足通风要求，有时也需采用 4 排排距的最小控顶距。

四、放顶距的确定

放顶距通常根据直接顶的性质来确定。当直接顶比较松软，且能随回柱立即垮落时，采用 1 排排距放顶距；如果直接顶较完整，回一排柱后顶板较长时间不垮落，采空区出现悬顶情况，导致工作面顶板压力增大，这时放顶距可取 2 排排距。

放顶距的具体数值与采场所用的顶梁长度有关。当使用 0.8 m 或 1 m 的铰接顶梁时，如果顶板较松软，放顶距取 0.8 m 或 1 m；如果顶板较完整，放顶距取 1.6 m 或 2 m；当用 1.2 m 的铰接顶梁时，放顶距取 1.2 m。

控顶设计中如果能够用支柱的工作阻力平衡工作空间及采空区上方垮落带岩层重量，用支柱的初撑力平衡工作空间及采空区上方垮落带直接顶岩重时，由于支撑强度大，虽然采空区上方直接顶或基本顶要按照它们自身的岩性与厚度出现一些悬顶，不一定能每次均随回一排柱而折断冒落，但不会影响工作空间的控顶效果，也不会形成冒顶隐患。

一般来说，对于使用单体液压支柱的工作面，由于支柱的初撑力较大，可以采用一排排距的放顶距。

第三节 单体液压支柱工作面支护参数

支架对单位面积顶板提供的工作阻力称为支护强度，在单体液压支柱工作面通过支护强度可以反映工作面矿压显现的剧烈程度。显然，为了采场安全而正常地生产，必须保证工作面有一定的支护强度。

与支护强度密切相关的支护参数有支柱初撑力、支柱密度和支护系统刚度。支柱初撑力越大，支柱密度越大，支护系统刚度越大，工作面支护强度就越大。

一、支柱密度

进行工作面顶板控制设计时，一般先考虑可能施加给支柱的顶板力，再按需要与规定取支柱的初撑力，或按经验取支柱的平均工作阻力，从而计算出支柱密度。

一般合理的工作面支柱密度可用下式表示：

$$n = \frac{p_T}{R_T} = \frac{1}{L_p L_j} \tag{3-18}$$

式中 n——合理的工作面支柱密度，根/m²；

p_T——合理的工作面支护强度，kN/m²；

R_T——工作面支柱的实际（有效）支撑能力，kN/柱；

L_p——排距，m；

L_j——柱距，m。

（一）支护强度的理论分析

合理的支护强度取决于对顶板的控制要求，其中包括：防止直接顶离层、破碎，减小煤壁片帮，防止可能发生的顶板事故等。煤层的顶底板不同，对顶板控制的要求也不同。针对具体的工作面，控制的要求有时是多方面的，必须认真加以考虑，然后选取支护强度最大值，作为实施顶板控制的依据，或选取相应的支护强度值，作为分阶段实施顶板控制的依据。

1. 按工作面不同推进阶段，确定支护强度

1）初次来压阶段

初次来压阶段包含了从开切眼开采起至基本顶岩梁初次来压的全过程。该阶段的控制重点包括直接顶初次垮落、垮落顶板悬顶的周期垮落，以及基本顶（裂隙带）岩梁的初次来压。

（1）直接顶初次垮落阶段（$0 \sim L_z$）：

在直接顶初次垮落阶段，应保证支柱有足够的初撑力，将直接顶岩层的初次断裂线控制在放顶排位置，以防止顶板切垮工作面。直接顶初次垮落阶段的支架至少能承受直接顶初次垮落步距重力的1/2，此阶段的支护强度应满足式（3-19）要求，即

$$p_{zo} = \frac{h_z \gamma_z L_z}{2L_K} \tag{3-19}$$

式中 L_z——直接顶初次垮落步距；

L_K——控顶距；

γ_z——直接顶重度。

（2）基本顶初次来压期间（$L_z \sim C_0$）：

基本顶初次来压期间支护的准则：防止直接顶向采空区推垮；让基本顶缓慢沉降到要求的位态（防止冲击）；保证支架不被压死；对可能发生剪切的采场，应采取特殊的处理方法，并进行采场来压预报。其力学保证条件，增加支柱初撑力和工作阻力，使直接顶和基本顶紧贴，支架能在不被压死的情况下，承担起基本顶的部分作用力和全部直接顶的作

用力，这一阶段支柱的支护强度应满足：

$$p_T = A + \frac{h_E \gamma_E C_0}{2K_T L_K} \tag{3-20}$$

式中　h_E、γ_E、C_0——基本顶厚度、重度和初次来压步距；

K_T——岩重分配系数，受直接顶厚度与采高之比 N 的控制。

大量研究证明，采空区充填得越实，支架承受的基本顶作用力越小。根据现场控制的经验，一般条件下采场的 K_T 可按表 3－2 选取。

表 3－2　K_T 的选取表

N	$N \leqslant 1$	$1 < N \leqslant 2.5$	$2.5 < N \leqslant 5$	$N > 5$
K_T	2	$2N$	$38(N-2.5)+5$	∞

$N \leqslant 1$ 时，表明直接顶很薄，坚硬基本顶来压猛烈，支架必须承担初次来压步距内 1/4 的岩重。如基本支护达不到要求，则采取特种支护或其他支护措施。

$1 < N \leqslant 2.5$ 时，表明采空区充填程度一般，顶板下沉量和来压强度随 N 的增加而线性减小，需承担的基本顶作用力也越来越小。

$2.5 < N \leqslant 5$ 时，表明采空区基本充填满，几乎可以不考虑基本顶的作用力。

$N > 5$ 时，表明垮落直接顶与基本顶接实，支架可不考虑基本顶的作用力。

式（3－20）中，直接顶作用力 A 的计算由式（3－21）给出。

当悬顶距 $L_s < 2$ m 时（图 3－2），则支柱的支护强度为

$$p_T = A = h_z \gamma_z f_z \tag{3-21}$$

$$n_i = L_K / x_0$$

式中　h_z——直接顶岩层厚度，m；

γ_z——直接顶岩层重度，kN/m³；

f_z——直接顶悬顶系数，$f_z = 0.5 n_i (1 + L_s / L_k)^2$；

x_0——控顶区内支护反力合力作用位置距煤壁距离。

当无悬顶（即 $L_s = 0$）时，$f_z = 1$，$A = h_z \gamma_z$。

垮落顶板作用力 $p_z(p_z = A)$ 是一个与顶板位态控制无关的常量。

2）正常推进阶段

正常推进阶段是指初次来压结束后至工作面收尾的全过程。支架控制基本顶（裂隙带）所需合理支护强度分两种工作状态考虑。

（1）支架在“给定变形”状态下工作时，支架所需合理支护强度如下：

$$p_T = A + \frac{h_E \gamma_E C}{2L_K} \tag{3-22}$$

式中　C——基本顶岩梁断裂步距，m。

（2）支架在“限定变形”状态下工作时，支架所需合理支护强度应根据支架阻力与顶板下沉位置状态间的力学关系方程——位态方程来确定。

$$p_T = A + p_A \Delta h_A / \Delta h_T \tag{3-23}$$

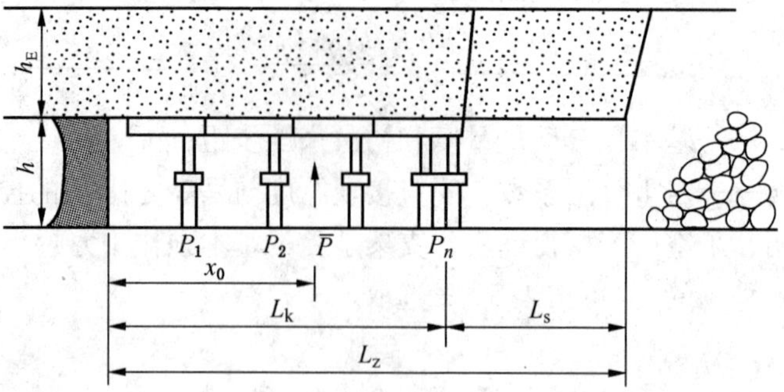

图 3-2 悬顶周期性垮落

$$p_A = h_E \gamma_E C/(K_T L_K) \tag{3-24}$$

式中 p_A——取决于岩梁力学特性参数的位态常数，kN/m^2；

Δh_T——要求控制的顶板下沉量，m；

Δh_A——控顶末排最大顶板下沉量，m。

“位态方程式”也可利用实测参数来建立。实测来压时顶板下沉量（Δh_0）及支护强度（p_0），位态方程式为

$$p_T = A + p_0 \Delta h_0 / \Delta h_T \tag{3-25}$$

根据对基本顶岩梁位态的控制要求，即 Δh_T 是一定值，利用式（3-23）或式（3-25），就可确定相应的合理支护强度。

2. 井下支柱有效支撑能力的确定

支柱在工作面支护过程中的有效支撑能力（R_T），是指将顶板控制在要求的“位态”（用最大控顶距处的顶板下沉量表示）时，所有支柱所能达到的工作阻力平均值。由于受支柱结构力学特性、辅助支护结构、顶底板抗压强度、支护操作质量等因素的影响，支柱有效支撑能力（R_T）要比支柱的额定工作阻力小。

现场实践与理论研究表明，支柱在井下的有效支撑能力可以分别按以下几种情况计算确定。

1）支柱不钻底、支护质量正常时

$$R_T = K_B K_z R_B \tag{3-26}$$

式中 K_B——支柱承载不均匀系数；

K_z——增阻系数；

R_B——支护回撤前所能达到的理论工作阻力，kN/柱。

通过在许多矿区进行观测，式（3-26）中参数取值范围见表 3-3。

表 3-3 支柱支护有关参数取值范围

支柱类型	K_B	K_z	R_B
单体液压支柱	0.8~0.9	0.9~0.95	260~300

2）支柱发生钻底时

当底板抗压能力低于支柱的支撑能力时，支柱的有效支撑能力将取决于底板抗压能力。

$$R_T = K_B K_z R_a \tag{3-27}$$

式中 R_a——与底板抗压强度相对应的支柱工作阻力，kN/柱；

$K_B(K_z)$——考虑支柱钻底时的承载不均匀系数、增阻系数。

在支柱有钻底现象的工作面，如果给支柱穿铁鞋防止钻底，可以明显提高其有效支撑能力。

确定支柱密度后，应换算为具体的排距和柱距。下面以使用单体液压支柱和铰接顶梁支护的工作面为例，对工作面支护进行说明。

通常支柱的排距是采煤工作面每次采煤进度或采煤机截深的整倍数。以机采为例，如果截深为0.5 m或1 m，支柱的排距即为1 m；截深为0.8 m，排距即为0.8 m；截深为0.6 m，排距则为1.2 m等。采煤工作面支架的排距，是综合考虑最有利的采煤进度或采煤机截深、顶梁长度、顶板状况等因素后确定的。排距确定后可按式（3-28）确定柱距。

考虑到机道的宽度往往大于排距，因此应引入一个修正系数 K。当排距为0.8 m时，取 $K=1.2$；当排距为1 m时，取 $K=1.1$；当排距为1.2 m时，则取 $K=1$。这样柱距 L_j 的确定公式可改写为

$$L_j = \frac{1}{KnL_p} \tag{3-28}$$

式中 L_j——支柱柱距，m；

L_p——支柱排距，m。

使用单体液压支柱与铰接顶梁的工作面，柱距都不应小于0.5 m，否则将造成生产困难。此外，即使在顶板非常完整的条件下，也很少出现柱距超过1 m的情况。

当在破碎顶板下采煤或在金属网下采煤，无论是用单体液压支柱、铰接顶梁进行支护，还是用Π型长钢梁对棚迈步支架支护，柱距一般都不宜超过0.7 m，否则将容易导致局部漏冒或形成网兜。

在一定条件下，工作面支柱密度是由预防冒顶、网兜或考虑生产方便等因素确定的。这时，只能靠调整支柱的初撑力或平均工作阻力来适应支撑垮落带岩重的要求。

（二）单体液压支柱工作面支护强度的实测统计

由于我国煤层开采条件复杂多样，理论上常难以定量计算，但可根据丰富的实测资料，统计出影响支护强度的各因素之间的关系式，以实现定量估算。我国煤炭行业有关标准规定了如下的支护参数计算式：

1. 单体液压支柱的支护强度下限确定

单体液压支柱的支护强度（p_H）下限按式（3-29）进行计算

$$p_H = C_k(39M + 2.4C_0 - 6.9N + 134) \tag{3-29}$$

式中 C_k——备用系数，一般取1.2～1.4；

C_0——基本顶初次来压步距，m。

表3-4表示了单体液压支柱工作面支护强度下限值。

表3-4　单体液压支柱工作面支护强度下限

基本顶级别		Ⅰ	Ⅱ	Ⅲ
采高 M/m	1	300	330	410
	2	325	350	420
	3	350	380	430

2. 单体液压支柱的支柱密度的确定

1）按直接顶稳定性确定支柱密度

直接顶稳定性对支柱密度的要求见表3-5。

表3-5　各类直接顶的支柱密度

稳定性级别	1类（不稳定）		2类（中等稳定）	3类（稳定）
	1a	1b		
支柱密度上限	2.25	1.785	1.43	1.25
支柱密度下限	2.08	1.43	1.25	1.04

2）按必需的支护强度验算支柱密度

由式（3-30）计算支护强度：

$$p=N_sQ \tag{3-30}$$

式中　p——支护强度，kPa；

Q——单体液压支柱工作阻力，kN/柱；

N_s——支柱密度，根/m^2。

按式（3-31）验算支柱密度：

$$N_s\geqslant p/Q \tag{3-31}$$

支柱密度的选取应考虑所采用的支柱系列，国产单体液压支柱的工作阻力见表3-6。

表3-6　单体液压支柱的工作阻力　　kN

支柱系列	DZ-300/100	QZ-250/80	QZ-150/63
初撑力 Q_0	117.5	75.3	49
额定工作阻力 Q_h	300	250	150

经实测，井下单体液压支柱实际工作阻力与额定初撑力相近，因此式（3-31）中 Q 可用 Q_0 代替，而必需的初撑支护强度 p 按下式中的 p_0 确定。

$$p_0=38.4M+6.75C+19.8B_c-78.3 \tag{3-32}$$

式中　C——周期来压步距，m；

B_c——控顶宽度，m；

M——采高。

按式（3－33）验算支柱密度：

$$N_s \geqslant p_0/Q_0 \tag{3-33}$$

（三）按预防工作面压垮型冒顶事故，确定支护密度

单体液压支柱工作面是利用具有一定密度（即排、柱距）基本支柱的工作阻力和具有一定线密度的支柱工作阻力（或墩柱的工作阻力），共同支撑工作空间和采空区上方垮落带岩重。

通常在进行工作面控顶设计前，就已确定机道宽度 L_g、排距 L_p（顶梁长度）、末排柱到密集支柱（墩柱或采空区顶梁末端）的距离 L_t（0.2 m）。因此，工作面合理支护密度的确定，实际上是确定支柱的合理柱距。当考虑一个柱距内的密集支柱为一根时，则可按式（3－34）计算柱距 L_j。

$$L_j = \frac{P(n_1 + n_2 + \cdots + n_i + n_m)}{\left[\gamma h(L_x + L_{zx}) + \sum_{i=1}^{n} \gamma_{1i} h_{1i} L_{lki}\right]\cos\alpha} \tag{3-34}$$

式中　P——支柱平均工作阻力，kN/根，按额定工作阻力的 60% ~70% 计算；

n_1——一个柱距（或同步梁距）内第一排基本支柱数目；

n_2——一个柱距（或同步梁距）内第二排基本支柱数目；

n_i——一个柱距（或同步梁距）内末排基本支柱数目；

n_m——一个柱距（或同步梁距）内密集支柱数目；

γ——垮落带直接顶岩层平均重度，kN/m^3；

h——垮落带直接顶厚度，m；

L_x——最小控顶距，即煤壁至密集支柱、墩柱或至采空区顶梁末端（无密集支柱、墩柱时）的距离，其与控顶排数有关（一般用三排），也与密集支柱、墩柱的位置有关（顶板软时密集支柱可在末排柱位置，顶板硬时密集支柱或墩柱应在采空区顶梁末端位置），m；

L_{zx}——垮落带中直接顶岩层在采空区的极限悬顶长度，页岩约为 1.0 m，砂页岩约为 2.0 m；

n——垮落带基本顶分层数；

γ_{1i}——垮落带中第 i 层基本顶及其附加岩层的平均重度，kN/m^3；

h_{1i}——垮落带中第 i 层基本顶及其附加岩层的厚度，m；

L_{lki}——垮落带中第 i 层基本顶的岩块长度，m（计算时取实际数据，若无，可参考下列数据：基础岩层厚 1.5 m 时取 6 m，基础岩层厚 2.0 m 时取 10 m，基础岩层厚 2.5 m 时取 14 m，基础岩层厚 3.0 m 时取 18 m）；

α——煤层倾角，(°)。

L_j 一般不应大于 1.0 m，也不应小于 0.5 m。当直接顶较软时，应采用较小的数据。当计算出的 L_j 太小时，应首先增加密集支柱的数量。

当垮落带中没有基本顶岩层，而直接顶岩层又松软破碎时，可不设密集支柱，即无密集支柱放顶。此时求 L_j 仍可用式（3－34）计算，只是式（3－34）中 n_m 为零，L_{zx}为零。

垮落带中基本顶分层的层数 n 的确定方法：

垮落带最上基本顶分层的层数 n 与垮落带岩层的碎胀性及采高有关系，对于缓斜、倾斜煤层可依据式（3－35）确定。

$$h_k=\frac{M}{K_k-1} \tag{3-35}$$

式中　h_k——理论垮落带高度，m；

M——采高，m；

K_k——垮落带岩层平均碎胀系数，取1.4～1.5。

自下而上累加各直接顶分层及基本顶分层厚度，当达到或刚超过 h_k，此分层为垮落带最上一个分层，从下一个分层至最上一个分层的厚度总和，就是实际的垮落带高度 h_{sk}。然后，根据实际的垮落带高度 h_k，来判断垮落带中基本顶分层的层数 n。

二、支柱初撑力

以前在进行工作面支护设计时，对支柱的初撑力重视不够，工作面支护设计中也未出现初撑力指标。实际上，支柱工作阻力在很大程度上取决于支柱初撑力。在支柱密度与支护系统刚度一定的条件下，初撑力大，工作阻力也大。这时对控制顶板来讲，能主动起作用的只是支柱的初撑力，初撑后，支柱工作阻力的增长，将取决于顶板下沉的情况。对增阻支柱或恒阻支柱的增阻阶段，顶板下沉越多，支柱工作阻力越大。考虑到提高初撑力可以预防直接顶离层，可以使支柱更快地达到需要的工作阻力，以平衡垮落带岩重，因此应在进行工作面支护设计时增加支柱初撑力这个指标，才能更好地控制顶板和预防发生冒顶事故。

支柱初撑力确定方法有以下几种：

1. 统计法确定支柱初撑力支护强度

大量的研究表明，支柱合理的初撑力支护强度如图3－3所示。从图3－3中可看出，不同垮落厚度 $\sum h$、直接顶初次垮落步距（L_z）下所需的合理初撑力强度 p_0。

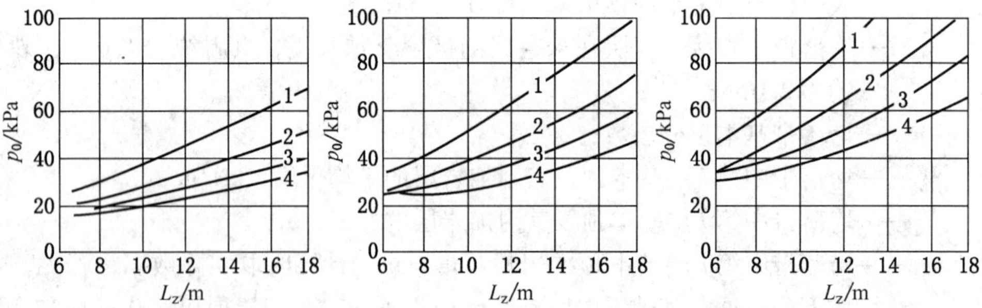

(a) $\sum h$=1.0 m　(b) $\sum h$=1.5 m　(c) $\sum h$=2.0 m

注：1表示 L_K 为3 m；2表示 L_K 为4 m；3表示 L_K 为5 m；4表示 L_K 为6 m

图3－3　支柱合理的初撑力支护强度图

2. 按冒顶灾害的力学机制，确定支柱初撑力

（1）为了预防压垮型冒顶，支柱的初撑力应能使垮落带中直接顶不与基本顶离层，或下位岩层与上位岩层之间不离层，以避免支架受较大的冲击载荷。因此，支柱的初撑力要将直接顶沿放顶线切断。这时，在最小控顶距状态下，支柱初撑力必须满足以下3个条

件：

第一，支柱初撑力要能平衡直接顶岩梁重量（包括将被切断的那段悬顶），满足该条件所需的初撑力为

$$P''_{01}=\frac{L_j\gamma h(L_x+L_{zx})\cos\alpha}{n_1+n_2+\cdots+n_i+n_m} \tag{3-36}$$

第二，放顶线上密集支柱的初撑力能平衡采空区上方将被切断的直接顶悬顶的岩重，满足此条件所需的初撑力为

$$P''_{02}=\frac{L_j\gamma hL_{zx}\cos\alpha}{n_m} \tag{3-37}$$

第三，支柱初撑力所产生的主动力矩，能平衡工作空间上方及采空区上方直接顶岩梁所产生的力矩（以工作面煤壁处为准）。满足此条件所需的初撑力为

$$P''_{03}=\frac{L_j\gamma h(L_x+L_{zx})^2\cos\alpha}{2\{n_mL_x+n_1L_g+n_2(L_g+L_p)+\cdots+n_i[L_g+(i-1)L_p]\}} \tag{3-38}$$

（2）预防压垮型冒顶中计算出的 P''_0 能把直接顶或下位岩层沿放顶线折断（不沿煤壁折断），这就在很大程度上预防了离层型顶板推倒支架的危害，即 P''_0 也防推。

考虑到直接顶由于构造等原因，可能形成沿工作面煤壁的断裂。为防止推倒支架，可提高支柱的初撑力，将下位岩层顶紧上位岩层，令上、下岩层间产生的摩擦阻力足以防推。为此，支柱所需的初撑力可由式（3-39）求得。

$$P'''_0=\frac{L_j\gamma_xh_x(L_x+L_{zx})}{n_1+n_2+\cdots+n_i+n_m}\left(\cos\alpha+\frac{1}{f}\sin\alpha\right) \tag{3-39}$$

式中 γ_x——下位岩层平均重度，kN/m^3；

h_x——下位岩层厚度，一般为2.5～3.0 m；

f——上下岩层间的摩擦因数，无水时取0.3。

因此，支柱初撑力既要防止直接顶离层，又要防止下位岩层的层向运动推倒采场支架。因此，支柱初撑力设计值 P_0 应是 P''_{01}、P''_{02}、P''_{03} 和 P'''_0 之中的最大值。考虑到工作面复杂的地质条件，从确保安全生产角度出发，支柱初撑力的确定，还需靠工作面调压试验以及日常监测来解决。

顶板控制设计中，应使支柱的初撑力尽可能地达到其额定值。当前，在使用单体液压支柱的工作面中，主要存在初撑力偏小的问题。近年来，多起大型推垮型冒顶事故，都与单体液压支柱初撑力偏小有关。因此，现阶段应尽可能设法提高支柱的实际初撑力。一般条件下，支护设计中的支柱初撑力不应低于其额定初撑力的70%～80%。

三、支护系统刚度

支护系统刚度，是指单位顶底板移近量所对应的支柱工作阻力增量（kN/mm）。从控顶观点看，支护系统刚度越大越好。

单位顶底板移近量中包含顶梁与背顶材料的压缩量、支柱本身的下缩量，以及支柱钻底量等。可见，在某一压力作用下，如果顶梁与背顶材料的被压缩量、支柱缩量、支柱钻底量均较小，则支护系统刚度将较大，即支护系统刚度取决于顶梁与背顶材料的刚度、支柱本身的刚度，以及底板岩层的“刚度”。

如果采用金属顶梁，一般认为是不可压缩的。目前所有的背顶材料，其压缩率可达50%，而且背顶材料的压缩在支柱工作阻力达 50 kN 以前已经完成，支柱工作阻力再增加，就表现出很大的刚度。由于采煤工作面中使用的是单体液压支柱，因此在支柱初撑时已基本完成背顶材料的压缩全过程。如果能保持单体液压支柱本身的工作特性，其刚度还是较理想的。从底板岩层的刚度看，砂页岩、砂岩等中硬或坚硬的底板，其刚度较大，能保持整个支护系统刚度较大；而煤、泥岩、页岩等较软或很软的底板，由于本身刚度太小，导致整个支护系统刚度降低，对控顶极为不利。因此，如果工作面底板比较松软，为了控制顶板，保证正常生产，就必须穿铁鞋，以保证支柱钻底量不超过一定限度。此外，浮煤必须打扫干净，否则会减小底板的刚度。

当前，可暂以支柱钻底量作为控制支护系统刚度的指标。一般情况下，支柱钻底量不得超过 100 mm，否则就要穿铁鞋。

在进行工作面控顶设计时，为保证工作面具有一定的支护强度，支柱初撑力（或平均工作阻力）、支柱密度、支护系统刚度均应作为互相关联的因素，加以综合考虑。多数情况是在一定的支护系统刚度下（确定是否穿铁鞋、铁鞋的面积多大），先确定支柱初撑力（或平均工作阻力），再确定支柱密度。有时在一定的支护系统刚度的情况下，先确定支柱密度，再确定支柱初撑力。个别情况下，由于底板特别松软，甚至可以在降低支柱初撑力，加大支柱密度的前提下，保证支柱钻底量不超过一定限度。

顶底板移近量、端面冒高、顶板台阶下沉量等，这些顶板状态参数都与工作面支护强度有关。实践表明，支护强度越大，这些参数的数值就越小。也就是说，为了控制顶板，使之处于良好状态，就要提高支护刚度到一定水平。提高支柱初撑力、提高支柱密度、提高支护系统刚度这 3 个支护参数，都可以提高支护强度。因此，在生产过程中，如果出现顶板状态参数过大，就要调整某一个或某几个支护参数，从而使工作面顶板处于良好状态。

第四节　顶板状态参数

薄及中厚煤层整层开采时，主要的顶板状态参数有顶底板移近量、端面冒高以及顶板台阶下沉量。厚煤层倾斜分层开采铺设金属网（或塑料网）人工顶板时，其顶板状态参数还有端面及工作面内的网兜高度。这些参数，都与工作面顶板是否处于良好状态有关。如果顶底板移近量过大、端面冒高过大、顶板台阶下沉量过大或者网兜高度过大，就会影响工作面的正常生产。所以，不增加附加安全技术措施就能保证工作面正常生产的顶板状态，就是良好的顶板状态。

在不同的顶底板与煤层条件下，保证顶板处于良好状态的上述参数值是不同的。下面根据国内外现有研究成果，对顶板状态参数做简要分析。

一、顶底板移近量

在控顶设计中，需要用顶底板移近量这个参数进行支柱的具体选型。对于顶底板移近量，目前有两种估算方法。

1. 按煤层采高及控顶距估算

根据上覆岩层移动规律，可以得出顶底板移近量与煤层采高、控顶距成正比，即顶底板移近量可按下式估算：

$$S_L = \eta ML \tag{3-40}$$

式中 S_L——顶底板移近量，m；

M——煤层采高，m；

L——控顶距，m；

η——下沉系数，即每米采高每米推进度的顶底板移近量，m/(m·m)，对我国50个工作面实测数据进行统计可知，$\eta = 0.025 \sim 0.05$ m/(m·m)。

按式（3-40），当煤层采高为2 m，距煤壁4 m处的顶底板移近量为200~400 mm。

根据淮北、汾西等矿务局一些使用单体液压支柱工作面进行调压试验的实测资料可知，当支柱初撑力为50~70 kN时，控顶距4 m处的顶底板移近量可以控制在每米采高不超过100 mm的限度内。由上可见，当η为0.025~0.05 m/(m·m)，对使用单体液压支柱的工作面，η值显得偏大。

η这一数值，固然与顶板岩层的性质有关，但它与支柱初撑力的关系更大一些。国内外研究表明，顶底板移近量与支护强度呈类似双曲线关系，支护强度越大，顶底板移近量就越小。当支护系统的刚度不变，支柱密度也不变的条件下，提高支柱的初撑力，必然提高支护强度，也必然减小顶底板移近量。

上述实测数据统计结果得到的顶底板移近量估算公式及η的数值，是在我国工作面还大量使用着摩擦支柱的条件下得到的，而摩擦支柱的初撑力只有10 kN左右，由于初撑力低，必然导致支护强度低和顶底板移近量较大，使统计得出的η值偏大。

目前，我国部分煤矿使用单体液压支柱进行工作面支护，金属摩擦支柱已于2009年底起禁止使用。为解决单体液压支柱工作面控顶设计问题，对顶底板移近量估计仍然可用式（3-40）进行定量计算，只是η的取值不宜超过0.025。

2. 按裂隙带基本顶的下沉量估算

最大控顶距L_D处顶板下沉量Δh可按下式进行估算（图3-4）：

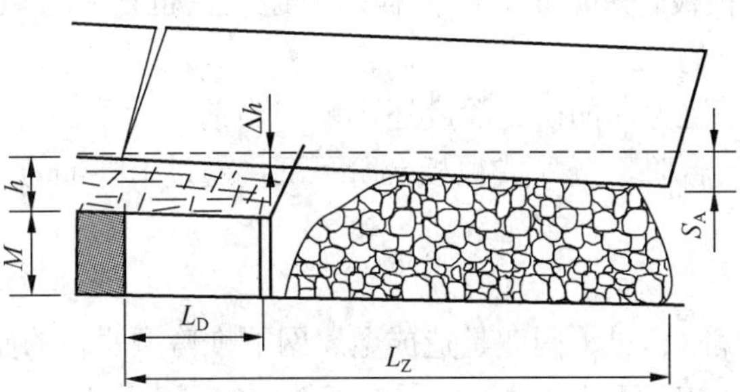

图3-4 顶板下沉量估算图

$$\Delta h = \frac{S_A L_D}{C}$$

$$S_A = M - (K_{z1} - 1)h_1 - (K_{z2} - 1)h \tag{3-41}$$

式中 S_A——基本顶断块触矸处的下沉量，m；

C——基本顶周期来压步距，m；

L_D——最大控顶距，m；

M——煤层采高，m；

K_{z1}——垮落带基本顶及其附加岩层的碎胀系数；

h_1——垮落带基本顶及其附加岩层的厚度，m；

K_{z2}——直接顶岩层的碎胀系数；

h——直接顶岩层厚度，m。

二、端面冒高

端面冒高既与直接顶岩性有关，也与支护强度、支护方式有关。生产实践表明，当端面冒高超过 200 mm 时，如果不勾顶（用圆木或半圆木等对冒顶进行处理，防止顶板继续冒落），顶板就难于控制。

联邦德国对端面冒高进行研究，认为大于 300 mm 的端面冒高与支护强度有关，小于 300 mm 的端面冒高只与直接顶岩性有关,而与支护强度无关。并指出,当冒高大于 300 mm 的冒顶区段不大于工作面全长的 10% 时，顶板管理质量好。

上述结论，是结合联邦德国的煤层顶板条件以及使用综采工艺给出的。由于综采工作面存在支架的反复支撑问题，对控制端面冒落极为不利，其端面冒高的数值，肯定比在相同条件下使用单体液压支架的工作面要大。

当前，关于端面冒高的控制值，只能按我国的实践经验来确定，即不超过 200 mm。

三、顶板台阶下沉量

顶板台阶下沉量与支护强度有关，支护强度足够大时，一般不会出现顶板台阶下沉。因此，如果工作面内出现顶板台阶下沉，就应提高采场支护强度，而且主要应提高放顶排支柱的初撑强度。

对于顶板台阶下沉量，联邦德国的研究认为，台阶下沉量大于 100 mm 的区段不大于全工作面长的 10% 时，顶板管理质量好。同样，上述结论也是结合联邦德国煤层的顶板条件，以及综采工艺得出的。

我国对于顶板台阶下沉方面的研究深度还不够。当前，为了保持顶板处于良好状态，工作面内应避免出现顶板台阶下沉（或顶板台阶下沉量超过 100 mm）。

四、网兜高度

在金属网假顶下采煤时，过大网兜是造成金属网下推垮型冒顶的原因之一。此外，网兜高度大于 150 mm 的网兜数目过多时，也影响工作面的正常生产。

汾西矿务局一些工作面的调压试验表明，在支护系统刚度及支柱密度不变的条件下，提高支柱的初撑力到 70 kN，循环内高度大于 150 mm 的网兜数目减少到 2 个以下。

使用金属网假顶时，建议在一个作业循环内，网兜高度超过 150 mm 的网兜数目不超过 2 个，作为网兜高度的控制值。

第五节　单体液压支柱工作面顶板控制实例分析

一、无周期来压工作面顶板控制实例分析

当煤层直接顶厚度大于或等于2～3倍采高时，回采过程中基本上不存在顶板周期来压问题。在使用单体液压支柱的条件下，对这种顶板的控制就是用支柱的初撑力平衡工作空间及采空区上方垮落带直接顶岩重，以此预防或减少垮落带与裂隙带之间的离层。此外，在软底穿鞋的条件下，支柱初撑力与支柱密度还应保证顶板处于良好状态。

下面以淮北矿务局岱河煤矿Ⅱ564工作面顶板控制为实例，加以说明。

（一）地质概况

Ⅱ564工作面煤层上限标高为－252.09 m，下限为－287.2 m，走向长600～850 m，平均走向长620 m，斜长170～112 m，平均斜长125 m。煤层厚度2.35～5.1 m，平均厚3.075 m，煤层中含夹矸层，夹矸层平均厚度0.4 m，夹矸层最大厚度为0.9 m，夹矸层上的煤层平均厚度0.7 m，最大厚度1.2 m。煤层倾角为8°～10°，平均倾角9°，煤的重度14 kN/m^3。煤质属瘦煤。

Ⅱ564工作面无伪顶，直接顶为灰褐色砂质泥岩和薄层细砂岩，厚0.9～2.8 m，平均厚1.8 m。直接顶上部为三、四煤层采空区，由泥岩、砂质泥岩、砂岩、三和四煤层底煤、浮煤，以及人工充填物等组成，总厚约20.0 m。直接底以泥岩、灰色砂质泥岩为主，厚5.0 m。有时其间夹有薄煤层砂岩。

（二）工作面概况

工作面长150 m、平均采高2.0 m。采用端头斜切进刀，双向割煤、分组追机作业，往返进两刀，上滚筒割顶煤，下滚筒割底煤。

工作面使用ZMP70×2型采煤机落煤、装煤，截深0.5 m，机道宽1.2 m。用SGW－150型刮板输送机运煤。支架采用交错梁直线柱支护形式，使用DZ22－30/100型单体液压支柱与HDJA－1000型铰接顶梁配套。一梁一柱走向棚，相邻棚梁柱配合方式是棚柱前700 mm、柱后300 mm，另一棚柱前200 mm、柱后800 mm。隔一棚总有梁头抵实煤壁。采用搪材、笆片作为背顶材料。搪材长1.4 m、直径30 mm，笆片长0.5 m、宽600 mm。每棚笆片不少于2块，搪材5根。采用全部垮落法处理采空区、人工回柱。初采阶段和正常回采时最大和最小控顶距为4.2 m和3.2 m，支架排距1 m，柱距0.6 m，支柱支护密度为1.67根/m^2。

（三）控顶设计

1. 顶板类型

Ⅱ564工作面直接顶为0.9～2.8 m的砂质泥岩，其上为上部煤层采空区。直接顶由泥岩、砂质泥岩、砂岩、上部煤层的底煤和浮煤，以及人工充填物（例如搪材、笆片）等组成，总厚度约20 m。此外，0.4 m(最大0.9 m)夹矸层及其上的0.7 m(最大1.2 m)煤层也作为直接顶。所以，该工作面垮落带中没有基本顶，根据该工作面具体情况，垮落带厚度按2.5倍采高估计。

2. 控顶设计

Ⅱ564 工作面为生产面，已进行支护设计，支柱密度已定，因此只需根据当前的支柱密度，求出所需的合理支柱支护初撑力。

工作空间上方单位面积垮落带直接顶岩重 q_1 按下式计算：

$$q_1 = \gamma' h\cos\alpha$$

式中 γ'——垮落带直接顶岩层平均重度，取 22 kN/m³；

h——垮落带直接顶岩层厚度，取 5 m；

α——煤层倾角，取 8°。

将相关参数代入得

$$q_1 = 22 \times 5 \times 0.990 \approx 109(\text{kN/m}^2)$$

采空区上方垮落带直接顶岩重 q_2 按下式计算：

$$q_2 = \gamma' h L_{x1}\cos\alpha = 22 \times 5 \times 1 \times 0.990 \approx 109(\text{kN/m})$$

式中 L_{x1}——采空区上方垮落带直接顶极限悬顶距，取 1.0 m。

工作面单位面积垮落带直接顶岩重 q 按下式计算：

$$q = q_1 + \frac{q_2}{L_x} = 109 + \frac{109}{3.2} = 143(\text{kN/m}^2)$$

式中 L_x——最小控顶距，3.2 m。

所需的单体液压支柱的初撑力 P_0 可按下式计算：

$$P_0 = \frac{qK}{n} = \frac{143 \times 1.1}{1.67} = 94(\text{kN/根})$$

式中 K——考虑机道宽度的修正系数，当排距为 1 m 时，取 $K = 1.1$；

n——支柱密度，1.67 根/m²。

由于夹矸层及其上部的薄煤层与直接顶构成复合顶板，煤层最大倾角为 10°，因此该工作面的顶板属于复合顶板，以下按预防复合顶板推垮型冒顶进行验算。

工作空间上方单位面积下位软岩层重量 q_{x1} 可按下式计算：

$$q_{x1} = \gamma_x h_x = 22 \times 2.1 = 46.2(\text{kN/m}^2)$$

式中 γ_x——下位软岩层平均重度，取 22 kN/m³；

h_x——下位软岩层厚度，按 0.9 m 夹矸与 1.2 m 煤考虑，取 2.1 m。

采空区上方下位软岩层重量 q_{x2} 可按下式计算：

$$q_{x2} = \gamma_x h_x L_{x1} = 22 \times 2.1 \times 1 = 46.2(\text{kN/m})$$

工作面单位面积下位软岩重量 q_x 可按下式计算：

$$q_x = q_{x1} + \frac{q_{x2}}{L_x} = 46.2 + \frac{46.2}{3.2} = 61(\text{kN/m}^2)$$

预防复合顶板推垮所需支柱初撑强度 p_c 可按下式计算：

$$p_c = q_x\left(\cos\alpha + \frac{1}{f}\sin\alpha\right) = 61 \times \left(0.9848 + \frac{1}{0.3} \times 0.1736\right) = 95(\text{kN/m}^2)$$

其中，α 为煤层倾角，取 10°；f 为软硬岩层间的摩擦因数，取 0.3。

每根支柱所需的初撑力 P'_0 可按下式计算：

$$P'_0 = KL_pL_jp_c = 1.1 \times 1 \times 0.6 \times 95 = 63(\text{kN/根})$$

综合上面计算结果，该工作面支柱的设计初撑力应为 94 N/根。

以上是从最大程度消除压、漏、推冒顶隐患出发而进行的控顶设计。为保证顶板处于良好状态，设计初撑力时还需在支护质量与顶板动态监测及调压试验中加以验证。

（四）调压试验数据分析

为验证控顶设计中确定的初撑力的合理性，进行调压试验，试验结果如下。

1. *初撑力与顶底板移近量之间的关系*

图3-5是基于对Ⅱ564工作面大量的观测数据进行回归分析处理后，获得的初撑力与末前排顶底板移近量的关系曲线。

若要满足每米采高顶底板移近量不超过100 mm，按本工作面的条件，末前排支柱位置顶底板移近量不能超过150 mm。由图3-5可知，顶底板移近量不超过150 mm时所需要的初撑力为64 kN。

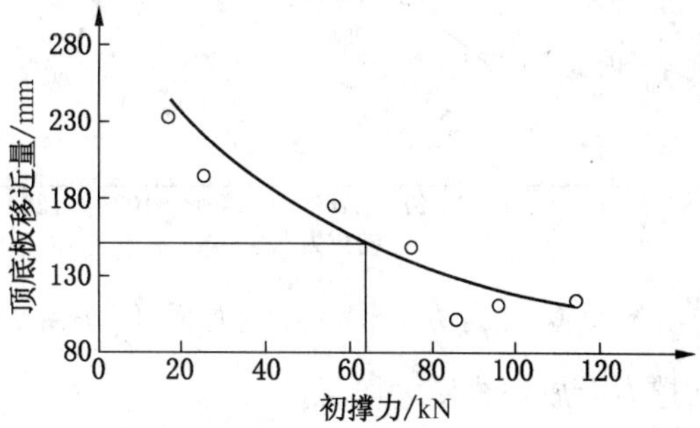

图3-5　初撑力与顶底板移近量的关系曲线

2. *初撑力与冒落高度之间的关系*

表3-7给出了初撑力与冒落高度之间关系。从表3-7中可知，第4点以及第9点"异峰突起"，其主要原因在于端面距过大，支护不及时。去掉这2个异常点，只考虑初撑力的影响因素，那么，当初撑力大于59 kN时，冒落高度可基本控制在200 mm范围内。

表3-7　初撑力与冒落高度关系

序号	1	2	3	4	5	6	7
初撑力/kN	10	14	17	23	27	32	35
端面冒高/mm	400	300	450	1000	350	300	250
序号	8	9	10	11	12	13	14
初撑力/kN	40	45	47	48	60	64	
端面冒高/mm	200	450	150	100	150	150	

注：表中第9点的端面距为1500 mm，其余都小于300 mm。

3. *初撑力与末前排阻力之间的关系*

图3-6为初撑力与末前排阻力的回归关系曲线。从图3-6中可以得出，当支柱初撑力达64 kN/根，支柱末阻力达117 kN/根，支柱平均工作阻力达91 kN/根，即支护强度达152 kN/m^2，就能保证顶底板移近量每米采高不超过100 mm，端面冒落高度一般不超过200 mm。观测期间工作面顶板从未出现台阶下沉。支柱穿铁鞋后，其钻底量不超过100 mm。

按淮北矿务局岱河煤矿Ⅱ564工作面顶板条件，支柱初撑力为94 kN/根时，可最大程度地预防压、漏、推冒顶事故的发生。当支柱初撑力达94 kN/根时，可保证顶板处于良好状态。

二、有周期来压工作面顶板控制实例分析

当直接顶厚度小于2~3倍采高时，直接顶上可能是垮落带基本顶，也可能是裂隙带

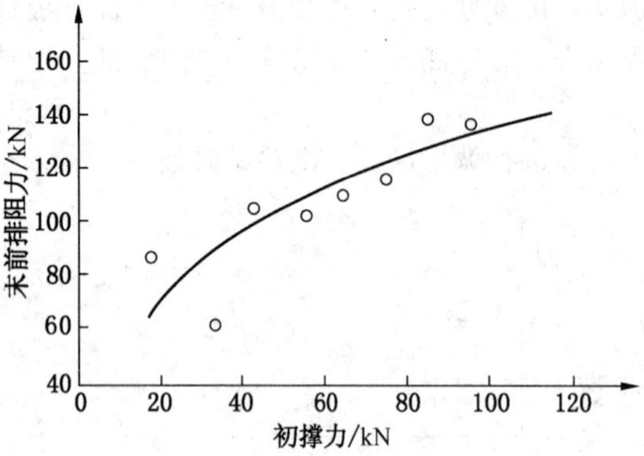

图 3-6 初撑力与末前排阻力的回归关系曲线

基本顶。也可能煤层上直接是基本顶。在上述条件下，回采过程中存在着顶板周期来压问题，当工作面使用单体液压支柱时，可用采场支护的初撑力平衡工作空间及采空区上方直接顶岩重，防止或减少直接顶与基本顶之间的离层；用工作空间支护的工作阻力平衡工作空间上方垮落带岩重，用放顶线另增设的特种支柱工作阻力支撑垮落带基本顶岩重。此外，当煤层上直接是厚度不大的基本顶时，也可用放顶线另增设特种支柱的初撑力沿放顶线使之切断。

下面以淮北矿务局海孜煤矿 1022 工作面顶板控制为例，加以说明。

（一）地质概况

1022 工作面上部为西风井保安煤柱及 10 煤层防水煤柱，下部为 1024 工作面，西边界为已采区边界内缩 60 m，东为总回风石门保护煤柱。工作面走向长 425 ~ 485 m，平均 455 m；倾斜长 110 ~ 150 m，平均 130 m；倾角 5° ~ 20°，平均 13°；煤层厚度为 1.0 ~ 3.7 m，平均 2.7 m。1022 工作面无伪顶，直接顶为泥岩，厚 0.5 ~ 1.7 m，局部厚度可达 2.5 m；基本顶为砂岩，厚 9.5 m，第一分层厚度为 2.5 m；底板为泥岩，平均厚 4 ~ 6 m。工作面总体为单斜构造，煤层上缓下陡，施工中揭露断层 9 条，影响回采的断层有 7 条，其中的 2 条对初期回采有影响。

（二）工作面概况

工作面开切眼长 150 m，炮采。当煤厚在 2.0 ~ 2.4 m 时一次采全高。当煤厚大于 2.4 m 时，跟顶丢底，最大采高不大于 2.4 m；当煤层小于 2.0 m 时，要更换支柱，但最小采高不低于 1.2 m。在初放期间，采高不大于 2.0 m，因此进行支护设计时，采高取 2.0 m 进行设计。

采用 DZ25-25/100 型单体液压支柱配合 HDJA-1000 型铰接顶梁，一梁一柱，走向架设，梁柱配合为柱前 700 mm、柱后 300 mm。工作面支柱全部穿 ϕ300 mm 铁鞋，柱距 0.5 m、排距 1 m，支柱密度为 2 根/m^2。采用三、四排控顶，最大控顶距为 4 m，最小控顶距为 3 m，放顶距为 1 m。沿放顶线每 1.5 m 架设一梁两柱棚一架。

（三）控顶设计

1022 工作面为海孜煤矿 10 号煤层第一个工作面，其参考工作面是芦岭煤矿 1029 工作面，芦岭煤矿 1029 工作面采高 2.2 m，直接顶厚度 2 m 左右，基本顶厚度 2.5 m 左右，初次来压步距 24 m，周期来压步距 11 ~ 13 m。

控顶设计时，顶板条件主要结合海孜煤矿 1022 工作面情况考虑，即直接顶厚度按 2.5 m 考虑；垮落带中的砂岩基本顶第一分层厚度按 2.5 m 考虑，再上为裂隙带基本顶。垮落带厚度为 5 m，煤层倾角按 5°考虑（按预防复合顶板推垮型冒顶验算时，则应按煤层倾角最大时考虑，即煤层倾角为 20°）。

1022 工作面支柱的排柱距已按护顶要求确定，因此控顶设计中只在此基础上，确定支柱初撑力与验算支柱工作阻力。

1. 确定支柱初撑力

工作空间上方单位面积直接顶岩重 q_{z1}：

$$q_{z1}=\gamma_z h_z\cos\alpha=25\times2.5\times1=62.5(\mathrm{kN/m^2})$$

式中 γ_z——直接顶岩层重度，25 kN/m³；

h_z——直接顶厚度，2.5 m；

α——煤层倾角，5°。

采空区上方直接顶岩重 q_{z2} 可按下式计算：

$$q_{z2}=\gamma_z h_z L_{x1}\cos\alpha=25\times2.5\times1\times1=62.5(\mathrm{kN/m})$$

式中 L_{x1}——采空区上方直接顶极限悬顶距，取 1.0 m。

工作面单位面积初撑力所需支撑的直接顶岩重 q_z 可按下式计算：

$$q_z=q_{z1}+\frac{q_{z2}}{L_x}=62.5+\frac{62.5}{3}=83(\mathrm{kN/m^2})$$

式中 L_x——最小控顶距，取 3 m。

所需支柱初撑力 P_0 可按下式计算：

$$P_0=\frac{q_z K}{n}=\frac{83\times1}{2}=42(\mathrm{kN/m^2})$$

式中 K——考虑机道宽度系数，取 1；

n——支柱密度，取 2 根/m²。

2. 验算支柱工作阻力

工作空间上方单位面积垮落带岩重 q_m 可按下式计算：

$$q_m=\gamma_m h_m\cos\alpha=25\times5\times1=125(\mathrm{kN/m^2})$$

式中 γ_m——垮落带岩层平均重度，25 kN/m³；

h_m——垮落带岩层厚度，5 m。

工作面所需单体液压支柱的平均工作阻力 P 为

$$P=\frac{q_m}{n}=\frac{125}{2}=63(\mathrm{kN/根})$$

未超过额定工作阻力的 60% （150 kN/根），满足设计要求。

沿放顶线每米基本顶岩重 q_L 可按下式计算：

$$q_L=\gamma_L h_L L_L\cos\alpha=25\times2.5\times13\times1=813(\mathrm{kN/m})$$

式中 γ_L——基本顶及其附加岩层平均重度，取 25 kN/m³；

h_L——基本顶及其附加岩层厚度，取 2.5 m；

L_L——基本顶岩梁断距，取 13 m。

1022 工作面沿放顶线增加的支柱密度为每 0.72 m 一根支柱。支基本顶沿放顶线每米需工作阻力 $q_L/2=407$ kN，工作面支柱每米已有工作阻力 $2\times(200-63)=274$ kN，每米需增加工作阻力 $407-274=133$ kN，每 0.75 m 需 100 kN。

放顶线另增设支柱平均工作阻力，按额定工作阻力 80% 考虑，取 200 kN/根，完全能够满足设计所需的工作阻力要求。

3. 进行预防复合顶板推垮型冒顶的验算

工作空间上方单位面积下位软岩层重量 q_{x1} 按下式计算：

$$q_{x1}=\gamma_x h_x=25\times2.5=62.5(\mathrm{kN/m^2})$$

式中 γ_x——下位软岩层平均重度，取 25 kN/m³；

h_x——下位软岩层厚度，2.5 m。

采空区上方下位软岩层重量 q_{x2} 按下式计算：

$$q_{x2}=\gamma_x h_x L_{x1}=22\times2.5\times1=62.5(\mathrm{kN/m})$$

工作面单位面积下位软岩重量 q_x 按下式计算：

$$q_x=q_{x1}+\frac{q_{x2}}{L_x}=62.5+\frac{62.5}{3}=83(\mathrm{kN/m^2})$$

预防复合顶板推垮所需支柱初撑强度 p_c 按下式计算：

$$p_c=q_x\left(\cos\alpha+\frac{1}{f}\sin\alpha\right)=83\times\left(0.9379+\frac{1}{0.3}\times0.3420\right)=173(\mathrm{kN/m^2})$$

式中 α——煤层倾角，按最不利情况考虑，取 20°；

f——软硬岩层间的摩擦因数，取 0.3。

按预防复合顶板推垮型冒顶，每根支柱所需的初撑力 P_0 为

$$P_0=\frac{q_c}{n}=\frac{173}{2}=87(\mathrm{kN/根})$$

（四）调压试验数据分析

为保证顶板处于良好状态，在 1022 工作面进行调压试验，以考察控顶设计的合理性。

1. 初撑力与顶底板移近量（末前排）之间的关系

图 3－7 是基于对 1022 工作面大量的观测数据，进行回归分析处理后，获得的初撑力与顶底板移近量之间的关系曲线。从图 3－7 中可以看出，当初撑力达 87 kN/根时，可控制顶底板移近量在 80 mm 以下。根据 1022 工作面条件，当采高在 2.0 m 时，顶底板移近量不应超过 150 mm。

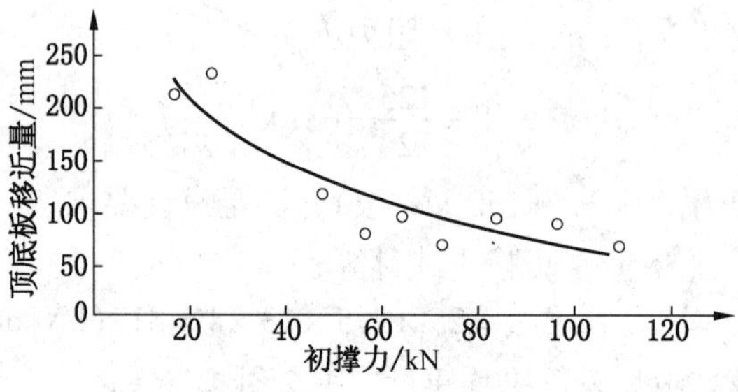

图 3－7　初撑力与顶底板移近量的回归曲线

2. 初撑力与冒落高度之间的关系

1022 工作面在观测期间只有一次小的端面冒顶，冒落高度小于 100 mm。可见，本工作面所设计的初撑力 87 kN/根完全满足支护要求。

3. 初撑力与末前排阻力之间的关系

由于末前排的阻力很难量测，故对末前排的阻力进行观测分析。图 3－8 为初撑力与末前排阻力的回归关系曲线。从图 3－8 中可以看出，当初撑力为 87 kN/根时，末前排阻

力为 129 kN/根，支柱平均工作阻力为 108 kN/根，而支护强度为 216 kN/m²。可见当支护强度为 216 kN/m² 时，完全可以保证顶板处于良好状态。

4. 顶板来压规律分析

通过矿压观测可知，基本顶初次来压步距为 24 m，基本顶周期来压步距为 10～11 m。观测中，当工作面距离开切眼 11 m 时，直接顶随着工作面的回柱放顶随即垮落，而且充填高度大于一倍采高，可以断定直接顶的厚度大于采高。观测期间工作面顶板从未出现台阶下沉。工作面支柱均穿铁鞋，支柱钻底量在 100 mm 之内。

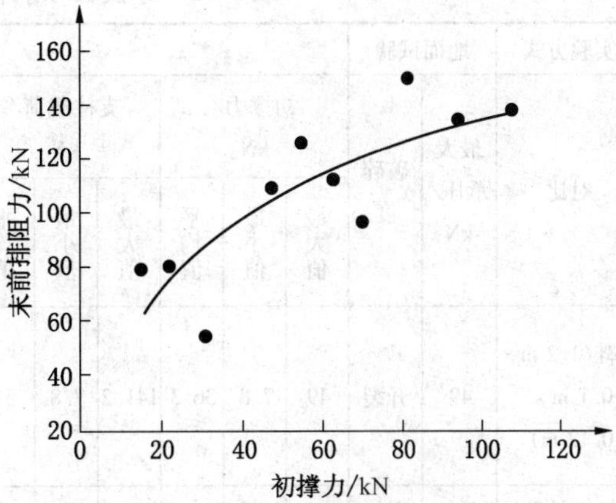

图 3-8　初撑力与末前排阻力的回归关系曲线

由此可见，为消除压、漏、推冒顶隐患，本工作面支柱初撑力应不小于 87 kN/根，而当支柱初撑力为 87 kN/根时，可保证顶板处于良好状态。

第六节　软底板控制技术

目前我国在底板松软的工作面，主要推广使用柱鞋来控制软底板。为此，必须合理选择和设计支柱底座参数，并改善开采工艺条件，减少支柱钻底量，以防止顶底板移近量过大，导致顶板破碎加剧而发生冒顶事故。

一、推广使用柱鞋，控制松软底板

我国煤矿过去采用木质柱鞋（以下简称木鞋）控制松软底板，顶板来压时，木鞋强度低，往往被压裂失效，支柱钻底仍很严重。自 1987 年以来，开滦、肥城、淮北、徐州、资兴等矿务局，在大量使用单体液压支柱的同时，根据底板类别，使用不同型号的铁鞋等柱鞋，提高了支护系统刚度，减少了顶底板接近量，改善了控顶效果，使顶板事故明显减少。

1. 穿铁鞋与穿木鞋的观测对比

以资兴矿务局南平硐 3521 单体液压支柱工作面为例，对穿铁鞋与穿木鞋矿压观测结果进行对比，具体见表 3-8。

2. 穿铁鞋与不穿铁鞋的观测对比

以徐州矿务局张小楼煤矿 712 单体液压支柱工作面为例，该工作面底板为煤底，属于Ⅱ类松软底板，工作面上测区为不穿铁鞋支柱区，下测区为穿铁鞋支柱区。铁鞋型号为 GB50-5（球墨铸铁），直径 300 mm，质量 7 kg，抗压力（正压力）大于 900 kN。穿铁鞋与不穿铁鞋观测结果对比见表 3-9。

由表 3-8、表 3-9 中可以看出，穿铁鞋与不穿鞋或穿木鞋相比，显著地提高了初撑力和工作阻力，减少了支柱钻底量和顶底板移近量，是当前控制软底板的有效措施之一。

表3-8　穿铁鞋与穿木鞋矿压观测结果对比

实验方式	地面试验		井下试验															
对比	最大承压/kN	破碎度	初撑力/kN			支柱载荷/kN			顶板下沉/mm			支柱钻底量/mm			单位面积最大负荷/MPa	单位面积平均负荷/MPa	破损率/%	遗失率/%
			最大值	最小值	平均值	最大值	最小值	平均值	最大值	最小值	平均值	最大值	最小值	平均值				
木鞋(1.2 m×0.1 m×0.12 m)	49	开裂	49	7.8	36.3	141.2	7.8	51	169	39.5	100.4	133.8	30.3	63.2	33.6	12.1	98	100
铸钢铁鞋	599	完好	76.4	46	69.6	269.5	30.4	135.4	77	38	56.1	11	2	7.3	64.1	32.2	0.2	2

表3-9　穿铁鞋与不穿铁鞋观测结果对比

对比项目	底座面积/cm^2	平均初撑力/kN	平均末阻力/kN	工作阻力使用率/%	底座使用率/%	钻底量/mm		顶底板移近量/mm	
						平时	来压	平时	来压
穿铁鞋（A）	706.9	84.3	167.2	55.7	2.36	37.3	108	114	229.6
不穿铁鞋（B）	109.3	38	83	27.7	7.59	169.9	330	211.14	430
A/B	6.47	2.22	2.01	2.01	0.31	0.22	0.327	0.54	0.534

二、支柱底座参数的选择及设计要求

单体液压支柱底座型式和尺寸的选择，必须在采煤工作面矿压观测，特别是在顶板载荷和底板抗压强度实际现场测定的基础上，根据顶板类、级与底板类别，确定支柱必需的底座面积及型式（包括固定式、装配式、分离式底座），并在必要时采取相应的技术措施，以保证减少支柱钻底量。支柱底座参数具体选择和计算方法如下：

（1）根据采煤工作面的实测支柱载荷平均值 P_c，与底板允许的抗压强度 q_c，按下式计算必需的底座面积 S_{min}：

$$S_{min} \geqslant \frac{P_c}{q_c} \tag{3-42}$$

如果已知工作面平均支护强度 p_c，以及支柱支护面积 S_0，则可按下式计算底座面积 S_{min}：

$$S_{min} \geqslant \frac{p_c S_0}{q_c} \tag{3-43}$$

从底座选型的要求出发，可根据现场观测值，按下式计算工作面实测平均支护强度 p_c：

$$p_c = \frac{\sum_{i=1}^{M}\sum_{j=1}^{N}(P_{01j} + P_{02j} + P_{03j} + P_{m1j} + P_{m2j} + P_{m3j})}{2\,MNL_3L_j} \tag{3-44}$$

式中　M——观测循环数；

N——工作面测站数；

P_{01j}、P_{02j}、P_{03j}——测站支柱在第1、2、3排的初载荷，kN；

P_{m1j}、P_{m2j}、P_{m3j}——测站支柱在第1、2、3排的末载荷，kN；

L_3——第3排支柱至煤壁的距离，m；

L_j——柱距，m。

（2）在有明显或强烈周期来压的工作面，支柱载荷平均值应按非周期来压时的平均值乘以动压系数 K_d 计算，一般对于Ⅱ级基本顶，可取 $K_d=1.2\sim1.3$；Ⅲ级基本顶，可取 $K_d=1.4\sim1.6$。

三、改革开采工艺条件，减少支柱钻底量

支柱钻底量除与支柱底座材质及面积有关外，还与底板岩性及垫层厚度、落煤方式、支柱密度、底板浸水程度及暴露时间等开采工艺条件有关，改善这些条件，可以减少支柱钻底量。

1. 底板岩性及垫层厚度

底板岩性及垫层厚度影响支柱钻底量，也影响支护系统刚度及顶底板移近量。底板垫层包括软底板层、浮煤、碎矸等。大量观测表明，不同岩性底板在DZ-22型单体液压支柱作用下，支护系统刚度随底板垫层厚度的变化，呈现双曲线函数关系。在底板表层，刚度衰减较剧烈，当达到某一深层时，如泥页岩厚度约30 mm，煤底约为50 mm，页岩约为60 mm，砂岩约为80 mm时，刚度的衰减趋于平缓。但当底板越软时，这种刚度随厚度衰减变化趋势越剧烈，如泥页岩底板厚度为7.5 mm时，支护系统刚度由0.762 MPa/mm剧烈衰减为1/2。

因此，厚煤层分层开采或单一煤层开采不能一次采全高时，应根据煤层天然分层的硬度，尽可能选用较硬的天然分层作为底板，以减少或完全避免支柱钻底。对于较薄的软底，支设支柱时应尽可能将柱窝刨在较硬的底板上，并且应减少底板上的浮煤和碎矸，支柱不应打在底板浮煤和碎矸上，使用铁鞋时必须与底板全面接触。对于极软的Ⅰ类底板，采用分离式大直径铁鞋后，钻底量仍超过100 mm时，可以在铁鞋下面垫一层荆笆或一块厚木板梁，但不能垫两层荆笆。

2. 落煤方式

实测表明，底板抗压强度与落煤方式与采用采煤机采煤，还是爆破落煤有密切关系。由表3-10徐州矿务局测定的落煤方式对底板抗压强度的影响资料可以看出，在大多数采用爆破落煤的工作面，容易造成底板岩层松动和破坏，加大了支柱钻底量。在机采工作面虽然也受到开采应力的影响，但比炮采工作面钻底情况要好些，经统计，机采工作面平均极限抗压强度，比炮采工作面高25.6%~25.9%。因此，软底工作面应尽可能采用采煤机采煤，如条件所限采用爆破落煤时，应合理布置底排炮眼位置、距离与角度，采取适当控制底排炮眼装药量等措施，尽可能减小对软底的震动和破坏。

3. 支柱密度及采煤方法的选择

对于极软底板工作面，在采取上述措施后，如支柱钻底量仍超过100 mm，可考虑采取适当加大支柱密度，以降低支柱实际支撑能力，减少支柱钻底量。如资兴矿务局唐洞煤

矿 1226 工作面，直接底为黑色泥岩，厚约 0.3 m，下面为厚度约 1.8 m 的劣质煤层，性质松软易碎，遇水强度降低 40% ~60%，采取增大支柱底座面积及加大工作面支柱密度两种办法。根据矿压及底板观测分析可知，支柱密度加大到 2.78 根/m^2，支柱排距为 0.6 m，柱距为 0.6 m。周期来压前工作面增设木垛及丛柱，丛柱穿特制的规格为 400 mm×400 mm×20 mm 的大铁鞋；架设丛柱时，在铁鞋下垫一层木底梁，从而减少了支柱钻底量，改善了顶板管理条件。

表 3-10 落煤方式对底板极限抗压强度的影响

煤层	底板	炮采	机采	比值（机采/炮采）
一煤层	煤页岩	10.15	12.75	1.256
二煤层	砂页岩	49.80	86.70	1.741
三煤层	煤	5.04	18.14	3.599
七煤层	煤页岩	29.75	44.90	1.509

第七节 单体液压支柱工作面初次放顶阶段的控顶措施

一、直接顶初次垮落阶段的顶板控制

直接顶初次垮落阶段的顶板事故，主要发生在复合顶板和坚硬的直接顶板条件下，因此，应重点分析这两类顶板的控制措施。

（一）复合顶板初次垮落阶段的顶板控制

复合顶板推垮型冒顶的机理及预防措施已在前面作了介绍。具有复合顶板的煤层，特别容易在顶板初次垮落阶段发生冒顶，应加强该阶段的顶板控制。

复合顶板初次垮落阶段顶板控制可采取下列主要措施：

（1）加强现场调查研究，制订切实有效的初次放顶措施。在开切眼推采前，应先进行现场调查，调查内容包括开切眼顶板有无离层和冒落空洞、顶板岩性及分层厚度、顶板主要节理裂隙方向、煤层厚度变化及片帮情况、有无不见底地点、有无地质构造破坏带、开切眼内支架变形损坏情况、两端头的抬棚质量、工作面运输巷和通风巷是否挑顶挖底、有无水流冲蚀现象等。然后根据现场调查情况，制定开切眼适应推采的支护形式、开帮刷面及直接顶初次放顶的安全技术措施。要求初次放顶期间，每班都有初次放顶安全管理小组人员跟班指挥，检查初次放顶措施的执行情况，发现不安全因素，立即采取果断措施进行处理。

（2）积极推行采掘机械化和爆破新技术，减少采掘过程对软顶的震动破坏程度。掘进工作面运输、通风两巷及开切眼时，尽可能减少对顶板的震动破坏，防止崩倒支架。条件允许时，可用掘进机掘进开切眼。工作面运输、通风两巷掘进时，尽可能避免挑顶、与工作面斜交，避免诱发推垮型顶板事故。开切眼内可采用单体液压支柱与铰接顶梁支护，避免开切眼初采改变支护形式，反复支撑时顶板松动离层。工作面由初采推帮到正式生产时采用毫秒爆破落煤，或尽可能采用采煤机落煤，以减少对开切眼顶板的震动，防止崩倒

开切眼支架。

(3) 加强护顶支护，提高支架的初撑力及稳定性。如果开切眼顶板破碎，支架上方有漏顶或离层空顶区，在开帮亮面更换支架时，先用旧木料填严。开切眼推采后，为使新的控顶区内的顶板不产生离层，并提高支柱的稳定性，必须增加支柱的初撑力，提高支护系统的刚度，加强护顶。为增加支柱的初撑力，要求缸径 80 mm 的支柱，初撑力不小于 60 kN；缸径 100 mm 的支柱，初撑力不小于 90 kN。乳化液泵站和液压系统完好，不漏液。为提高支护系统刚度，顶空处要背实，软底板要穿铁鞋。对松软破碎顶板，应根据顶板裂隙情况，确定顶梁布置形式、密度，以及插顶材料用量。直接底为薄层软泥时应挖除，并将柱窝浮煤、碎矸清理干净，保持支柱钻底量小于 100 mm。

(4) 确定适当的控顶距和放顶距。在复合顶板未离层的情况下，支柱的实际承载值随控顶距的增加而加大，即由煤壁至放顶线，支柱的承载值近似线性增大。在单体液压支柱工作面，只有在超过额定载荷后才变为恒阻，但这种情况多在顶板来压阶段发生。当顶板稳定后，还将恢复到线性增长的情况。由于支柱的稳定性与支柱的承载值成正比，在初次放顶期间，支柱的稳定性对防止因顶板离层、破碎而产生推垮型冒顶极为重要。另外，支柱稳定性很小时，各种因素造成的倒柱的概率就大，增大了推垮型冒顶的概率。因此，在满足工作面行人、运输和通风等要求的前提下，复合顶板条件下初次放顶期间可适当加大控顶距。尤其在顶板非常松软破碎的情况下，在考虑必要的工作空间外，应至少增加一个排距的安全通道，以防漏顶扩大充满有限的控顶空间的发生。

当复合顶板产生离层时，离层距离并不随控顶距加大而增加，而是随上层顶板的下沉而减小或消失。由于顶板的下沉量是随控顶距加大而增加，适当加大控顶距，可使离层消失，控顶区的支柱也达到有效控制，上层顶板的切顶线也将随之向采空区方向移动。

同时，在工作面初采阶段，不得反向推采若干排支柱。当推采到新控顶区离开开切眼时，才能以开切眼宽度作为第一次放顶距。当顶板随回随落时，必要时应在新放顶排支柱外及时挂好挡矸帘，防止碎矸涌入工作面。

(5) 适当降低采高或充填放顶区。当垮落软顶高度未超过采高加 0.2 ~ 0.3 m 的高度，以致难以阻止复合顶板向采空区方向滑移时，应在初次放顶期间适当降低采高，但以适合操作的最低采高为限，一般不低于 1.4 m，初次放顶后再恢复正常采高。如降低采高后，仍难以阻止复合顶板向采空区方向推移，可采取爆破开切眼靠采空区一侧的煤壁的措施，但落下的煤并不运出，或将开拓、掘进巷道时产生的矸石充填放顶区。此外，当下位软顶厚度小于 0.3 m 时，为确保初次放顶期间的安全，在不超过允许最大采高时，也可采用挑落软顶开采方法，待初次放顶结束，支柱正常承压后，再托软顶开采。

(二) 坚硬直接顶初次垮落及周期垮落阶段的顶板控制

坚硬直接顶初次放顶，一般经过初次垮落和周期垮落两个阶段，这两个阶段顶板控制应采取以下主要措施。

1. 合理估算直接顶初次垮落阶段的支护强度

根据直接顶厚度、岩石重度、最小控顶距及预测的直接顶初次垮落步距，合理估算直接顶初次垮落阶段的支护强度，作为直接顶初次垮落阶段的支护设计依据。

2. 正确进行支护选型及支柱密度估算

对于坚硬直接顶，在底板强度较高的条件下（支柱不发生钻底或钻底量小），顶板控制应以支撑为主，护顶为辅，并根据选用的单体液压支柱的初撑力、工作阻力和上述估算的合理支护强度，估算合理的支柱密度。单体液压支柱卸压后，应立即全部支撑在新放顶排上，使工作面的所有单体液压支柱始终处于支撑顶板的工作状态，提高对工作面顶板整体支护能力及效果。

3. 加强新放顶排的特种支护

实践证明，增大新放顶排特种支架的支护强度和密度，可将顶板断裂线移向采空区，防止煤壁内部出现较大断裂线而导致切顶事故。特种支架形式、支护强度及密度，应通过估算和生产实践确定。在坚硬顶板条件下，一般采用密集支柱、丛柱及戗棚，在条件合适的工作面，可推广切顶墩柱放顶。

4. 合理确定初次垮落阶段的控顶距

在直接顶单独运动阶段，在下列情况下，应比正常最小控顶距加大 1 ~2 排控顶距：

（1）接近直接顶初次断裂步距时，而且该步距较大。

（2）接近直接顶周期性垮落时，其周期垮落步距较大。

（3）当直接顶在煤壁附近出现裂缝时（应注意待工作面推过裂缝至少 2 个排距时，才可放顶）。

（4）当直接顶存在推垮工作面危险时。

二、基本顶初次来压阶段的顶板控制措施

对基本顶初次来压阶段的顶板控制，主要采取如下措施：

（1）掌握 8 倍采高的顶板岩层范围内的基本情况，包括直接顶岩性及分层厚度、基本顶岩性、层数及厚度、底板岩性和抗压强度，正确进行直接顶分类、基本顶分级和底板分类，根据不同的顶底板分类、分级，采取相应的顶底板控制措施。

（2）坚持初次来压期间支护质量与顶板动态的监测和预报，根据预测的直接顶和基本顶初次垮落步距、初次来压事故发生的可能性及其受力类型，采取相应的防治措施。

（3）对Ⅰ级基本顶，由于直接顶厚度在采高 3 倍以上，直接顶垮落后基本能充满采空区，基本顶初次来压不明显，工作面支护强度应能平衡 3 倍采高的顶板岩层重量；对Ⅱ、Ⅲ级基本顶的工作面支护强度，应按Ⅰ级基本顶的支护强度分别乘以 1.3 及 1.6 的动压系数。再对照矿压监测数据确定，同时放顶排支柱的工作阻力应能支撑垮落带顶板岩重；对Ⅳ级基本顶的支护强度，应根据采空区处理方法，具体研究确定。

（4）对Ⅱ、Ⅲ、Ⅳ级基本顶，应根据基本顶初次来压步距及来压显现程度、下覆直接顶类别及厚度、煤层采高及倾角等因素，在来压前沿放顶线增设不同数量和规格的特种支架。一般在Ⅰ类直接顶下支设单排密集支柱或戗棚。在Ⅱ、Ⅲ类直接顶下支设对柱、丛柱、单排或双排密集支柱或戗棚，在采高 2 m 以下、倾角 15°以下及Ⅱ类以上直接顶下应推广使用切顶墩柱。当煤层上是由基本顶或Ⅳ类厚层直接顶大面积悬露时，应采取深孔爆破或高压注水弱化顶板等措施控制顶板，尽可能缩小初次来压步距，减小来压强度。

（5）初次来压期间应采取浅截深，多循环方式，加快工作面进度，保持较完整煤壁的支撑作用；有片帮危险时应增设贴帮柱。每次放顶距一般不超过两排支柱，采空区内的支柱应回撤干净，并根据顶板条件及来压强度，适当加大控顶距。一般最大控顶距可加大到 6 ~7 排，以利于增设特种支架及提高采场整体承载和抗冲击能力。待基本顶初次来压

后，再逐步恢复到正常控顶距。在基本顶初次来压前，应尽可能避免在工作面全长范围内同时进行落煤和放顶工作。

（6）当控顶区内基本顶或坚硬直接顶出现台阶下沉时，应适当加大控顶距，加强台阶下沉采空区侧的支护。当继续推采到煤壁侧至少有两排安全支护空间、下沉台阶距切顶排足有两排支柱时，应一次将这两排支柱回撤。如果控顶区呈台阶下沉、采空区出现较大悬顶时，应采用人工强制放顶。

第八节　单体液压支柱工作面上、下出口的支护方式

单体液压支柱工作面上、下出口是设备集中的区域，又是人员进出工作面必经的安全出口，若发生冒顶事故，必将造成整个工作面生产停顿，危及后撤通道。据统计，工作面上、下出口处发生的顶板事故，约占工作面顶板事故的1/4。因此，应明确工作面上、下出口应加强支护的范围，分析工作面上、下出口处的矿压显现特点。根据工作面上、下出口的矿压显现特点及围岩条件，结合工作面和工作面上、下两巷支护方式、输送机机头和机尾移置方式、上下切口的采煤工艺等因素，选择合理的工作面上、下出口支护方式，是采煤工作面顶板控制的重要内容之一。

一、工作面上、下出口的范围及矿压显现特点

工作面上、下出口的范围，包括工作面上、下切口、端头及上、下两巷超前出口支护的范围（图3-9）。其中，上、下切口的范围，是指为安放输送机机头、机尾的传动部，或因采煤机械无法采到终端而在煤壁内超前开挖出的空间。端头是指工作面两端与巷道衔接的地点（工作面输送机机头、机尾和运输巷输送机机尾所在的位置）。工作面上、下两巷超前出口支护的范围是指上、下两巷距工作面煤壁20 m范围内需要超前改变和加强支护的范围。

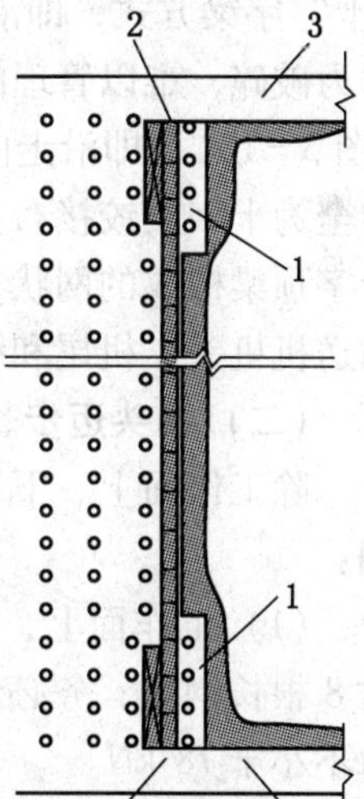

1—上、下切口，2—端头；3—上下两巷超前出口支护的范围

图3-9　工作面上、下出口范围示意图

工作面上、下出口的矿压显现有以下特点：

（1）回采前工作面上、下两巷超前出口的地段已经变形。工作面上、下两巷超前出口的地段在掘进阶段已经破坏了原岩应力平衡状态。在掘巷初期，巷道围岩变形较大，随着时间的延长虽然变形渐缓，但由于工作面上、下两巷一般超前回采几个月甚至一年多，已经掘进完毕，因此，回采前已经发生不同程度的变形。

（2）工作面上、下出口处支撑能力受到削弱，容易发生突然冒顶。工作面上、下两巷与工作面衔接的地段，有的是新替换的超前支护，有的是平巷原有支架打上托棚后摘去一侧棚腿，造成初撑力较低或原有初撑力被削弱，顶板容易松动、下沉、离层和破碎，若插顶不严，容易发生顶板突然冒落。

（3）工作面上、下出口是支承压力叠加区域。工作面上、下出口是工作面和上、下平巷的交岔口，支承压力叠加。其中，工作面上、下平巷超前地段受到超前支承压力高峰区的影响，工作面回风平巷还受到上区段

采空区侧向支承压力的叠加影响，围岩变形剧烈；工作面上、下端头除受到采动支承压力影响外，还受到采场基本顶来压的影响，因此，工作面上、下出口处的支护容易变形损坏。

(4) 工作面上、下出口控顶面积大，顶板受爆破震动及反复支撑变形剧烈。普通机械化采煤工作面上、下平巷的断面面积，一般约为 7 m^2，沿倾斜下切口长 3 ~ 5 m，上切口长 8 ~ 10 m，沿走向向前至少超前一刀，向后放顶区根据作业规程可放宽 1 排控顶距，加上工作面上、下两巷超前改变支护范围 3 ~ 5 m，总计超前加强支护范围在 20 m 以上，总的控顶面积较大。在此范围内，顶板受到爆破开切口的震动影响，也受到移置机头或机尾时端头支护长梁向前窜移的影响。

二、工作面上、下出口及端头的支护方式

根据工作面上、下出口及端头的顶板条件，平巷及切口尺寸、输送机机头及机尾位置，有以下几种常用的工作面上、下出口及端头支护方式。

(一) 十字铰接顶梁端头支护方式

十字铰接顶梁从 1984 年开始试用，目前已广泛应用。该顶梁是用 2 根长 500 ~ 700 mm 的 HDJA 型金属铰接顶梁，在同一平面上互相正交扣接或对接构成，可用于各类顶板，尤其是地质构造复杂、顶板破碎及支护困难的单体支柱工作面的上、下端头，及平巷超前于安全出口的地点。

根据工作面上、下端头顶底板的稳定情况，十字铰接顶梁有两种使用方式，一种是全“十”字梁方式，即沿走向及倾向全部采用十字顶梁铰接布置方式，这种方式适用于顶板极为破碎，难以管理的工作面上、下端头及出口超前地段；另一种是“半十字梁”方式(图 3 - 10)，即沿走向用一字梁（长 0.6 m、1.0 m 或 1.2 m）与十字梁交替铰接，沿倾向全为十字梁铰接布置，在工作面输送机机头、机尾上方的十字顶梁要用长钢梁抬柱。用十字顶梁构成的网状支护，可提高支护能力，增加支护的稳定性，有利于加快移置工作面输送机机头、机尾和缩短平巷输送机机尾的速度。

(二) 端头迈步长梁支护方式

除工作面上、下端头已使用十字铰接顶梁支护及薄煤层石灰岩顶板等情况外，应做到：

(1) 工作面上、下出口都要至少超前割一刀（斜长不小于 2 m），并坚持正确使用 4 对 8 根长钢梁，务必使缸径 100 mm 的支柱初撑力不小于 114 kN，缸径 80 mm 的支柱初撑力不小于 78 kN。

(2) 工作面输送机机头（包括机尾）与工作面下平巷（包括上平巷）输送机搭接处，工作面下平巷上帮（或上平巷下帮）要设一对长钢梁抬住下平巷上帮（或上平巷下帮）梁头，随工作面推进前移，该对梁与工作面第一架棚梁距不超过 0.7 m。

(3) 工作面输送机的采空区侧或煤壁侧要留有大于 0.6 m 的人行通道，高度不小于工作面采高的 90%。

由于工作面输送机的机头及机尾尺寸不同，工作面上、下两巷断面不同，机头及机尾进入上、下巷位置不同，按照端头支护应支护机头及机尾处顶板的原则，4 对 8 根长钢梁的支护位置也有所不同。一般在工作面上、下平巷断面较小，上、下切口较长时，在上、

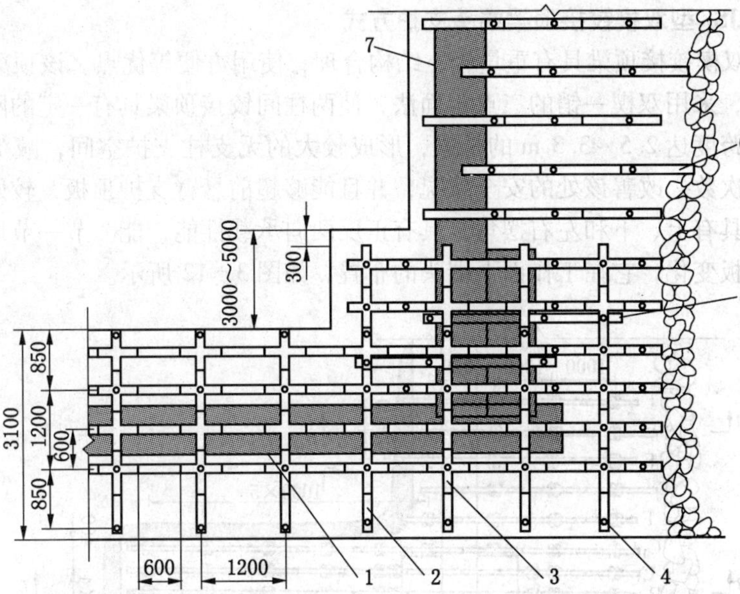

1—工作面下巷输送机；2—0.6 m 长的铰接顶梁；3—十字梁铰接顶梁；4—单体液压支柱；5—长钢梁；6—1.2 m 长的铰接顶梁；7—工作面输送机

图 3-10　普采工作面上、下端头十字铰接顶梁布置

下切口内布置 4 对 8 根长钢梁，具体如图 3-11 所示。

在使用端头迈步长梁支护方式时，一般应注意以下几点：

（1）长梁必须成对布置，每对长梁的两根梁之间最大距离不超过 200 mm。一般情况下，每对长梁的两根梁必须交错 0.6～0.8 m（特殊情况可适当加大错距），但不得出现齐头梁，交错长梁应随工作面推进而交替迈步前移，长梁的交错超前顺序应保持一致，即超前长梁在下方时，四对梁的超前长梁都在下方。

（2）每根钢梁处于工作状态，必须保持有 3 根支柱进行支撑，窜移钢梁时，必须一根一根地进行，当支打一根牢固后，再窜移另一根，不得多根同时窜移。窜移长钢梁后，最小控顶为四排柱时，其尾端应及时加补点柱或 1.2 m 长的铰接顶梁，并保持 2 根支柱支撑。加补的铰接顶梁与长钢梁尾端的距离不得大于 0.3 m。

（3）每一对长钢梁必须沿顶板布置在同一层面上，不应成台阶状。当顶板出现地质变化，或顶板不平时，顶梁上应用木料垫平背实，不得出现空顶部位。在支柱部位尤其更须背实，不得出现柱顶空虚现象。

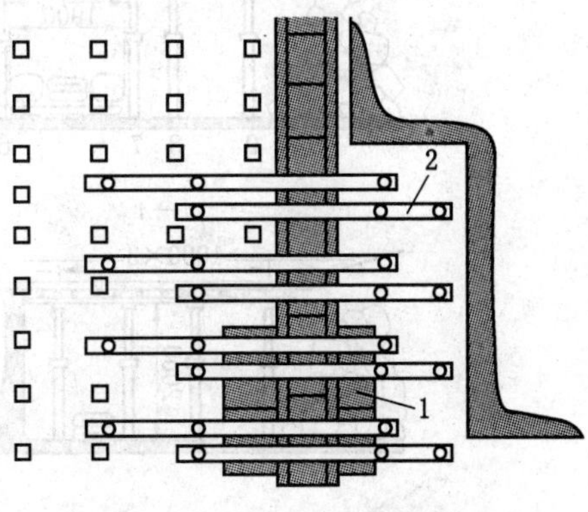

1—机头；2—长钢梁支护

图 3-11　工作面下端头布置
4 对 8 根长钢梁

（4）钢梁应制成花边，花边模式应与铰接顶梁一致。严禁侧向使用钢梁，钢梁下面的支柱必须保持完好，失效的支柱应立即更换，支设必须符合质量要求。

（三）$HDJS_1$ 型双楔铰接顶梁端头支护方式

$HDJS_1$ 型双楔铰接顶梁具有重量轻，结构合理，使用方便等优点。该顶梁铰接部结构为三点式铰接，采用双楔一销的三点定面法，使两柱间铰接顶梁具有一定的刚度。它能在机头部铰接成跨度达 2.5 ~3.3 m 的长梁，形成较大的无支柱支护空间，减少机头部位支柱反复支撑的次数，改善该处的安全状况，并且能够超前悬臂支护顶板，较好地控制冒顶事故。该顶梁具有上、下和左右摆角，具有正反两向承载性能，能一节一节地铰接，适应一定程度的顶板变化，它在工作面下端头的布置，如图 3－12 所示。

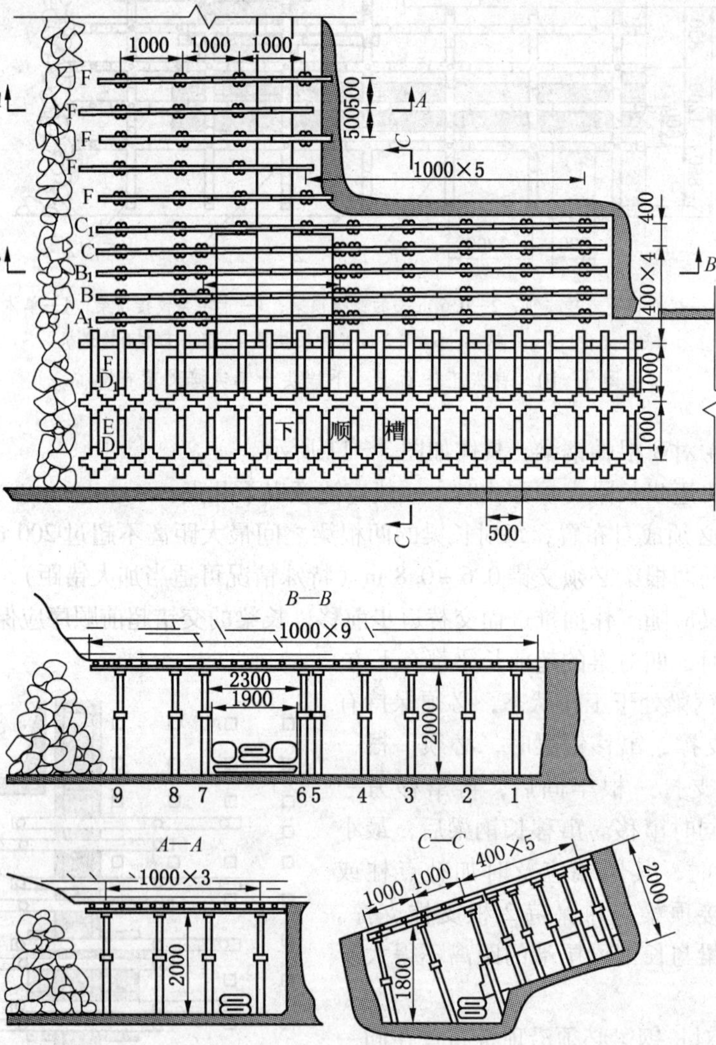

A_1、B、B_1、C、C_1—$HDJS_1$ 型双楔铰接顶梁；D、D_1—十字顶梁（500×500）；E—HDJA500 型铰接顶梁；F—HDJA1000 型铰接顶梁；1 ~9—顶梁编号

图 3－12　$HDJS_1$ 型双楔铰接顶梁下端头支护布置

双楔铰接顶梁应覆盖机头部位，在工作面上、下切口超前采煤工作面 3 ~5 m 内挂设。一般平行工作面下巷输送机布置 6 趟，每趟 9 ~10 根，上、下两趟柱距 0.4 m。使用时在

煤壁侧挂设，从采空区侧回收，可以周转复用。与 HDJA 型顶梁不同的是，其需要在挂梁时预先打紧水平、垂直调角楔，放顶前应预先取下垂直调角楔。移机头时，按照预计的前移位置，再次打紧打牢垂直、水平调角楔，撤掉机头靠煤壁侧支柱，待机头到位后，与工作面排距对齐，支设机头靠采空区侧的支柱。

三、工作面上、下两巷超前支护方式

（一）金属拱形支架平巷的超前支护方式

若平巷为金属拱形支架（或锚杆支护），超前 3 ~ 5 m 替棚时，应采用十字铰接顶梁与金属支柱相配套的支护形式，其高度不小于 1.6 m，行人侧宽度不小于 0.7 m。距煤壁 20 m 范围内的超前加强支护，可采取在拱形梁下加打单排金属铰接顶梁和单体液压支柱的支护形式；或只在拱形梁下加打中柱。根据顶底板稳定情况，超前替棚可采取全十字梁或半十字梁布置方式。按照机采工作面平巷断面面积为 7 m^2 左右，巷宽 3 m 左右，一般采用以下几种半十字梁布置方式：

第一种方式：沿工作面上、下平巷横断面布置 4 个十字顶梁，沿巷道轴向，在 2 个十字顶梁之间接一根 0.6 m 长的短梁；在运输巷下帮接一根 0.6 m 长的短梁，除输送机上方顶梁下不支设单体支柱，进入机尾后方补打单体支柱外，其他每个顶梁下支设一根单体支柱；在回风巷上帮接一根 0.6 m 长的顶梁，除轨道上方顶梁下不支设单体支柱，进入控顶区补打单体支柱外，其他每个顶梁下支设一根单体支柱。

第二种方式：回撤拱形支架后，在巷道中间布置 0.6 m 长的铰接顶梁。两边各接十字顶梁，向外两边再接 0.6 m 长的铰接顶梁。当平巷片帮严重时，可将片帮一侧 0.6 m 长的顶梁，改换为 1.0 m 或 1.2 m 长的顶梁。

第三种方式：回撤拱形支架后，在平巷中间布置 1.2 m 长的铰接顶梁，两侧各接一个十字顶梁，然后在运输巷上帮、回风巷上帮再接一根 0.6 m 长的短梁。除机头、机尾上方顶梁外，在每个顶梁下打一根单体液压支柱。

（二）双向铰接顶梁支护方式

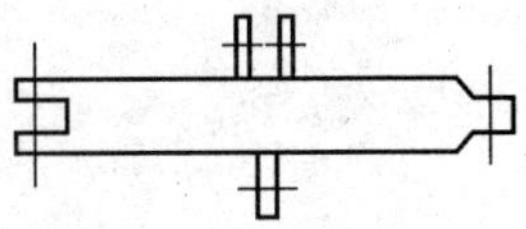

图 3-13　双向铰接顶梁

双向铰接顶梁是在“十字”顶梁的基础上改进的，克服了十字顶梁长度短，用于端头及两巷超前支护结构铰接点太多，支柱支撑位置较固定，侧臂力矩大，容易在焊接部位损坏，运输不便等缺点。双向铰接顶梁是将侧向连接耳和接头，直接焊在普通金属铰接顶梁的中间两侧，供横向铰接使用，如图 3-13 所示。

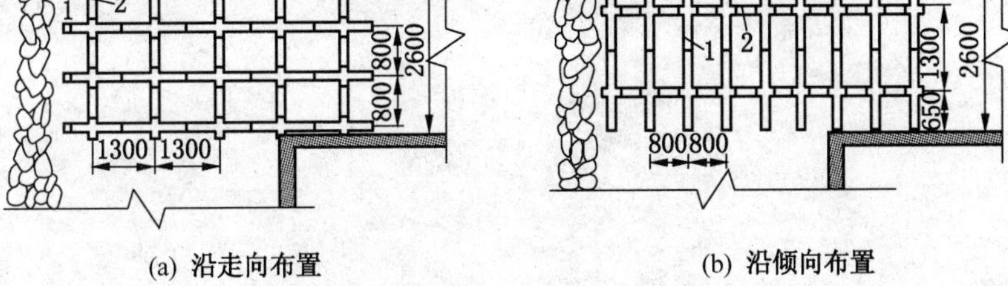

1—双向铰接顶梁；2—普通铰接顶梁

图 3-14　双向铰接顶梁布置方式

双向铰接顶梁的连接方式，分沿走向和倾斜布置两种。沿走向布置，是将双向铰接顶梁沿走向连续铰接，倾斜方向以 HDJA－600 型（或 HDJA－800 型）普通铰接顶梁连接，如图 3－14a 所示。沿倾斜布置，是将双向铰接顶梁沿倾斜方向连续铰接，沿走向以 HDJA－600 型（或 HDJA－800 型）普通铰接顶梁连接，如图 3－14b 所示。梁下单体液压支柱应根据输送机、行人、运料所需要的空间布置，原则上每根双向铰接顶梁下支设一根单体液压支柱，沿倾斜布置时，每趟双向铰接顶梁的两侧应增补一根支柱，机头和机尾所在位置不能布置单体支柱时，要加水平销，使用成对长钢梁支护。

第四章　综采工作面顶板控顶设计

20 世纪 80 年代以来，世界主要产煤国家的综采支架发展十分迅速，我国也不例外，综采在采煤机械化中所占的比例也越来越大。在给定的具体矿井地质和技术条件下，解决好综采工作面液压支架架型和工作阻力等参数的合理选择问题，是保证综合机械化安全与高效采煤的关键。

第一节　液压支架架型

一、液压支架的结构

液压支架的基本部件包括顶梁、液压支柱、底座、掩护梁及挡矸板。早期的液压支架是在单体液压支柱的基础上加上顶梁与底座，联合成为一个整体的结构，并利用推拉千斤顶与输送机相连或架间相连，以达到能自行卸载和前移的目的。

1. 立柱

液压支架一般采用能升降活柱的双作用立柱，立柱一般可分单伸缩和双伸缩两种，按其伸缩调高方式又分为液压式及机械式。可根据使用要求的伸缩量占立柱总长之比来选用具体型式。

2. 顶梁

液压支架的顶梁分为前、后梁的铰接顶梁及整体顶梁两种。为有效支护端面顶板而设置前探梁、伸缩梁及折叠梁等多种辅助顶梁。

3. 底座

为防止支柱压入底板及适应底板的不平整度，液压支架的底座设有底鞋、分底座、门形底座、整体刚性底座等类型。

4. 掩护梁

掩护梁与底座的连接方式一般有单铰及双铰（即四连杆连接）两种。

5. 液压操作装置

液压操作装置是控制乳化液流向、实现支架立柱升降及推溜移架动作的操作装置。

二、支架的工作特性

支架的工作特性主要是由支架的力学特性决定的。对于液压支架的力学特性不仅决定于液压支柱的力学特性，还取决于其结构，不同的液压支架结构可形成不同的力学特性。支架对顶板的主动作用力称为支架的支撑力，支架受顶板压力作用而反映出来的力称为支架的阻力，又称为工作阻力。

初撑力：支架支设时，将活柱升起，托住顶梁，利用升柱工具和锁紧装置，使支柱对顶板产生一个主动支撑力，这一最初形成的主动支撑力称为支柱的初撑力。对于液压支柱，即是泵压形成的支柱对顶板的支撑力。

始动阻力：在顶板压力作用下，活柱开始下缩的瞬间，支柱上反映出来的力称为始动阻力。始动阻力是顶板压缩支柱形成的，因此也称为支柱的阻力。

初工作阻力：在支架的性能曲线中，活柱下缩时，工作阻力的增长率由急剧增长转为缓慢增长的转折点处的工作阻力，称为初工作阻力。

最大工作阻力：支柱所能承受的最大负载能力，又称为额定工作阻力。

液压支架在井下使用过程中，受直接顶和底板稳定情况、升架质量，以及液压支架本身对顶板的支护特性等多种主观和客观因素影响，使支撑能力得不到充分发挥。通常情况下，支架所能给予顶板的实际支撑能力比出厂标定的额定工作阻力要小。因此，在进行顶板控制设计时，必须考虑各种因素对支架实际支撑能力的影响。

液压支架升架质量，直接影响支架对顶板的初撑力，也影响支架由初撑状态进入到恒阻状态所需的时间，液压支架特性曲线如图 4－1 所示。支架在井下工作过程中，由于受邻近支架卸载移架、顶底板中裂隙扩展或浮矸、浮煤压缩的影响，多数处于多增阻状态下工作（图 4－2），整个支护循环工况中的平均阻力小于最终工作阻力，更小于额定工作阻力。

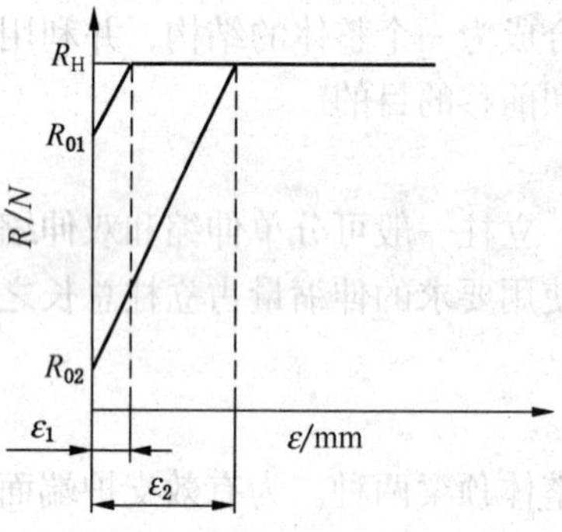

R_{01}—高初撑力；R_{02}—低初撑力

图 4－1　液压支架特性曲线

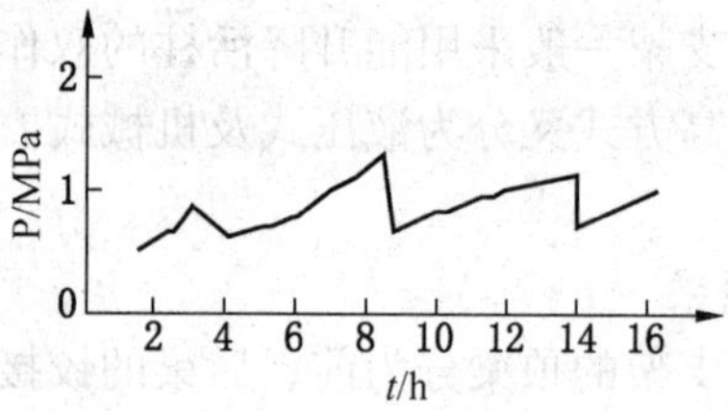

图 4－2　实测支架循环工况

液压支架对顶板的支护特性与单体液压支柱不同。随着工作面的推进，液压支架反复卸载、前移、再支撑。在支架卸载前移过程中，卸载时对顶板的支撑力几乎消失，使邻近的未移支架所受压力升高，沿工作面煤壁方向明显出现支架受载不均的现象（图 4－3），支架对顶板的实际支撑力应是沿工作面煤壁方向、整个支架控顶范围内的阻力平均值。

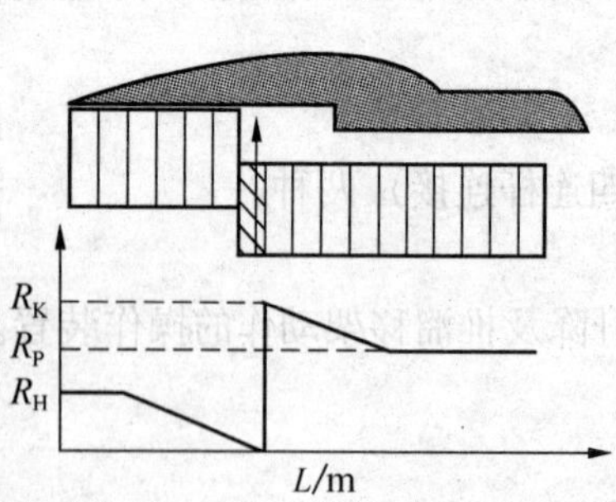

图 4－3　沿煤壁方向支架受力分布

由于存在上述几方面的因素影响，液压支架对顶板的实际支撑力只能按下式考虑：

$$R_T = K_{YB} K_{YZ} R_B \qquad (4-1)$$

式中　R_T——液压支架的实际支撑力，N/架；

K_{YB}——液压支架承载不均匀系数；

K_{YZ}——液压支架增阻系数；

R_B——液压支架额定工作阻力，N/架。

三、液压支架的分类

目前我国对液压支架的架型还没有一个统一的分类标准，一般仍按应用较广泛的液压支架来划分。根据液压支架与围岩相互作用的特点，将其分为3种类型，即支撑式、掩护式及支撑掩护式。

（一）支撑式液压支架

1. 支撑式液压支架结构类型

支撑式液压支架指在结构上没有掩护梁，支柱直接通过顶梁对顶板起支撑作用的支架称为支撑式支架。支撑式液压支架分为节式与垛式两种。

（1）节式液压支架是立柱位于条状顶梁下（可分前、后梁）、呈框式布置的支撑式支架。它由主、副两个框架组成节式支架，每个框架有2根立柱。顶梁一般为铰接式或刚性铰接式；底座为刚性底靴，前后用弹簧板连接。两个框架之间用共用的移架缸连接，主架与缸体相连，副架与活塞杆相连，使主、副架交替前移，不需与输送机相连。同时，为保证支架的稳定性，前后两节之间也可用弹簧板连接，也可在前后两节间安装调架缸。

（2）垛式液压支架是指支架中4根以上立柱位于同一矩形顶梁下、呈垛状布置的支撑式支架。垛式支架的顶梁分为整体刚性式及前、后梁铰接式，底座也分为整体刚性式或分底座，中间用过桥连接，支架后用挡矸帘式挡矸板与采空区隔离，液压立柱一般有复位装置。支架一般通过移架缸与输送机相连。

为适应顶板起伏、增强对端面顶板的支撑，垛式支架的顶梁一般分为前、后梁。四柱垛式支架的前梁下一般无立柱，由前梁液压缸支撑前梁，且能在一定范围内上下摆动，以适应顶板的变化。五柱或六柱垛式支架的前梁下有立柱支撑，支架顶梁的受力较均匀，但由于控顶距大，设备成本高，因此只在极少数薄煤层为满足通风和行人要求时，才可以使用。

2. 支撑式液压支架工作面矿压特点及适用条件

根据矿压实测资料可知，支架与围岩有下列关系：

1）节式支架

（1）节式支架的顶梁长度较大，在顶板平整时可充分接顶，但这种情况极少。通常顶板凸凹不平，因此在长约3 m的前梁范围内，只要中部的顶板不平，顶梁的第一接顶点就要从梁端后移，从而加大了端面空顶距。在破碎顶板条件下，冒落矸石将滞留在顶梁上，由于没有清矸设备，节式支架又不能贴顶前移，因此矸石垫层可使第一接顶点远离梁端。据开滦矿区统计，在中等稳定顶板条件下，第一接顶点距梁端平均为1.3 m，无立柱空间空顶宽1.83 m；在不稳定顶板下，此距离相应为1.4 m及2.16 m。第一接顶点距梁端距离的增加，使顶板在近煤壁处支撑力过小，导致机道顶板破碎冒落。端面及机道顶板冒落后，顶梁顶空或支架刚度极低，支架实际支撑力很低，不能控制顶板，导致顶板进一步的破碎，形成顶板管理的恶性循环。

（2）节式支架仅条状顶梁接顶，顶板的覆盖率较低，一般只有57.8%，而底座对底板造成的载荷集度较高，可达2.38 MPa。因此，在不稳定顶板条件下使用节式支架时，不得不采用铺顶网的方法，这就增加了工序的复杂性，提高了成本。网包下鼓，更易使支架歪斜，支架间间距较大，导致行走方向难于控制，增加了支架的不稳定，容易发生倒架、挤架、错架等现象。

(3) 对主副架组合式节式支架，需主副架分别移架，卸载降柱反复支撑次数多，节式支架控顶距较大，因此顶板沉降剧烈，破碎度加大。图 4-4 为开滦矿区测定两种顶板条件下的节式支架工作面顶板破碎度，两种顶板条件下冒落度相差 70% ~80%：在中等稳定顶板条件下的支护效果比不稳定顶板好得多。

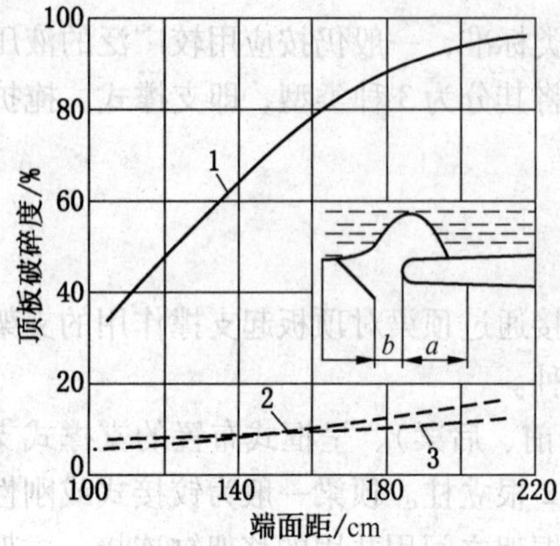

1—不稳定顶板；2、3—中等稳定顶板

图 4-4 两种顶板条件下顶板破碎度

(4) 节式支架的顶梁不可能完全与顶板接触，这时需要立柱两侧的顶梁与顶板各有至少一点相接触，顶梁才能平衡。如果后梁及前梁后段冒空，顶梁铰接点将产生水平力，顶梁将回转，使顶梁常发生人字形凸起。

2) 垛式支架

据对阳泉矿务局 BZZ 型垛式支架的测定可知，由于顶梁上载荷分布不均，在顶板较稳定的 12 号煤层使用时，控顶距 3 m 处顶板下沉量 196 mm，顶板破碎度仅 3.2%；在顶板较不稳定的 3 号煤层使用时，前柱受力高，但梁端支撑力低，造成顶板超前挠曲。当顶板切顶线前移时，后柱受力低，有时受拉力。前梁低头，移架困难，即使移过后，端面顶板也难以控制，破碎度达 21% ~39%，片帮深度为 0.31 ~0.4 m。

垛式支架前探梁支护面积约占总支护面积的 1/2，其结构连接在主梁上。当顶板稳定性差时，前柱受力大而下缩，前探梁将随之下沉，使前梁液压缸出现降阻，减少了对端面顶板的支撑。

徐州矿务局在一些煤层中使用支撑式支架时，虽然在破碎顶板条件下，采用铺顶网的方法解决漏矸、冒顶问题，但每生产万吨煤炭金属网消耗量达 8 ~10 t；铺顶网有时也不能解决端面顶板破碎问题，虽然采用铺圆木、荆条等方法起到一定作用，但增加了坑木消耗，提高了成本，增加了工作量。同时，木材横向刚度低，铺木材降低了支架支撑刚度，实际支架支撑力很低，控顶能力很差。

支撑式液压支架的优点：支撑效率高，立柱阻力完全用于支撑控顶区内顶板；每米工作面长的支撑力高，放顶线的支撑能力大，结构简单，价格便宜。但支架端部支撑能力弱，对顶板的覆盖率及对架间和采空区的挡矸能力低，对顶板水平力的承受能力差，是其重要缺点。因此，支撑式支架难以适应下位岩层为中等稳定以下的煤层；在破碎顶板下工作十分困难时应用支撑式支架，其较适用于直接顶稳定和基本顶来压较强烈的煤层，尤其是薄煤层。我国煤炭行业标准要求，支撑式液压支架适用于采高 1.5 m 以下，直接顶 3、4 类，底板Ⅲ类以上，煤层倾角 20°以内的长壁工作面。

(二) 掩护式液压支架

1. 掩护式液压支架结构特点

掩护式液压支架在结构上有掩护梁、单排立柱连接掩护梁或直接支撑顶梁，对顶板起支撑作用的支架称为掩护式支架。

掩护式支架中立柱连接掩护梁，而使顶梁支撑顶板的支架称为两柱支掩式掩护支架，如ZYZ型及CKN型支架。ZYZ型支架底座与输送机脱开，故顶梁较长，约2 m以上；CKN型支架底座插入输送机下，故顶梁较短，约1.2 m，称之为短顶梁插底式掩护支架。

掩护式支架中立柱直接连接顶梁、支撑顶板的称为两柱支顶式掩护支架，如QY型掩护式支架顶梁较长，约2.5 m以上，为了保持支架结构稳定及增强对顶板合力作用位置的适应性，而设置平衡千斤顶，这是目前使用最多的一种架型。

2. 掩护式液压支架支护工作面矿压特点及适用条件

义马矿务局先后用过ZYZ型两柱支掩式及QY型两柱支顶式掩护支架，ZYZ型两柱支掩式顶梁与掩护梁的铰轴将顶梁分成前后长度比为2∶1，QY型两柱支顶式掩护支架的支柱上柱窝将顶梁分成长度接近相等的两部分。这两种支架的承载特点，及对直接顶的适应性，主要反映在平衡千斤顶对顶板合力作用位置的调整上。

两柱支掩式支架的特点：

（1）如铰轴前部的托梁冒空，则托梁上撬，直至与掩护梁几乎呈一直线，支架呈全掩护状态。此时用支架阻力控制顶板的能力虽减弱，但在此超高支护情况下，支架并无危险，对采高的适应范围较宽。ZYZ型支架设计的最大支护高度为2.8 m，而在采高达3~3.2 m时，仍能正常工作。

（2）如铰轴后部托梁上覆顶板冒空，托梁的力矩平衡状态被破坏，平衡千斤顶或连接件易被损坏，支架丧失对顶板的支撑能力，易导致大规模的片帮冒顶。

（3）ZYZ型支架的整体托梁若不能有效接顶，则工作面端面距大都在0.5 m以上，稍有片帮即可超过0.6~0.7 m，在1~2类直接顶条件下，特别是在有伪顶时，极易导致顶板离层，增加破碎度。

两柱支顶式支架的特点：

（1）当顶梁后端冒空，切顶线前移时，支架顶梁后端由于掩护梁载荷的平衡作用，前段仍可有效支护顶板，使支柱阻力发挥正常作用。

（2）梁端承载力高（可达700 kN/m^2），能有效防止机道顶板过早离层破碎，减少顶板破碎度。

（3）当顶梁的柱前区冒空时，顶梁在柱后区载荷和掩护梁载荷作用下，将以柱顶端为轴心，使梁端上撬，平衡千斤顶活塞杆被拉出，直至断裂或连接件被拉坏，支架成为不稳定结构，失去工作能力。

（4）支顶式支架顶梁在整个长度上可设置侧护板，尤其是整体顶梁，故能可靠地防止梁间顶板漏矸。

根据以上分析，得到以下结论：

（1）当顶板无厚度大于0.3 m的伪顶时，直接顶在采煤机割煤后不会立即发生离层破碎，但经移架反复支撑后，易在顶梁后部破碎冒落，因此宜选用支顶式两柱掩护支架。

（2）当顶板有厚度大于0.3 m的伪顶，或直接顶在采煤机过后易破碎冒落时，应选用带伸缩梁的两柱掩护式支架，限位千斤顶的阻力应足以提高顶梁端部的承载能力。

（3）当直接顶端面顶板完整、不破碎时，两柱支掩式及两柱支顶式掩护支架均能充分发挥支柱阻力，有效控制顶板，但支掩式支架的支撑效率、初撑力及支护强度比支顶式低，支顶式支架的效果通常优于支掩式支架。

（4）如两柱掩护式支架的掩护梁不加机械限位装置，在顶板破碎、易冒时，平衡千斤顶常难以保证顶梁与掩护梁夹角的稳定，支架有失去支护能力的危险。

（5）对基本顶来压强烈的煤层（动压系数大于1.5），因两柱掩护支架的承载能力曲线中支柱工作区的宽度较窄，以及顶梁较短，支架工作阻力较低，故其适应性不如支撑掩护式支架好。

（6）如扩大掩护式支架的使用范围，则应提高支架的初撑力和切顶能力，并改善梁端支护和防片帮装置，以提高其对基本顶来压的适应能力。从矿压显现特点来看，掩护式支架使用条件见表4－1。因此，掩护式支架适用于不稳定和中等稳定顶板、基本顶来压不强烈的条件。

表4－1　掩护式支架使用条件

架　型	基本顶来压	动压系数	直 接 顶	采高/m
支掩式	明显缓和	<1.2	破碎	约2.7
支顶式	较明显	1.2～1.5	较稳定	<5.0

（7）底板松软或极松软时，应避免支架底座前端不陷入底板、妨碍移架。

（三）支撑掩护式

1. 支撑掩护式液压支架的结构特点

具有双排或多排立柱及掩护梁结构的支架称为支撑掩护式支架，如我国的ZY－28、ZY－35、BC－480型等支架。支撑掩护式液压支架的立柱可以是三柱、四柱。后排支柱可支撑在顶梁或掩护梁上。立柱的布置一般呈倒八字形布置。

目前，我国使用的支架大都属于两柱支顶式掩护支架及支撑掩护式支架，其基本结构原理如图4－5所示。它们的主要区别在于顶梁长度及支柱布置形式的不同。所有这些架型的支撑合力作用点前、后的顶梁长度之比均不应太大。

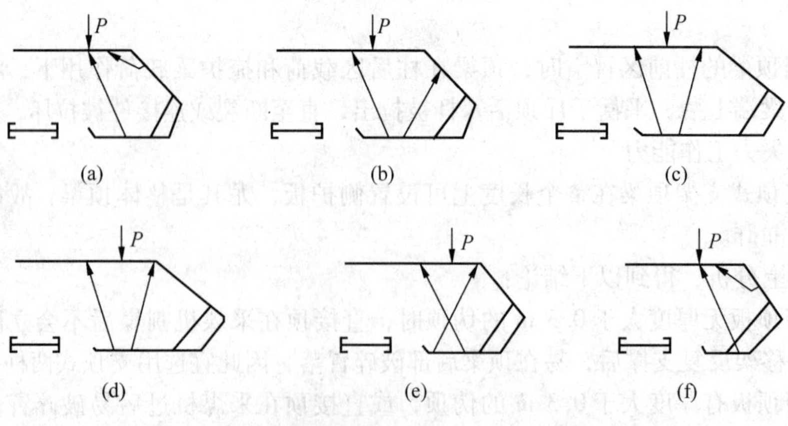

图4－5　两柱支顶式掩护支架及三柱、四柱支撑掩护式支架

图4－5a支架支护形式的支架顶梁较长，顶板从暴露至移入采空区，支架至少要前移4～5次。若将调节顶梁与掩护梁之间夹角的平衡千斤顶改为能力较强的后柱，则支架呈

图 4－5b 的支撑掩护式，此时顶板的支撑合力作用点与放顶线距离煤壁稍远，顶板受反复支撑的次数也增多。

四柱式支架按 V 形布置，均支撑在顶梁下的支撑掩护式支架，如图 4－5c、图 4－5d 所示。其中图 4－5c 支架支护形式的顶梁最长，这种布置方式可增大立柱的伸缩范围；而图 4－5d 支护形式的后柱处于铰接点处，顶梁略短，这种布置方式使顶梁在铰接点外呈单支撑的悬臂状，支架可支撑此悬臂梁，对机道顶板有一达 100 kN 的主动支撑力，可有效防止机道上方顶板离层。

在煤层厚度较小时，因行人及安装、撤除支架难度加大，因此应考虑既加大架前工作空间的宽度，又使支架顶梁更短，以减轻重量；增加支柱的伸缩比，以适应煤层厚度的变化。针对上述要求，将立柱布置成 X 形，以支撑顶梁，如图 4－5e 所示。但这种方式下，支撑顶板的合力作用点的顶梁前后长度比不一定合适，且不是最佳受力状态，这种支架支护方式只在薄煤层条件下使用。

还可将顶梁缩短，即将前连杆固定在离底座前端不远处，如图 4－5f 所示，这种支架支护方式的顶梁合力作用点前后长度比，也能保持适当值。

只有使用及时前移的支护方式要比滞后支护的顶梁加长约 1 m 时，才能满足在支架立柱与输送机之间可富余一次截深的推移距宽度。有时也可使用伸缩梁，这时合力作用点前后梁长之比可由 2∶1 增大为 2.7∶1，这对于截煤、推移输送机与移架间短暂的时期来说，这一比例是允许的。此外，还有在顶梁前端设置铰接的翻梁，由于它对端面顶板的支撑力所形成的力矩并不大，因此，对支架承载产生的不良影响也不大。

2. 支撑掩护式支架工作面矿压显现特点及适用条件

支撑掩护式支架与支撑式或掩护式支架相比，有下列特点：

（1）支撑掩护式支架的支撑力合力作用点的调节范围较大，可大致等于两柱支柱的间距，但支架的前部仍是承受外载荷合力的薄弱区。

（2）支架的后部可以承受较高的外载，即切顶能力强，切顶线处载荷极值可达 1.24 MPa，适用于基本顶来压强烈的工作面。

（3）除 X 型支撑掩护式支架外，立柱接近垂直于顶梁，支撑效率高，且受支架工作高度变化的影响小，工作阻力的利用率较高。

（4）有较高的支撑能力。两柱式支架支撑力明显低于支撑掩护式支架。据实测支撑掩护式支架的支护强度，其分别比掩护式和支撑式支架的支护强度高 256% 和 193%。

（5）当支架的前、后排支柱均前倾时，具有较强的指向煤壁的水平推力；前、后排支柱呈 V 型前、后倾时，有较高的切顶力；当后排柱支在掩护梁上时，支架的尺寸和重量比前两种小。

（6）支架底座的合力作用位置较靠后，载荷集度分布较均匀，而且支撑掩护式比掩护式支架，端部压入底板的可能性较少，较适合松软底板条件。

（7）支撑掩护式支架顶梁较长，控顶距较大，结构较复杂，故每架及每米支护强度的质量和价格均较高。

（8）支架断面大，行人方便，但由于立柱多，控顶面积大，故操作、调架等较不方便。

（9）支架带有四连杆的掩护梁，能抵制采空区矸石的水平推力，但在顶板特别坚硬、垮落块度较大的情况下，岩块的冲击可使立柱缸体发生炸裂、弯曲及移架千斤顶损坏等。

(10) 支柱的支撑力利用率低。实测表明，4 个支柱通常只有 2~3 个支柱受载。

(11) 指向煤壁的水平力低于两柱式掩护支架。

由以上分析可知，支撑掩护式支架一般适用于基本顶Ⅲ级、动压系数约为 1.5 以上、直接顶为中等稳定以上的工作面，对底板的强度不限。总之，支撑掩护式支架适用范围较宽，可适用于Ⅰ~Ⅳ级顶板。

第二节　液压支架合理参数的确定

根据具体煤层赋存条件及矿压参数，选择合理的液压支架型式，需要确定的液压支架参数包括：支架阻力（初撑力、额定工作阻力），支架支护面积及支护强度，支架结构高度（最大和最小高度），立柱根数，顶梁和底座尺寸及其相对位置，防倒、防滑、防转、防片帮、调架、移架、端面维护等装置尺寸和能力，阀组的额定压力和流量等。但对支架设计及使用起决定作用的是支护阻力、支护强度及其载荷分布。

合理的支护强度选择应以使支架—围岩处于相对平衡状态所必需的工作阻力为依据，应使顶板下沉控制在有限范围内，尤其当工作面处于最危险状态下，如基本顶来压时，仍能使工作面顶板保持良好状态，减少端面顶板的冒落。

增加工作阻力势必加大支架的质量及投资费用，而增大支护强度及提高安全系数又可增加支架使用年限，降低维修费用。因此，在决定支架合理工作阻力时应有一定的富余量。

支架的合理支护强度应包括支架合理工作阻力、合理初撑力，以及两者的比值。对于坚硬和稳定顶板，尚需考虑工作面每延米阻力，该值反映了支撑力矩值。

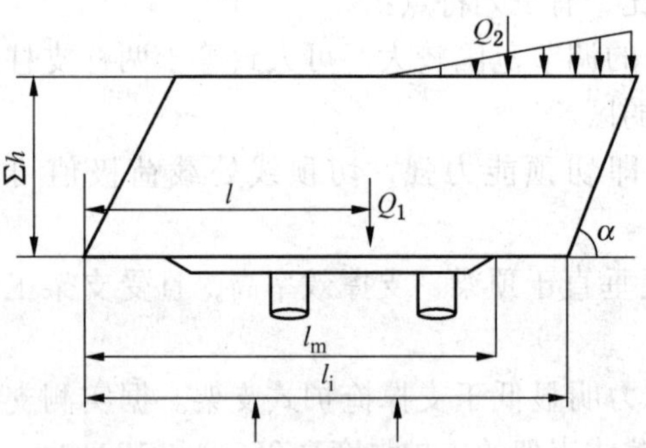

图 4-6　支架受力图

一、液压支架工作阻力

现按 7 种方法，分别计算支架的合理工作阻力。

(一) 载荷估算法

载荷估算法认为，支架的合理工作阻力 P 应能承受控顶区内，以及悬顶部分的全部直接顶岩重 Q_1，还要承受当基本顶来压时所形成的附加载荷 Q_2（图 4-6）。

$$P = Q_1 + Q_2 = \sum hl\gamma + Q_2 \tag{4-2}$$

式中　h、l、γ——直接顶的厚度、悬顶距及重度。

当直接顶随支架前移而垮落时，l 等于控顶距 l_m。因此，工作面的合理支护强度 p 应为

$$p = q_1 + q_2 = \sum h\gamma + Q_2/l_m \tag{4-3}$$

直接顶重量应作为支架的载荷。由于基本顶的载荷 Q_2 难以精确计算，在一般情况下，以直接顶载荷的倍数来估算基本顶的载荷，故可将不来压时的支架载荷看作直接顶的载

荷，再乘以来压时的动压系数 n，可得

$$p = n\sum h\gamma \tag{4-4}$$

式中 p——考虑直接顶及基本顶来压时的支护强度，kPa；

n——基本顶来压与平时压力强度的比值，称之为动压系数或增载系数，一般不超过2。

取 $\sum h = \frac{M}{K-1}$（M 为采高，K 为碎胀系数），则

$$p = 2\times\frac{M\gamma}{K-1} \tag{4-5}$$

若考虑直接顶的初始碎胀系数 K 为 1.25～1.5，则

$$p = 2\times(2\sim4)M\gamma = (4\sim8)M\gamma \tag{4-6}$$

即顶板压力相当于采高4～8倍岩柱的重量。

显然，在顶板条件较好、周期来压不明显时可取低倍数；周期来压比较剧烈时，则可采用高倍数加以估算。

（二）多元线性回归法

多元线性回归法是在分析影响支架工作阻力各因素的基础上，根据已有工作面的观测资料，统计分析各因素的相关关系，用回归分析法得出估算工作阻力的公式。显然，这种方法与现有工作面的支护条件、技术经济指标，以及取得的“样本”数量等有关。

经过对71个综采工作面的采高、初次来压步距和支架工作阻力的多元回归分析，可得

$$p = 192 + 7.2C_0 + 0.99M \tag{4-7}$$

式中 p——支架最大平均支护强度，kPa；

C_0——初次来压步距，m；

M——工作面采高，m。

式（4-7）中的标准回归系数分别为 C_0 的系数为7.7，M 的系数为0.019。显然采高 M 的影响是可以忽略的，所以用初次来压步距与支架最大平均支护强度 p 作一元回归分析，得

$$p = 200 + 8C_0 \tag{4-8}$$

由式（4-8）可知，支架工作阻力从总体上来看主要由两部分组成，第一部分为常数项，它代表直接顶岩石重量，或为控顶区上方的岩石重量，约为2～4倍采高岩重，即200 kPa；第二部分为 $8C_0$，它代表基本顶来压加给支架的载荷，或者为岩梁（板）悬空部分破断加给支架的载荷，与初次来压步距成正比。

对于厚层坚硬顶板，支架的额定工作阻力应以合理的工作阻力为依据，再考虑地质条件等随机因素的影响，需要有一定富余量。根据式（4-8）的剩余均方差，不同的 C_0 的富余系数为1.05～1.3，所以，厚层坚硬顶板条件下的支架平均支护强度为

$$p = K(200 + 8C_0) \tag{4-9}$$

式中 K——富余系数，对于采高小于1.5 m的薄煤层工作面，$K=1$；对于坚硬顶板，$K=1.2\sim1.3$。

（三）行业标准规定的综采工作面支护强度

经过对我国近30年综采工作面支护强度实测统计，原煤炭工业局发布了列为国家煤炭行业标准的综采工作面支护强度，现加以简述。

(1) Ⅰ~Ⅲ级基本顶的额定支护强度下限，按式（4-10）计算：

$$p_H = 72.3M + 4.5C + 78.9B_c - 10.24N - 62.1 \tag{4-10}$$

式中 p_H——额定支护强度下限，kPa；

M——工作面煤层采高，m；

C——基本顶周期来压步距；

B_c——控顶宽度，其值为梁端距加上顶梁长度，m；

N——直接顶厚度与采高之比。

(2) Ⅳ级基本顶额定延米支护强度下限按式（4-11）计算：

$$R_H = [241\ln(C_0) + 52.6M - 15.5N - 455]B_cC_k \tag{4-11}$$

式中 R_H——额定延米支护强度下限，kN/m；

C_0——基本顶初次来压步距，m，可按 $C_0 = 2.45C$ 计算；

C_k——备用系数，$Ⅳ_a$ 级基本顶，取 $C_k = 1.2 \sim 1.3$；$Ⅳ_b$ 级基本顶，取 $C_k = 1.4 \sim 1.6$。

式（4-10）、式（4-11）的计算结果，经调整后列入表4-2中。

表4-2 顶板分类对支架额定支护强度及延米支护阻力要求

基本顶级别		项目						
		额定支护强度/kPa					延米支护阻力/(kN·m^{-1})	
		Ⅰ	Ⅱ	Ⅲ	$Ⅳ_a$	$Ⅳ_b$	$Ⅳ_a$	$Ⅳ_b$
采高 M/m	1	390	420	470	610	750	2745	3375
	2	440	490	530	720	800	3240	3600
	3	500	550	580	830	970	3735	4365
	4	570	680	680	935	1050	4200	4810

注：对于Ⅳ级基本顶的液压支架，应同时满足表4-2中延米支护强度要求，因此，可以利用表4-2采用查表法，来设计液压支架的额定工作阻力。

(3) 液压支架额定工作阻力计算：

已知支护强度，则必需的液压支架额定阻力可按式（4-12）计算：

$$Q_s = p_H B_c S_c / K_s \tag{4-12}$$

式中 Q_s——液压支架额定阻力，kN/架；

S_c——液压支架中心距，m；

K_s——液压支架支撑效率，一般选取范围：支撑式支架，0.90~0.95；支掩式掩护支架，0.65~0.75；支顶式掩护支架，0.80~0.90；支撑掩护式支架，0.80~0.95。

（四）实测统计法

实测结果表明，在支架工作的每一个循环中，支架与围岩的相互作用，一般均呈现初撑增阻、相对平衡和移架前增阻3个阶段。若初撑增阻值为 ΔP_1，移架前增阻值为 ΔP_2，

则增阻值为 $\Delta P=\Delta P_1+\Delta P_2$，其占总增阻值的大部分。支架最大工作阻力大致为 $P_m=P_0+\Delta P$，第一、三阶段的支架增阻是由于采动及支架卸载引起的上覆岩层活动加剧，顶板压力大于支护系统支撑力所致。而处于相对平衡的阶段时，支架支撑力与顶板压力处于均衡状态。通常第一、三阶段的时间较短，一般不超过0.5~1.0 h，第二阶段持续时间较长。如果支架额定工作阻力略大于相对平衡阶段所需要的工作阻力，就可保证一个循环中绝大部分时间内支架与围岩处于相对平衡，顶板弯曲下沉和破坏都比较小，能有效控制顶板。

大量统计表明，当支架初撑力低于支架—围岩相对平衡的阻力时，同一循环的支架时间加权平均工作阻力 P_t 与相对平衡阶段工作阻力相接近。

支架的时间加权平均工作阻力在每一个循环中是不同的，它是一个随机变量。据对一些工作面进行统计，时间加权平均工作阻力服从正态分布，因此支架合理工作阻力 P 可用下式表示：

$$P=P_t+k\sigma \tag{4-13}$$

式中 σ——标准均方差，kN；

k——置信度系数。

若允许有3%的支架时间加权平均阻力大于额定工作阻力，而使安全阀开启，则 k 值约为2，故上式为

$$P=P_t+2\sigma \tag{4-14}$$

若以支架最大工作阻力 P_m 作为统计值，则 k 可取1~1.3，支架合理工作阻力 P 为

$$P=P_m+(1\sim1.3)\sigma_m \tag{4-15}$$

当总体不服从正态分布时，也可参照以上原理，确定支架的额定工作阻力。当工作面有明显基本顶来压现象时，应按来压期间统计的支架阻力，来确定合理的工作阻力。

以上为以某一煤层的工作面实测数据为例，计算该工作面的合理工作阻力值，但确定支架的额定阻力值时，还应考虑其支架具体架型，同时，应以大量工作面统计值作为依据。应当指出，上述计算一般应用在支架初撑时的阻力低于支架—围岩平衡必需的阻力时，计算结果比较准确，而对于高初撑力支架，结果可能偏高。

对我国120多个综采工作面测压数据统计可知，不同类别顶板及不同架型的工作面液压支架实测工作阻力见表4-3。

表4-3 我国液压支架实测工作阻力

项目 \ 分类	顶板类别								架型					
	Ⅰ		Ⅱ		Ⅲ		Ⅳ		支撑式		掩护式		支撑掩护式	
	P_m	P_t	P_m	P_t	P_m	P_t	P_m	P_t	P_m	P_t	P_m	P_t	P_m	P_t
平均值/kN	2060	1523	2214	1733	3326	2626	5255	2725	2270	1599	1801	1363	3725	2855
均方差/kN	668	654	1185	952	1309	1010	1810	996	928	629	717	512	1488	858
最大值/kN	3450	3000	7600	6120	7950	3688	7950	3688	4429	3060	3400	2360	7950	4330
平均值与额定值之比/%	57.8	38.2	68.6	53.4	80.7	62.0	90.12	49.55	77.9	56.5	66.3	51.6	72.8	53.4

随着顶板类别的提高，支架工作阻力不呈正比增大，而是随顶板类别的提高，支架工作阻力明显增大，Ⅰ、Ⅱ、Ⅲ、Ⅳ类顶板的阻力值比为 1 : 1.3 : 1.7 : 2.6。

如按实测统计法，确定我国各类别顶板液压支架合理工作阻力，Ⅰ~Ⅳ类顶板液压支架工作阻力分别为2.4~2.8、3.0~3.6、4.0~4.8和6.0~7.2 MN/架。从增加支架结构强度可靠性出发，则液压支架工作阻力分别为3.6~4.0、4.2~4.8、5.2~6.0和6.6~7.6 MN/架。

（五）临界阻力法

临界工作阻力是指使支架—围岩处于相对平衡状态所必需的最低支架阻力。大量实测资料及调压试验表明，支架初撑力 P_0 与时间加权平均阻力 P_t 或末阻力 P_m 之间存在如下回归关系：

$$P_t = A_t + B_t \ln P_0 \tag{4-16}$$

$$P_m = A_m + B_m \ln P_0 \tag{4-17}$$

式中 A_t、B_t、A_m、B_m——分别为经验公式常数。

初撑力与时间加权阻力、末阻力关系曲线均为凸形曲线，其特点是 P_t、P_m 起初随 P_0 增大而迅速增长，随后增长速度逐渐减缓，具体如图 4-7 所示。

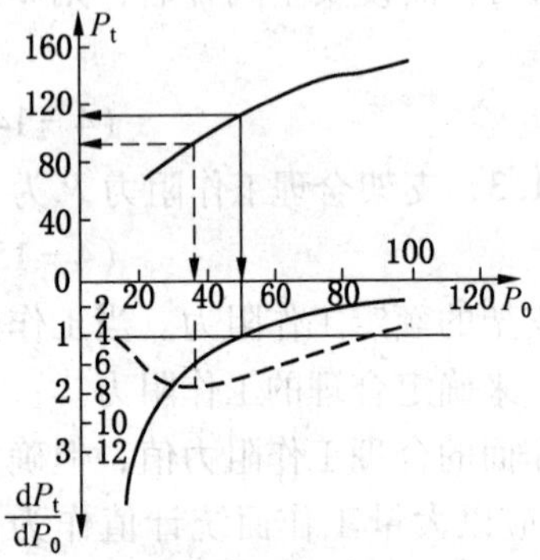

图 4-7 初撑力与时间加权阻力、末阻力关系

由曲线的最大曲率点可决定支架最低临界初撑力 P_{0k1}，即

$$P_{0k1} = 0.71B_t \tag{4-18}$$

由曲线的等速变化点可决定支架最高临界初撑力 P_{0k2}，即

$$P_{0k2} = B_t \tag{4-19}$$

临界初撑力确定后，与之对应的时间加权阻力或循环末阻力，也可由下式求出，即

$$P_{tk} = A_t + B_t \ln P_{0k} \tag{4-20}$$

$$P_{mk} = A_m + B_m \ln P_{0k} \tag{4-21}$$

临界阻力对于一定地质技术条件是相对稳定的值，因此在无实测资料的情况下，可根据地质、技术条件，按下述回归方程预计：

支护强度：

$$q_{0k} = 42.7M + 7.5C + 22l_s - 87 \tag{4-22}$$

$$q_{tk} = 38.6M + 9.3C + 24l_s - 24 \tag{4-23}$$

每延米支护强度：

$$R_{0k} = 151M + 31C + 204l_s - 792 \tag{4-24}$$

$$R_{tk} = 271.5M + 32.8C + 308l_s - 1109 \tag{4-25}$$

式中 q_{0k}、q_{tk}——临界初撑支护强度和时间加权临界支护强度，kPa；

R_{0k}、R_{tk}——每延米临界初撑支护强度和每延米时间加权临界支护强度，kPa；

C——周期来压步距，m；

l_s——控顶宽度，m；

M——煤层采高，m。

为保证生产稳产、高效，避免机道顶板破碎及移架中顶板下沉速度急剧增加，求取支架的初撑支护阻力 P_0 时，应将 P_{0k} 乘以安全系数 K_1。对于稳定、中等稳定及不稳定顶板，K_1 分别取 1.1、1.2 及 1.35，则 P_0 为

$$P_0 = K_1 P_{0K} \tag{4-26}$$

自移支架的额定工作阻力 P_H 应以 P_{tk} 为基础，并考虑安全系数 K_2，K_2 取 1.52。

$$P_H = K_2 P_{tk} \tag{4-27}$$

求得支架支护强度必须满足在额定支护强度以内，具体见表 4-4。

表 4-4　支架额定支护强度

采高/m	1.0	1.5		2.0		2.5		3.0	
周期来压步距/m	<10	10	20	10	20	10	20	10	20
$p_0/(\mathrm{kN\cdot m^{-2}})$	160	191	290	218	320	246	346	276	377
$p_H/(\mathrm{kN\cdot m^{-2}})$	306	335	475	364	504	393	533	422	497
p_0/p_H/%	52	57	61	59	63	62	65	65	76

对于无观测数据的煤层，支架额定工作阻力同样可根据地质、技术条件估算，即

$$q_H = 58M + 14C + 36(l_s - 1) \tag{4-28}$$

$$R_H = 410M + 49C + 460l_s - 1660 \tag{4-29}$$

一般认为额定支护强度在 400 kPa 以下的支架为轻型支架，额定支护强度高于 600 kPa 的支架为重型支架。应根据不同条件，选择合理的额定工作阻力，达到既经济，又可靠的效果。

（六）砌体梁理论分析法

砌体梁学说认为，工作面支架的作用应及时支撑控顶区内直接顶岩层，以避免直接顶和基本顶离层而破碎。同时，要对上覆岩层可能形成砌体梁结构的基本顶以作用力，用以平衡其部分载荷，避免其沿工作面形成切顶及大量的台阶下沉。由于支架的工作阻力不可能改变基本顶以上岩层的主要位移状态，因此，支架的受力条件应考虑满足支架必要的可缩量。

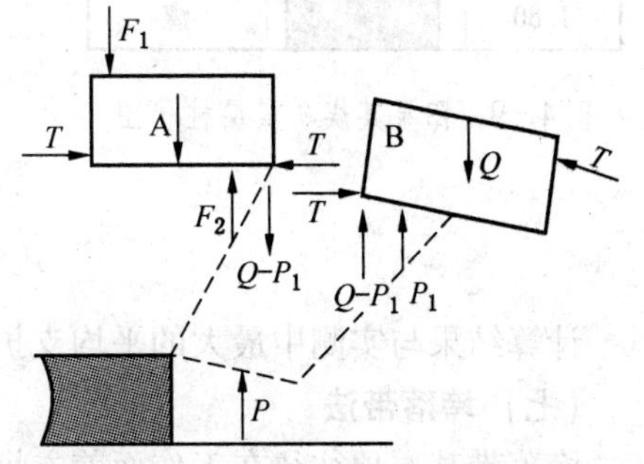

图 4-8　上覆岩层断裂时的受力情况

如图 4-8 所示，当 A 岩块前端断裂瞬间，为协助 B 块实现平衡结构，合理的支护强度为

$$p_H = \sum_{i=1}^{n} h_i\gamma_i + \left[2 - \frac{C\tan(\varphi - \theta)}{2(H - \delta)}\right] Q/l_m \tag{4-30}$$

式中　p_H——合理的支护强度，kPa；

φ——岩块间摩擦角；

θ——岩块破断角；

H——基本顶岩层厚度；

δ——B 岩块回转下沉量；

Q——B 岩块的重量及载荷。

举例：阳泉矿务局某煤矿的煤层柱状图如图4－9 所示。实际测定的周期来压步距为 11.5 m，控顶距 l_m 为 4 m，首先确定可自身平衡的岩层为 4.24 m 厚的砂岩层或 2.02 m 厚的石灰岩层。

令岩块间的摩擦因数 $\tan\varphi = 0.8$，$\delta = H/6$，先考虑 2.02 m 厚的石灰岩层不能形成平衡结构，则支架为保持 $\sum F_y = 0$，应具有的附加力 P_1 为

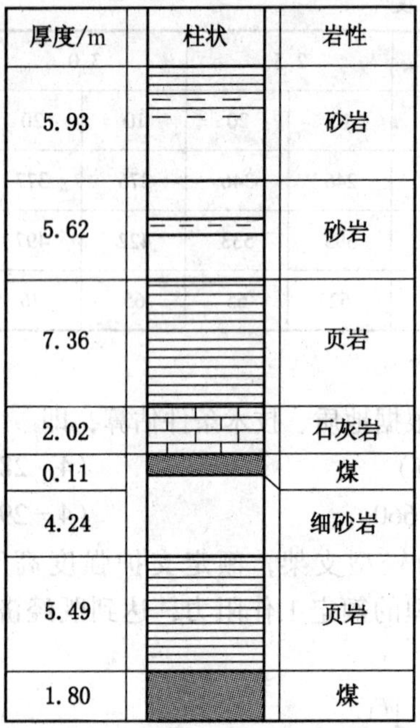

图 4－9　阳泉某煤矿煤层柱状图

$$P_1 = \left[2 - \frac{C\tan(\varphi - \theta)}{2(H - \delta)}\right]Q = -2080 \tag{4-30-1}$$

上式中，$\gamma = 25\ \mathrm{kN/m^3}$，$\theta = 0°$，$P_1$ 为负值，说明 2.02 m 厚的石灰岩可实现自平衡，不需要支架提供补充的支撑力，以保持其平衡。

再分析 4.24 m 厚的砂岩层，设周期来压由此岩层形成，则附加力 P_1 为

$$P_1 = \left[2 - \frac{11.5 \times 0.8}{2(4.24 - 0.70)}\right] \times 11.5 \times (4.24 + 0.11) \times 25 = 876(\mathrm{kN}) \tag{4-30-2}$$

式（4－30－2）说明必须对 4.24 m 厚的砂岩层施加 876 kN 的附加力，才能使岩层断裂回转时不发生滑落失稳。如再考虑支架应承受的直接顶载荷，则支架应具备的工作阻力为

$$P = \sum h\gamma l_m + P_1 = 1426(\mathrm{kN})$$

支护强度为

$$p = \frac{P}{l_m} = 356(\mathrm{kPa})$$

计算结果与实测中最大的平均支护强度（$250 \sim 420\ \mathrm{kN/m^3}$）接近。

（七）垮落带法

垮落带基本顶往往在工作面前方煤壁内断裂。随着工作面的推进，一方面，基本顶前端断裂面露出煤壁；另一方面，基本顶岩块旋转、下沉、触矸。当基本顶后端触矸时，基本顶岩块可能发生再断裂。由此可见，当垮落带基本顶岩块前端已露出工作面煤壁，后端又未触矸时，基本顶岩块的全部重量要由采场支架承担，如图 4－10 所示，对支架而言，这是最不利条件。此外，采场支架还要承担支架上方直接顶岩层的重量。因此，支架的工作阻力即为垮落带岩层的重量，即支架工作阻力为

$$P = \frac{L_a\left(\gamma h L'_Z + \sum_{i=1}^{n} \gamma_{1i} h_{1i} L_{1ki}\right)\cos\alpha \cdot K}{\eta'} \tag{4-31}$$

式中 L_a——每架支架所控制的工作面长度，m/架；

γ——垮落带直接顶岩层平均重度，kN/m^3；

h——垮落带直接顶厚度；

L'_Z——直接顶岩梁的长度，$L'_Z = L_d + L_h + L_{ZX}$；

L_d——端面距，m；

L_h——顶梁和前梁长度之和，m；

L_{ZX}——支架后直接顶悬顶长度，页岩为1.0 m，砂岩为2.0 m；

n——垮落带最上面的基本顶分层数；

γ_{1i}——垮落带中第 i 层基本顶及其附加岩层的平均重度，kN/m^3；

h_{1i}——垮落带中第 i 层基本顶岩块的厚度；

L_{1ki}——垮落带中第 i 层基本顶岩块的长度，计算时取实际数据，若无，可参考下列数据：基础岩层厚1.5 m时取6 m，岩层厚2 m时取10 m，岩层厚2.5 m时取14 m，岩层厚3.0 m时取18 m；

α——煤层倾角，(°)；

K——安全系数，估算经验丰富、钻孔资料充分时取1.1，否则取1.2～1.5，甚至更大，一般取1.1～1.5；

η'——考虑立柱不垂直顶梁及掩护梁上有载荷的系数，支撑式取100%，支掩式取85%～90%，短梁掩护式取60%。

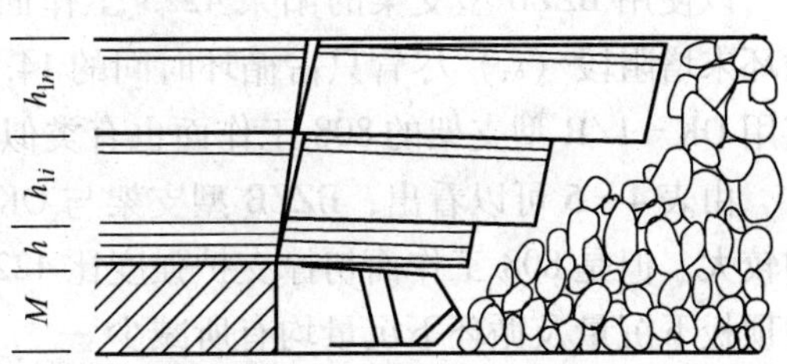

图4－10 支架承受垮落带岩重

注意 L_{1ki} 的确定：

（1）最上分层岩块长度与周期来压步距一致，周期来压步距一般在10～18 m之间，个别超过20 m。

（2）绝大多数情况是上分层岩块长度大于下分层岩块长度。

（3）同一岩性，厚岩层往往还分若干分层。

（4）按基础岩层的岩性不同，L_{1ki} 可适当增减。例如，厚2.2 m的细砂岩，其 L_{1ki} 可取13 m；厚2.2 m的砂页岩，其 L_{1ki} 可取11 m或12 m。

二、初撑力确定

（一）初撑力 P_0 的重要作用

初撑力在支架参数中有重要地位，其对顶板控制的重要性已得到普遍认同。初撑力的作用主要表现在以下方面：

（1）初撑力维持直接顶的重力平衡，避免发生离层冒落。如果支架的初撑力大于或等于平衡直接顶载荷所需要的力，且可以擦顶移架，则移架造成的顶板下沉波动可大大减小，从而直接顶的破坏也可显著减小。

（2）初撑力不仅能避免直接顶离层，而且可压缩顶梁—顶板、底座—底板之间的浮煤、浮矸，从而增大支撑系统的刚度，减少顶板的早期下沉。因此，适当提高初阻力（自移支架初阻力等于初撑力）对不稳定顶板的控制十分重要。

以使用 BZZB 型支架的阳泉 4223 工作面为例，由于初阻力低，初撑增阻段（t_1）及循环末增阻段（t_3）尽管只占循环时间的 14.6%，此段下沉量却占总循环下沉量的 55%；使用 OK－1/R 型支架的 808 工作面也有类似情况。

由表 4－5 可以看出，BZZB 型支架与 OK－1/R 型支架的初撑力均偏低，顶板下沉量均较大。但是 808 工作面初撑支护强度比 4223 工作面提高 1.7 倍，相对 4223 工作面积累的顶板下沉量及循环下沉量均有所减少。

表 4－5　初阻力对顶板下沉影响实例（阳泉矿区）

<table>
<tr><th rowspan="2">工作面</th><th rowspan="2">架型</th><th rowspan="2">顶板岩性</th><th rowspan="2">顶板动态</th><th colspan="2">时间平均阻力</th><th colspan="2">实测初撑力</th><th rowspan="2">末阻力占额定值/%</th><th rowspan="2">3.6 m 处顶板下沉量/mm</th><th colspan="2">循环下沉量</th></tr>
<tr><th>kN</th><th>kPa</th><th>kN</th><th>kPa</th><th>S</th><th>S₁</th></tr>
<tr><td rowspan="2">4223</td><td rowspan="2">BZZB</td><td rowspan="2">中等稳定</td><td>平时</td><td>1010</td><td>234</td><td rowspan="2">520</td><td rowspan="2">118</td><td>12</td><td>154</td><td>30</td><td>10</td></tr>
<tr><td>周期来压</td><td>1440</td><td>332</td><td>23</td><td>234</td><td></td><td></td></tr>
<tr><td rowspan="2">808</td><td rowspan="2">OK－1/R</td><td rowspan="2">中等稳定（页岩、砂页岩）</td><td>平时</td><td>960</td><td>253</td><td rowspan="2">760</td><td rowspan="2">200</td><td>0</td><td>106 *</td><td rowspan="2">24</td><td rowspan="2">5</td></tr>
<tr><td>周期来压</td><td>1230</td><td>325</td><td>8.6</td><td>139 *</td></tr>
<tr><td>808</td><td>OK－1/R</td><td>稳定（砂岩）</td><td>周期来压</td><td>1350</td><td>357</td><td>760</td><td>200</td><td>30.8</td><td></td><td>24</td><td>5</td></tr>
</table>

注：* 为距煤壁 3.0 m 处顶板下沉量；S_1 为循环内初撑增阻阶段下沉量；S 为一个移架循环的总下沉量。

（3）初撑力对工作面的实际支架阻力起决定作用，特别当额定阻力较高时表现更加明显。很多综采工作面的实际工作阻力与初撑力非常接近。

多年来，我国从定量上研究了初撑力与工作面实际阻力（平均阻力及末阻力）的关系，主要研究成果如下：

一是，初撑力对支架增阻量及增阻率的影响。

$$\frac{\Delta P}{P_0}=0.036+\frac{111.2}{q_0}\quad (R=0.76,27\text{ 个工作面})\tag{4－32}$$

式中　R——相关系数，以下相同。

二是，初撑支护强度对支架实测平均支护强度的影响。

$$q_t=125+0.86q_0\quad (R=0.74,53\text{ 个工作面})\tag{4－33}$$

$$q_m=127.4+1.06q_0\quad (R=0.82,33\text{ 个工作面})\tag{4－34}$$

$$\frac{P_t}{P_0}=0.83+\frac{10.24}{q_0}\quad (R=0.76,52\text{ 个工作面})\tag{4－35}$$

$$\frac{P_m}{P_t}=1.119+\frac{89.6}{q_0}\quad (R=0.702,35\text{ 个工作面})\tag{4－36}$$

$$K=\frac{P_t}{P_0+P_m}=0.467+\frac{7.33}{q_0}\quad (R=0.602,27\text{ 个工作面})\tag{4－37}$$

三是，初撑力对顶板下沉和端面破碎度的影响。

$$h_0=20.45+\frac{724.5}{q_0}\quad (R=0.46,18\text{ 个工作面})\tag{4－38}$$

$$E = 10.52 + \frac{1122}{q_0} \quad (R = 0.44, 23\text{ 个工作面}) \tag{4-39}$$

式中 h_0——每米推进度、每米采高的顶板下沉量，mm/(m·m)；

E——端面顶板破碎度（空穴率）,%。

四是，初撑力对时间加权平均阻力及末阻力的影响关系。

在同一工作面或同一煤层，围岩条件相同时，支架阻力与相关常数具有如下对数关系：

$$P_t = A_t + B_t \ln P_0 \tag{4-40}$$

$$P_m = A_m + B_m \ln P_0 \tag{4-41}$$

式中 A_t、B_t、A_m、B_m——取决于围岩条件、采高、控顶宽度的常数；

P_0、P_t、P_m——相对应的支架阻力。

以上回归公式可参考图4-11~图4-17。

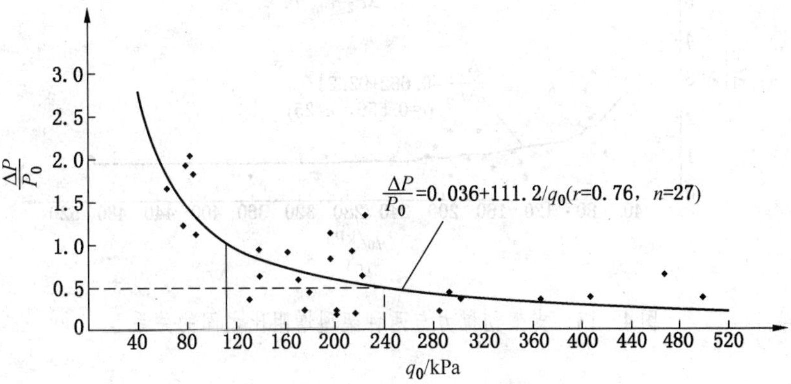

图4-11 支架初撑力与增阻率之间的关系

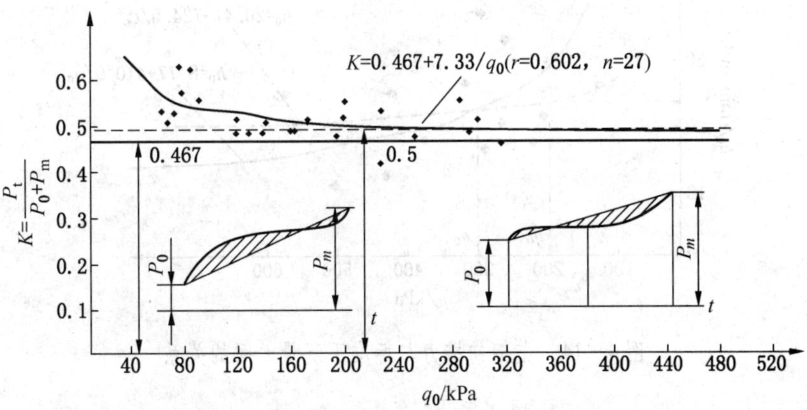

图4-12 支架初撑力与比值K之间的关系

由上可知，随着初撑力的增加，一个作业循环内（采煤或移架循环）的实际支撑阻力（平均阻力及末阻力）均明显增加，顶板下沉及破碎度减小，但随初阻力的进一步增大，上述阻力及顶板状况的变化幅度减小。

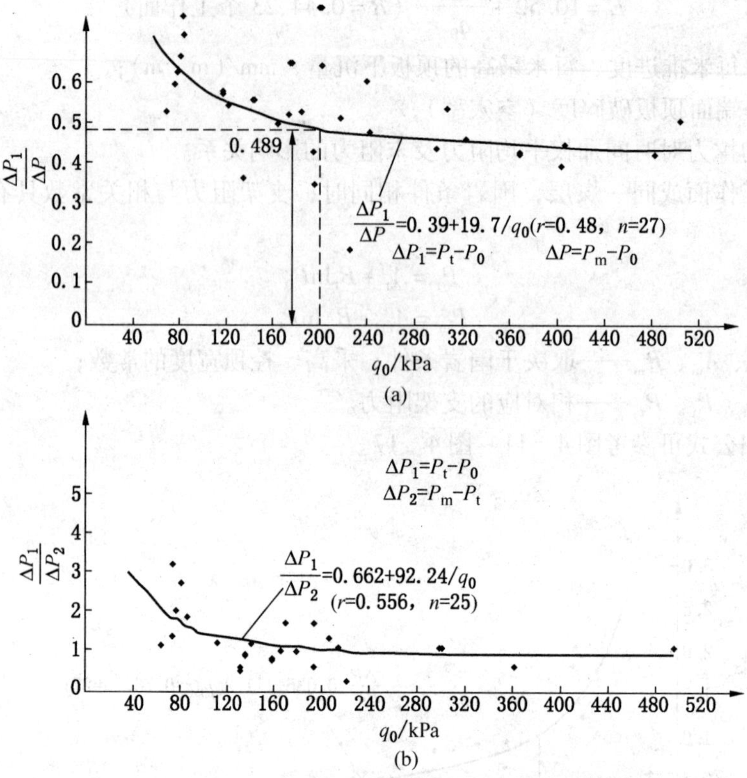

图4－13　支架初撑力与两种架型增阻比之间的关系

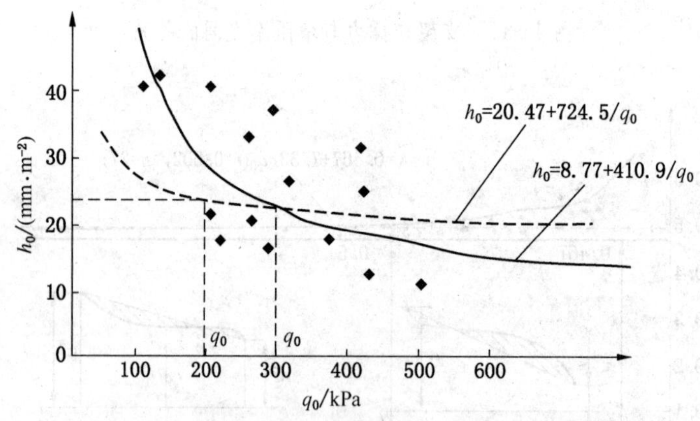

图4－14　支架初撑力与标准下沉量之间的关系

（4）初撑力基本上决定了支架—围岩的工作状态和从不平衡到平衡的发展过程。大量观测记录表明，工作面自移支架的压力—时间曲线有以下几种主要类型：

①一次急增阻型，即急增阻—微增阻或连续急增阻。

②二次急增阻型，即急增阻—微增阻—急增阻。

③微增阻型，即无急增阻段。

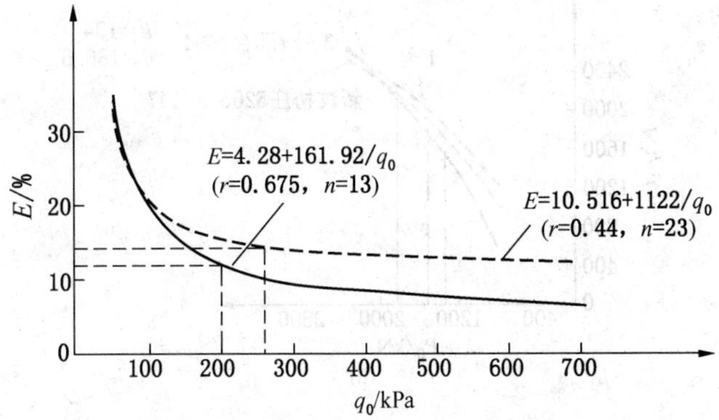

图 4-15　初撑支护强度与顶板破碎区破碎度之间的关系

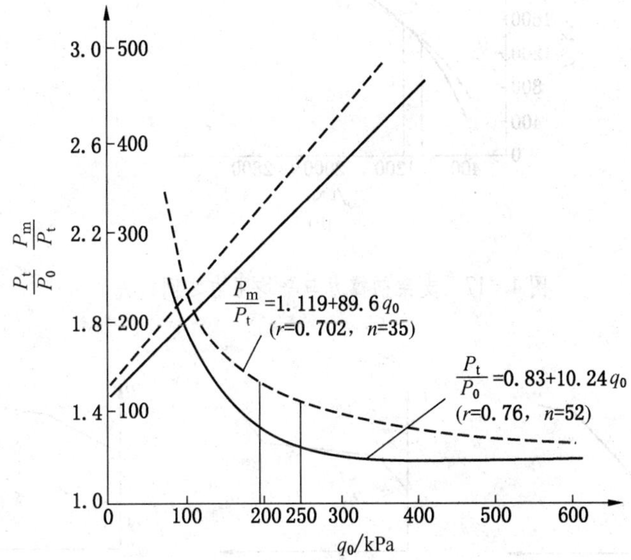

图 4-16　初撑支护强度与增阻率之间的关系

④微增阻—恒阻型。

⑤初撑—降阻—微增阻型。

前 3 种是最常见的类型。一次急增阻型中最不利的是连续急增阻。连续急增阻意味着支架初撑力不足，并且在一个作业循环内难以实现支架与顶板的相对平衡。二次急增阻型，表示支架初撑力略低于支架与顶板平衡所需的值（即小于临界值）。经过顶板下沉、支架下缩而增阻后，支架与围岩进入相对平衡状态，即处于微增阻阶段，然后割煤移架时重新出现新的不平衡状态，出现循环末急增阻，这是支架与围岩的较为正常工作状态。第三、四种类型意味着支架实际初撑力偏高，支撑后立即进入相对平衡状态。甚至在个别情况下，使直接顶完全不下沉（安全阀不开启的恒阻型）。第五种类型特点是初撑力过高，但在顶底板浮煤、浮矸压缩过程中出现微降阻，随着顶板下沉后缓慢增阻。工作面自移支架的压力—时间曲线类型如图 4-18 所示。

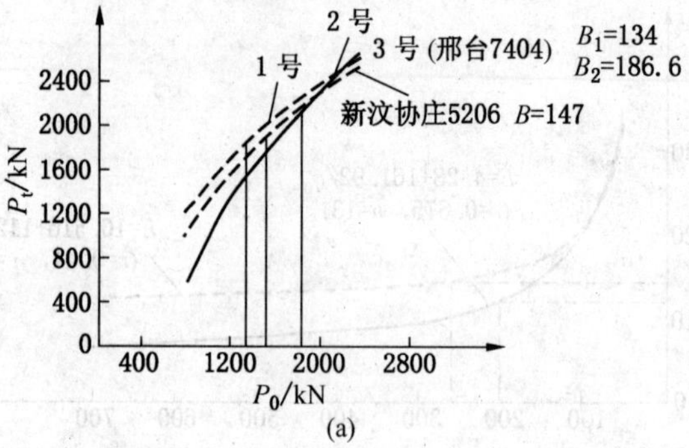

(a)

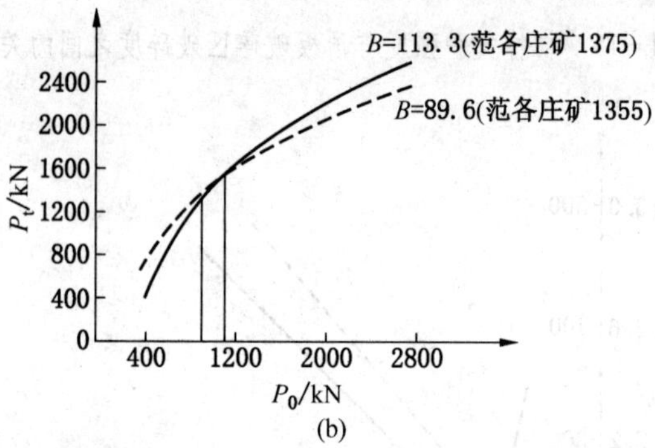

(b)

图4-17　支架初撑力与平均阻力之间的关系

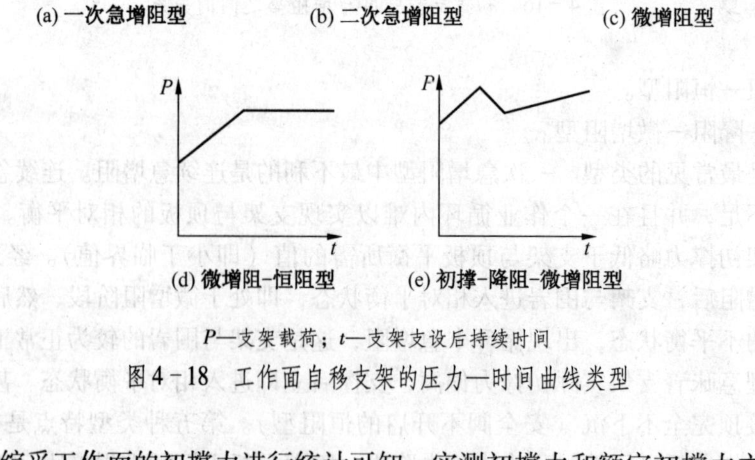

P—支架载荷；t—支架支设后持续时间

图4-18　工作面自移支架的压力—时间曲线类型

对44个综采工作面的初撑力进行统计可知，实测初撑力和额定初撑力之比为0.714，均方差为0.11。因此，设计时应考虑设计初撑力的利用率，一般设计初撑力高一些较好。

实际初撑力与设计初撑力的比值分布频率如图4-19所示。

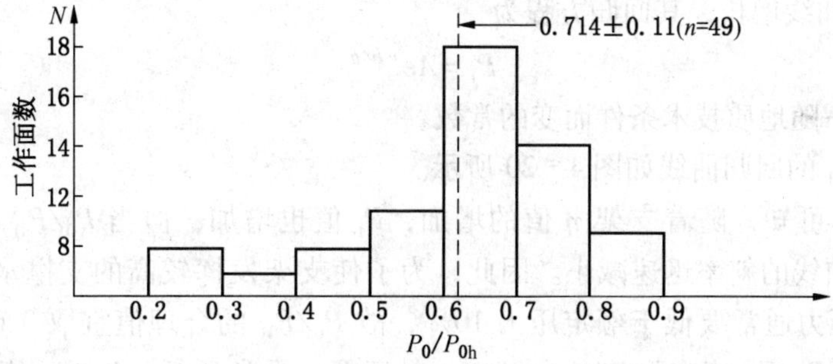

图4-19 实际初撑力与设计初撑力的比值分布频率

（二）初撑力 P_0 与额定工作阻力 P_H 间的合理配比关系

P_0 与 P_H 都是支架支撑能力的组成部分，它们的具体值都不同程度的影响支架实际支撑能力的发挥。为了使支架特性处于最佳状态，向顶板提供较高的实际支撑力，就应协调 P_0 与 P_H 的作用关系，使它们有一个合理的配比。

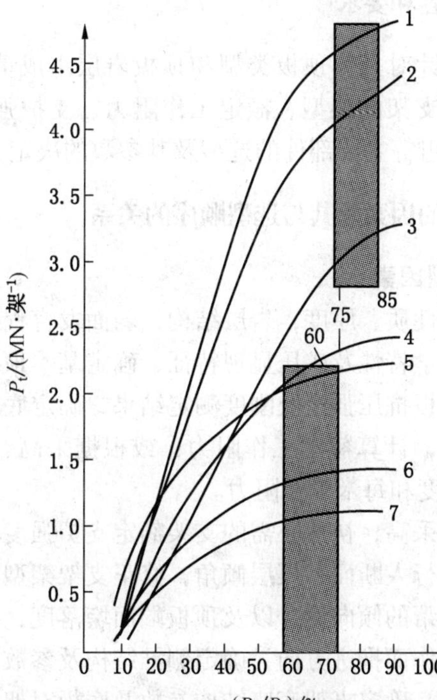

1—阳泉一矿506（Ⅱ类顶板）；2—石嘴山一矿2297（Ⅱ类顶板）；3—范各庄矿1375（Ⅱ类顶板）；
4—南屯矿8307（Ⅲ类顶板）；5—范各庄矿1477（Ⅱ类顶板）；
6—范各庄矿（Ⅰ类顶板）；7—南屯矿7304（Ⅱ类顶板）

图4-20 P_t 与 P_0/P_H 的回归曲线

根据对 44 个综采工作面统计可得，随着 $\eta = P_0/P_H$ 的增加，实测时间加权平均工作阻力 P_t 按指数曲线增长，其回归方程为

$$P_t = Ae^{-B/\eta} \tag{4-42}$$

式中 A、B——随地质技术条件而变的常数。

P_t 与 P_0/P_H 的回归曲线如图 4-20 所示。

由图 4-20 可知，随着支架 η 值的增加，P_t 值也增加；但当 P_0/P_H 值达到 60% ~ 85% 后，P_t 值曲线的斜率迅速减小。因此，为了使支架发挥较高的支撑水平，考虑到支柱安全阀开启压力通常要低于额定压力 10%，故 P_0/P_H 的合理值宜取 0.6 ~ 0.85。对于Ⅰ、Ⅱ类顶板，P_0/P_H 值宜取 75% ~ 85%；对于Ⅱ、Ⅲ类顶板，P_0/P_H 值取 60% ~ 75% 为宜。

初撑力的适当提高，并不会增加支柱的开启率，因为高初撑力可减少支架的增阻值，从而减少顶板下沉量及安全阀开启率。因此，液压支架的设计初撑力可按直接顶的分类来确定。但是，初撑力的确定不能离开它的前提，即要求支架额定工作阻力是合理的。

第三节　综采工作面液压支架选型

一、液压支架选型的内容和要求

液压支架架型选择是指针对具体顶板类型和顶板岩层组成情况，选择不同的支架类型。液压支架选型不仅包括支架的架型、额定工作阻力、支护强度等参数，而且涉及顶梁、护帮、底座、侧拉及阀组等主要部件的选型及其参数的决定。

二、影响液压支架选型的因素及其与选型顺序的关系

（一）影响液压支架选型因素

（1）根据顶板岩石力学性质、厚度，岩层结构，弱面发育程度确定直接顶类型。

（2）根据基本顶岩石力学特性及矿压显现特征，确定基本顶级别。

（3）根据底板岩性、底板抗压强度及刚度测定结果，确定底板类型。

（4）根据矿压实测数据，计算额定工作阻力；或根据采高、控顶宽度及周期来压步距，估算支架必需的支护强度和每米工作阻力。

（5）根据顶底板类型及采高，初选必需的支架额定支护强度，初选支架类型。

（6）考虑工作面风量、行人断面、煤层倾角，修正支架架型及相关参数。

（7）考虑采高、煤壁片帮的倾向性，以及顶板端面垮落度，确定顶梁及护帮结构。

（8）考虑煤层倾角及工作面推进方向，确定侧推结构及参数。

（9）根据底板抗压强度，确定支架底座结构参数及底板对架型参数的要求。

（10）利用支架参数优化程序（考虑结构受力最小），使支架结构优化。

（二）液压支架选型的顺序与影响因素关系

选型顺序与影响因素的相互关系可用图 4-21 表示。其中，最重要的是初选额定支护强度及初选架型。巷道及运输等有时对支架选型也有较大影响。

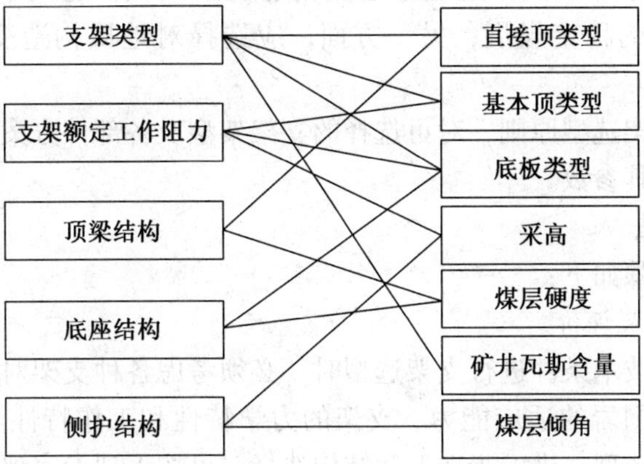

图4-21　支架选型顺序与影响因素的相互关系

三、液压支架选型方法

（一）分析比较法

根据矿山地质条件来分析、比较及决定支架各部分的类型及参数。液压支架选型原则如下：

（1）根据直接顶、基本顶的厚度、物理性质、层理和裂隙发育情况等，结合采高、开采方法等因素，确定支架的额定工作阻力、初撑力、几何形状、立柱数量及位置、移架方式、顶板覆盖率。下位顶板的稳定性对液压支架选型尤为重要。目前使用最广泛的架型为两柱支顶式掩护支架及支撑掩护式支架，前者可适用于基本顶为Ⅰ～Ⅱ级，动压系数为1.2～1.5，直接顶较稳定，采高小于5 m的煤层；后者主要适用于Ⅱ级以上基本顶，动压系数1.5 m以上，直接顶中等稳定以上的煤层。

（2）对于“三软”煤层，目前采取的架型有两柱掩护式支架，具体架型有两种：一种是短顶梁的支掩式托梁掩护支架，为了缩小控顶距可采用插底式支架；另一种是对顶板全封闭方式的支顶式掩护支架，可采用长侧护板的整体顶梁加伸缩梁，加大立柱的倾斜，以增大支架的指向煤壁的水平支撑能力。

（3）根据煤厚、变化范围及其规则程度，确定支架最大和最小高度、活柱伸缩段数、加高装置。结合煤层的强度和节理发育程度，确定是否采用护帮装置，以及护帮装置的形式和尺寸。煤层厚度小于2.7 m时，一般不使用护帮装置。

（4）煤层倾角主要用于确定支架稳定性，以确定防倒、防滑装置、锚固及调架装置的施工要求。

（5）底板抗压强度及平整程度，用于确定底座类型是整体刚性底座，还是弹性连接的分底座；根据底板载荷集度分布，确定底座面积，以及确定在软底时是采用减少底座端部载荷集度峰值的架型，还是采用插底式设置抬底座装置。

（6）依据煤层的瓦斯含量及释放方式，确定支架的最小过风断面是否能满足通风要求。

（7）确定全矿井内地质构造情况，特别是断层的落差、影响范围，陷落柱的范围和规律。一方面，应使综采区段布置避开地质构造复杂区域，适用于断层落差小于 1 m，最大不超过煤厚 1/2 的稳定煤层；另一方面，应选择对地质构造变化适应能力强的架型。

根据以上液压支架选型原则，对可选择的支架架型及各部件方案进行比较后，决定采取的具体支架类型及其参数。

（二）综合评分法

综合评分法的步骤如下：

1. 支架选型要素及评价

已知开采地质、技术条件进行支架选型时，必须考虑各种支架对围岩的适应性及力学特性，即反映支架对围岩的适应能力、支架的力学特性和工作特性。根据这些要素及评价，可初步进行支架选型；进一步选型和结构选择，可按下列专家评分法进行。

专家评分法的基本原则：

（1）某种支架形式或结构，如果对地质条件（直接顶、基本顶、底板类别、采高、倾角、煤壁片帮、瓦斯含量等）、技术条件的适应性最好或较好，可分别记 5 分、4 分；如果勉强可以用，记 3 分；如果适应性差或很差，分别记 2 分、1 分。

（2）支架的具体结构与一定地质、技术条件无关时，不参与评分，即不给予评分。例如，顶梁结构与底板类别可视为无关。

（3）除表 4－6 中列出的几种地质、技术条件外，还应考虑到煤层上、下部采动条件，工作面两侧开采条件、地质构造发育情况，深部开采等因素，在这些因素对生产影响明显时，可适当降低顶板类别来进行专家评分。当顶底板含水，使开采中底板积水时，可适当降低底板抗压强度来进行专家评分。

表 4－6　支架与围岩适应性专家评分表

开采条件		架型													
		掩护式支架			支撑掩护式支架		支撑式支架		顶梁形式			底座结构		侧推及防滑结构	
		①	②	③	(1)	(2)	节式	垛式	a	b	c	d	e	f	g
直接顶类别	1	5	4	4	3	3	2	2	3	4	5	3	4		
	2	4	4	5	4	4	3	3	4	4	5	3	4		
	3	1	2	3	5	5	4	4	5	4	3	4	2		
	4	1	1	2	5	5	4	4	5	4	2	5	1		
基本顶级别	Ⅰ	5	5	5	5	5	4	4	2	3	5				
	Ⅱ	3	4	5	5	5	4	4	3	4	5				
	Ⅲ	1	2	3	5	4	5	5	5	4	5				
	Ⅳ	1	1	2	5	3	3	3	5	4	4				

表4-6（续）

开采条件		架型													
		掩护式支架			支撑掩护式支架		支撑式支架		顶梁形式			底座结构		侧推及防滑结构	
		①	②	③	(1)	(2)	节式	垛式	a	b	c	d	e	f	g
底板类型	(1) 极软	4	4	3	4	4	5	5				3	5		
	(2) 松软	5	4	3	4	4	5	5				4	5		
	(3) 较软	5	5	5	5	5	5	5				5	4		
	(4) 中硬	5	5	5	5	5	5	5				5	2		
	(5) 坚硬	5	5	5	5	5	5	5				5	2		
采高/m	<1.4	1	2	4	3	3	4	4	4	3	1	4	4	3	3
	1.4~2.5	1	3	5	4	4	4	4	4	4	2	3	3	4	4
	2.5~3.5	4	5	5	5	5	3	3	3	4	4	4	3	4	5
	>3.5	5	5	5	5	5	2	2	2	4	5	4	5	4	5
矿井甲烷	高	2	3	5	5	5	5	5							
	中	3	4	5	5	5	5	5							
	低	5	5	5	5	5	5	5							
煤层硬度	$f<1$	5	4	4	4	4	2	2	3	4	5	3	4	5	5
	$f=1\sim2$	5	5	5	5	5	2	2	5	5	4	4	4	4	4
	$f>2$	5	5	5	5	5	3	3	5	5	4	5	4	4	4
煤层倾角/(°)	<20	5	4	5	5	5	3	3	5	5	5			4	3
	20~30	3	4	4	4	4	2	2	5	5	5			5	5
	>30	2	3	4	4	4	1	1	5	5	5			4	5

注：1. 掩护支架：①插底支掩式；②不插底支掩式；③支顶式。

2. 支撑掩护支架：(1) 支顶式；(2) 支顶支掩式，其中 a 为整体顶梁，b 为铰接顶梁，c 为可伸缩或折叠式顶梁（整体或铰接梁），d 为弹性分底座，e 为刚性整体底座，f 为顶梁侧推千斤顶，g 为顶梁底座侧推千斤顶。

2. 确定重要性系数

不同的架型结构与地质技术条件并非同等重要。例如，对于架型来说，首要的是直接顶、基本顶、底板，其他因素仅具有一般性。对于顶梁结构来说，首要的是直接顶的稳定性，其次是煤层硬度和采高等。初选的重要性系数见表4-7。

表4-7中重要性系数 $W=1.0$，表示一般重要；$W=1.5$，表示头等重要；重要性从大到小依次是1.3、1.2、1.1。

表4-7 重要性系数 W 举例

技术地质条件	架型	顶梁结构	底座结构	侧推结构
直接顶类别	1.5	1.5	1.1	1.1
基本顶级别	1.3	1.1	1.0	1.0

表4-7（续）

技术地质条件	架　型	顶梁结构	底座结构	侧推结构
底板类型	1.1	1.0	1.5	1.0
采高	1.0	1.2	1.1	1.3
矿井瓦斯	1.0	1.0	1.0	1.0
煤层硬度	1.0	1.3	1.0	1.2
煤层倾角	1.0	1.0	1.0	1.5

3. 架型和结构的选择要遵循的程序

（1）按 $Q_i = \sum W_i \cdot R_i$，计算给定地质、技术条件下的各种架型和结构的 Q_i 值。

（2）对所有 Q_i 值进行比较，Q_i 最大，即当 $Q_i = Q_{max}$ 时，则该结构和架型在给定条件下为最优。

4. 支架型式和结构选定后，需进一步完成的工作

（1）支架初撑力和工作阻力的确定。

（2）以结构件内力最小为目标函数，对支架结构参数进行优化。

5. 支架评分法选型计算举例

某煤矿煤层采高 3 m，直接顶 1 类，基本顶Ⅱ级，底板（2）级，煤层倾角 18°，煤层硬度系数 $f=1.5$，为高瓦斯矿井，试选择合理架型和结构（表 4-8）。

表4-8　支架评分法选型计算举例

架型及结构 / 地质技术条件	支架形式								顶　梁				底　座			侧推结构		
	掩护型			支掩型		支撑型		重要性系数										
	a	b	c	a	b	a	b	W_1	a	b	c	W_2	d	e	W_3	d	e	W_4
直接顶 1	5	4	4	3	3	2	2	1.5	3	4	5	1.5	—	—	1.1	4	4	1.1
基本顶Ⅱ	3	4	5	5	5	4	4	1.3	3	4	5	1.0	4	3	1.0	—	—	
底板类型（2）	5	4	3	4	4	5	5	1.1	—	—	—	—	4	5	1.5	—	—	
采高 3 m	4	5	5	5	5	3	3	1.0	3	4	4	1.2	4	3	1.1	4	5	1.3
矿井瓦斯高	2	3	5	5	5	5	5	1.2				1.0			1.0			
煤硬度 $f=1.5$	5	4	4	4	4	3	3	1.0	3	4	5	1.3	3	4	1.0	5	5	1.2
煤层倾角 18°	5	4	5	5	5	3	3	1.0	5	5	5	1.0			1.0	4	3	1.5
合计 $Q_i = W_iR_i$	33.3	32.2	35.3	35	35	27.7	27.7		20	25	28.8		20.7	22.2		21.6	21.4	

注：a ~ e 的具体含义见表 4-6；W_1 ~ W_4 为重要性系数。

按上述方法，具体综合评分步骤如下：

（1）按专家评分表 4-6，对各项条件，列出评分值 R_i。

（2）计算 $Q_i = \sum W_i \cdot R_i$。

（3）找出 $Q_i = Q_{max}$ 相应的架型和结构。

由表4－8，比较 Q_i 值，得出选型结论。

在上述地质技术条件下，通过综合评分法，得到如下结论：

（1）最优的支架架型是两柱掩护式c型，即支顶式掩护型，其次是支撑掩护型。

（2）顶梁c型，即具有可伸顶梁或折叠梁的结构最优，其次是有铰接梁的支架结构。

（3）底座结构，刚性底座较优。

（4）侧推结构，选用顶梁侧推千斤顶结构。

四、综采支架选型过程

（一）架型选择

液压支架架型的选择是否满足生产要求，主要取决于液压支架的力学特性能否适应矿井的顶底板条件（可参见《缓倾斜煤层采煤工作面顶板分类》）和地质条件，架型选择过程如下：

1. 确定基本顶级别和直接顶类别

基本顶级别和直接顶类别的确定方法见第一章第四节内容，在这里不再赘述。

2. 支架架型确定

参照表4－9，根据基本顶级别和直接顶类别，来确定支架架型，再根据基本顶级别和采高确定支护强度。

表4－9　基于基本顶级别和直接顶类别的支架架型

<table>
<tr><td colspan="2">基本顶级别</td><td colspan="3">Ⅰ</td><td colspan="3">Ⅱ</td><td colspan="4">Ⅲ</td><td colspan="2">Ⅳ</td></tr>
<tr><td colspan="2">直接顶类别</td><td>1</td><td>2</td><td>3</td><td>1</td><td>2</td><td>3</td><td>1</td><td>2</td><td>3</td><td>4</td><td colspan="2">4</td></tr>
<tr><td colspan="2">液压支架架型</td><td>掩护式</td><td>掩护式</td><td>支撑式</td><td>掩护式</td><td>掩护或支掩式</td><td>支撑式</td><td>支掩式</td><td>支掩式</td><td>支撑或支掩式</td><td>支撑或支掩式</td><td colspan="2">支撑（采高小于2.5 m）或支掩式（采高大于2.5m）</td></tr>
<tr><td rowspan="4">液压支架支护强度/（$kN \cdot m^{-2}$）</td><td>采高1 m</td><td colspan="3">294</td><td colspan="3">1.3×294</td><td colspan="4">1.6×294</td><td>>2×294</td><td rowspan="4">应结合深孔爆破、软化顶板等措施，处理采空区</td></tr>
<tr><td>采高2 m</td><td colspan="3">343（245）</td><td colspan="3">1.3×343（245）</td><td colspan="4">1.6×343</td><td>>2×343</td></tr>
<tr><td>采高3 m</td><td colspan="3">441（343）</td><td colspan="3">1.3×441（343）</td><td colspan="4">1.6×441</td><td>>2×441</td></tr>
<tr><td>采高4 m</td><td colspan="3">539（441）</td><td colspan="3">1.3×539（441）</td><td colspan="4">1.6×539</td><td>>2×539</td></tr>
</table>

注：1. 表中括号内数字是指掩护式支架顶梁上的支护强度。

2. 1.3、1.6、2是指增压系数。

3. 表中“采高”为最大采高。

（二）合理工作阻力的确定

液压支架工作阻力，直接影响液压支架的安全。为了确保安全生产，合理确定液压支架的工作阻力是十分必要的。

1. 液压支架合理工作阻力标准

液压支架具有合理的工作阻力，可达到顶板稳定性好、支护设备完好、技术经济指标好的效果，这三项效果也是液压支架合理工作阻力的标志。要确定液压支架工作阻力是否合理，必须从数量和质量上选取判定参数，确定液压支架工作阻力是否符合标准和使用要求。

1）顶底板允许的移近量（S）

顶底板允许的移近量，是指能保证在整个控顶区内顶板完整不破碎，不至于使煤壁产生裂缝，保证移架安全的顶底板移近量。在一定情况下，该移近量不会造成移架时顶板发生局部冒顶和抽条现象。在唐山矿南翼五煤层开采条件下，对液压支架初撑力做了试验，当液压支架初撑力较大时，距煤壁 3.6 m 处，顶底板移近量平均值为 230 mm，最大值为 293 mm，此时，顶板完整，沿煤壁顶板没有断裂，移架顺利；当液压支架初撑力较小时，距煤壁 3.6 m 处，顶底板移近量平均值为 260 mm，最大值为 293 mm，此时煤壁经常发生断裂。有时移架沿裂缝掉矸石，顶板不够完整。由上可见，使用液压支架距煤壁 3.6 m 处的顶底板移近量不宜超过 250 mm。根据观测资料，列出了一些矿井采煤工作面顶底板的允许移近量，具体见表 4-10。

表 4-10　一些矿井采煤工作面顶板岩性状况与顶底板的允许移近量

观测地点	直接顶特点	超过顶底板允许移近量后的顶板特征
平顶山五矿 1274 采煤工作面	砂质页岩，下部为薄层页岩	距煤壁 3.5 m 时，顶板移近量超过 130 mm，顶板普遍产生局部破碎
枣庄朱子埠矿 14 煤层	易垮落的泥质页岩	顶底板移近量达 160～170 mm，工作面空间靠采空区一侧的顶板经常出现破碎剥落
石炭井二矿 2313 采煤工作面	黏土岩，本身为节理发育的易垮落岩层	顶底板移近量达 170～210 mm，顶板中裂隙交错，发生掉渣
开滦林西矿 4881 采煤工作面	砂质页岩	顶底板移近量达 180～190 mm，顶板中裂隙纵横交错
开滦唐山矿五槽煤	易碎砂质页岩	顶底板移近量达 250 mm 后（控顶 3.5 m），顶板破碎
淄博夏庄矿 1085 采煤工作面	节理发育的砂岩	顶底板移近量达 240 mm 时，顶板即破碎、掉块
淮南谢二矿 C13 煤层	砂质页岩，质脆易冒	顶底板移近量达 330 mm 时，顶板多裂隙而破碎

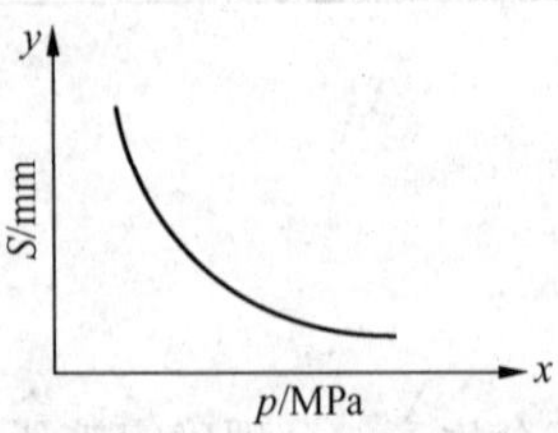

图 4-22　顶底板移近量与支架工作阻力关系曲线

大量的实测资料表明，当支架的工作阻力增加，顶底板移近量减少，它们之间呈双曲线关系，如图 4-22 所示。所以，从理论上可根据顶底板允许移近量，即曲线的最大曲率点，来求出液压支架的合理工作阻力。

根据我国研究人员所做的大量调查和研究，可将我国直接顶分为四类，并得出不同顶板状况的顶底板移近量与支护强度的关系，具体见表 4-11，可根据该关系，用具体的支护强度来确定液压支架合理的工作阻力。

2）顶板破碎度

顶板破碎度是指顶板冒落面积与全部顶板面积的比值，而端面顶板破碎度是指端面顶板冒落面积与端面顶板悬露面积之比。

表4-11 顶底板移近量与支护强度之间的关系

指 标	顶 板 分 类			
	1	2	3	4
	不稳定	中等稳定	稳 定	坚 硬
顶底板移近量/(mm·m^{-1})	>40	20~40	12~20	<12
支护强度/MPa	<0.25	0.25~0.50	0.50~0.85	>0.85

为简化计算，在应用顶板破碎度时，把面积之比改为端面冒顶宽度与悬顶宽度之比。经过对大量数据进行统计可知，这种面积比改为宽度比的做法，其误差可以忽略，是可行的。顶板破碎度计算模型如图4-23所示。

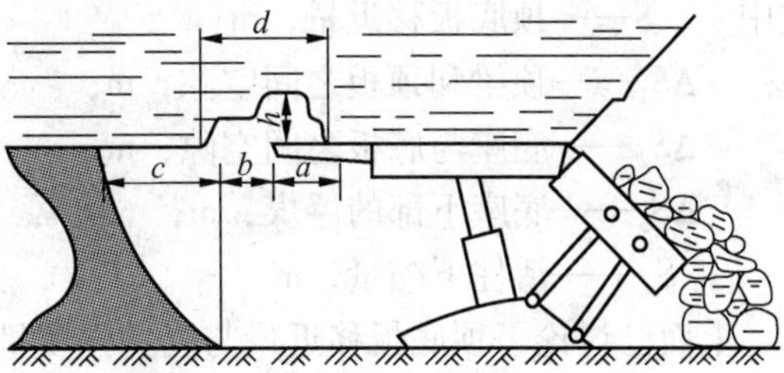

图4-23 端面顶板破碎度计算示意图

$$E = \frac{d}{s} = \frac{d}{a+b+c} \times 100\% \qquad (4-43)$$

式中 E——端面顶板破碎度,%；

d——冒顶宽度，m；

s——端面悬顶距，m，$s=a+b+c$，a为顶梁第一接顶点至顶梁前端的距离，m；b为端面距，m；c为片帮深度，m。

根据实际测定，端面顶板破碎度与断面距、直接顶的强度有关。在统计时规定，端面距为1 m时的端面顶板破碎度称为顶板破碎系数，用E表示。根据对联邦德国鲁尔矿区进行的大量测定，可将该矿区的顶板分为三大类，即当E为0~10%，一类顶板；E为11%~30%，二类顶板；E大于30%，三类顶板。对于三类顶板，无论从支架设计及生产管理上，均应使端面距尽可能小，以防止顶板冒落。

3）台阶下沉

生产实践表明，工作面内不出现顶板台阶下沉（或台阶下沉量不超过100 mm），则该工作面顶板状态是好的，也容易控制。

顶板台阶下沉量与支护强度有关：支护强度足够大时，一般不会出现顶板台阶下沉（或台阶下沉量超过100 mm）。因此，如果工作面内出现过大的顶板台阶下沉，就应提高采场支护强度。

对于顶板台阶下沉量，联邦德国有关学者研究认为，台阶下沉量大于100 mm的区段不大于工作面全长的10%时，顶板管理质量是好的。上述结论是针对原联邦德国煤层的顶板条件，以及使用的综采工艺做出的。

对顶板台阶下沉的研究工作，我国还开展得不足。当前，为保持顶板处于良好状态，工作面内应避免出现顶板台阶下沉（下沉量超过100 mm的顶板台阶下沉）。

4）端面冒高

端面冒高既与直接顶岩性有关，也与支护强度、支护方式有关。

联邦德国对端面冒高问题的研究，大于300 mm的端面冒高与支护强度有关；小于300 mm的端面冒高只与直接顶岩性有关，而与支护强度无关；提出当冒高值大于300 mm

的冒顶区段不大于工作面全长的 10% 时，顶板管理质量是好的。

当前，端面冒高的问题我们国家研究得很不够。为了保持顶板处于良好状态，其端面冒高控制值只能按我国的实践经验来确定，即综采工作面端面冒高不超过 300 mm。

5）活柱下缩量

活柱下缩量是采煤工作面顶底板移近量的一部分。因为顶板压力首先要压实顶梁和顶板之间的空隙，底座与底板之间的空隙和底座下部的浮煤，然后随着顶板压力的增加，当底板压力超过安全阀调整压力时，活柱才能下缩，它们之间的关系见式（4－44）。

$$S=\Delta S_1+\Delta S_2+\Delta S_3+S_m \tag{4-44}$$

式中　S——顶底板移近量，m；

ΔS_1——顶梁和顶板之间空隙，m；

ΔS_2——底座与底板之间空隙，m；

ΔS_3——底座下部的浮煤，m；

S_m——活柱下缩量，m。

上面已讨论了顶底板移近量与支护强度呈双曲线关系。由于活柱下缩量是顶底板移近量的一部分，所以活柱下缩量与支护强度也呈双曲线关系。在考虑液压支架合理工作阻力时，可以将其与顶底板移近量一起考虑。

6）工时损失

工时损失是指因回采设备故障造成的生产作业时间的损失。减少工时损失可以提高产量，提高设备利用率。使液压支架具有合理的工作阻力，可保证液压支架正常工作，减少设备故障，即减少工时损失。

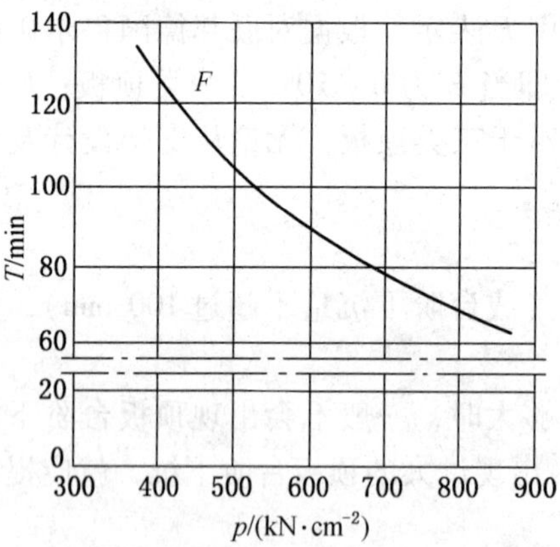

图4－24　难控顶板工作面液压支架额定工作阻力（p）提高时，日平均工时损失（T）变化情况

液压支架额定工作阻力（p）与工时损失（T）之间的关系可以用图4－24表示。从图4－24中可以看出，当液压支架工作阻力由 400 kN/m^2 提高到 900 kN/m^2 时，工时损失减少 51%。一个综采工作面年产量将提高 $7\times10^4\sim8\times10^4$ t。

7）安全阀开启情况

液压支架额定工作阻力取决于安全阀开启压力、缸径和立柱根数。随着安全阀开启压力的增加，活柱循环下缩量明显减少。因此，液压支架的工作阻力是否合理，取决于安全阀的开启率和开启时间，安全阀开启率越高，开启时间越长，液压支架工作阻力越低，所以液压支架工作阻力采取低安全阀开启率的原则是合理的，而液压支架立柱的可靠密封，可避免低压渗漏。

2. *液压支架合理工作阻力的确定*

我国液压支架合理支护强度的确定方法见本章第二节液压支架合理参数的确定。现主要介绍《综采技术手册》中有关综采支护强度的确定方法。《综采技术手册》提供了各类架型采高为 1 m、2 m、3 m、4 m 时的离散经验支护强度，具体见表4－9。因此，可通过插值法确定采高为 1～4 m 内的液压支架支护强度经验值，可按下式计算：

$$q_x = q_1 + (q_2 - q_1)\frac{h_x - h_{q1}}{h_{q2} - h_{q1}} \tag{4-45}$$

式中 q_x——当支架最大采高为 h_x 时，支架应有的支护强度，kN/m^2；

q_1——在架型选择表 4-9 中，与低于 h_x 但与之相邻的采高相对应的支护强度，kN/m^2；

q_2——在架型选择表 4-9 中，与高于 h_x 但与之相邻的采高相对应的支护强度，kN/m^2；

h_{q1}——q_1 所对应的采高，m；

h_{q2}——q_2 所对应的采高，m。

得到支护强度后，支架工作阻力可按下式计算：

$$Q = q_x b(l + c)/K_s \tag{4-46}$$

式中 Q——液压支架额定工作阻力，kN/架；

q_x——液压支架支护强度，kPa；

b——液压支架中心距，m；

l——顶梁长度，m；

c——端面距，m；

K_s——液压支架支撑效率，一般选取范围为：支撑式支架，0.90~0.95；支掩式掩护支架，0.65~0.75；支顶式掩护支架，0.80~0.90；支撑掩护式支架，0.80~0.95。

（三）支架高度范围的确定

支架的最大、最小高度的计算公式如下：

$$H_{max} = M_{max} + S_1 \tag{4-47}$$

$$H_{min} = M_{min} - S_2 \tag{4-48}$$

式中 M_{max}、M_{min}——煤层最大、最小采高，mm；

S_1——考虑伪顶冒落的最大厚度，对于大采高支架，S_1 取 200~400 mm，对于中厚煤层支架，S_1 取 200~300 mm，对于薄煤层支架，S_1 取 100~200 mm；

S_2——考虑周期来压时的下沉量、移架时支架的下降量和顶梁上、底板下的浮矸厚度之和，对于大采高支架，S_2 取 500~900 mm，对于中厚煤层支架，S_2 取 300~400 mm，对于薄煤层支架，S_2 取 150~250 mm。

支架的最大结构高度与最小结构高度之差称为支架的调高范围。调高范围越大，支架适用范围越广，但过大的调高范围给支架结构设计造成困难，导致支架可靠性降低。一般采高条件下，支架的最大、最小高度应符合表 4-12 的规定。当煤层采高有特殊需要时，支架高度参数可作适当的调整。因此，可根据支架高度范围和支架最大、最小高度对照表 4-12，综合确定支架的合理高度。

（四）初撑力的确定

初撑力对支架的支护性能和成本都有很大影响：较大的初撑力能使液压支架较快达到工作阻力，降低顶板的早期下沉速度，增加顶板的稳定性，但对乳化液泵站和液压元件的耐压要求较高。一般取初撑力为 0.6~0.85 倍的工作阻力。

表4-12　支架的最大、最小高度对照表　　m

H_{max}	H_{min}	H_{max}	H_{min}	H_{max}	H_{min}
1.00	0.50	2.00	1.10	3.80	2.00
1.10	0.55	2.20	1.20	4.00	2.10
1.20	0.60	2.50	1.30	4.20	2.20
1.30	0.65	2.80	1.40	4.50	2.30
1.40	0.70	3.00	1.50	4.70	2.40
1.50	0.75	3.10	1.60	5.00	2.50
1.60	0.80	3.20	1.70	5.30	2.60
1.70	0.90	3.30	1.80	5.50	2.70
1.80	1.00	3.50	1.90	6.00	2.80

（五）液压支架中心距和宽度的确定

液压支架中心距一般等于工作面一节溜槽长度。目前，液压支架中心距大部分采用1.5 m。为提高稳定性大采高支架中心距可选用1.75 m，为适应中小煤矿工作面快速搬家的要求，轻型支架中心距可选用1.25 m。

支架宽度是指顶梁的最小和最大宽度。宽度的确定应考虑支架的运输、安装和调架要求。支架顶梁一般装有活动侧护板，侧护板行程一般为170～200 mm。当支架中心距为1.5 m时，最小宽度一般取1400～1430 mm，最大宽度一般取1570～1600 mm。当支架中心距为1.75 m时，最小宽度一般取1650～1680 mm，最大宽度一般取1850～1880 mm。当支架中心距为1.25 m时，如果顶梁带有活动侧护板，则最小宽度取1150～1180 mm，最大宽度取1320～1350 mm；如果顶梁不带活动侧护板，则宽度一般取1150～1200 mm。

（六）梁端距和顶梁长度的确定

梁端距是指移架后顶梁端部至煤壁的距离。由于工作面顶板起伏不平造成输送机和采煤机的倾斜，以及采煤机割煤时垂直分力使摇臂和滚筒向支架倾斜，为避免采煤机割顶梁而留的安全距离，称之为梁端距。支架高度越大，梁端距也应越大。

当采用及时支护方式时，一般大采高支架梁端距应取350～480 mm，中厚煤层支架梁端距应取280～340 mm，薄煤层支架梁端距应取200～300 mm。

顶梁长度受支架形式、配套采煤机截深（滚筒宽度）、刮板输送机尺寸、三机配套关系、立柱缸径、通道要求、底座长度、支护方式等因素的制约。减小顶梁长度，有利于减小控顶面积，增大支护强度，减少顶板反复支撑次数，保持支架结构紧凑，质量减轻。

第四节　坚硬厚层难垮顶板的控制

我国大同、北京、鹤岗等不少矿区赋存坚硬厚层难垮顶板的煤层。所谓坚硬厚层难垮顶板是指煤层上方直接赋存或在厚度较薄的直接顶上覆盖厚层坚硬砂岩、砾岩或石灰岩岩层。该坚硬岩层强度大、裂隙少，能在采空区悬露较大面积而不垮落；基本顶初次来压步距可达50 m以上，悬露面积可大于4000 m^2，来压时矿压显现异常剧烈，对工作面安全生产造成很大威胁。这些坚硬岩层的分层厚度一般为 4～10 m，岩石的单轴抗压强度一般为 80～100 MPa，弹性模量为 20～40 GPa。岩石破坏常表现为脆性破坏，在破坏前无明显的塑性变形。

一、坚硬厚层难垮顶板工作面矿压显现规律

坚硬厚层难垮顶板的综采工作面，初次来压与周期来压步距大；不来压期间顶板压力小；来压时动压冲击较严重，支架后方有较大的悬板使支架受力不均，顶板垮落时块度大，对工作面支架产生冲击，容易损坏支架。

（1）坚硬顶板在采空区呈大面积垮落，因初次来压步距一般大于 50 m，整体厚砂岩、砾岩组合顶板，初次来压步距大于 60 m，个别达 100 m 以上，周期来压步距一般也达 20～50 m。因此，一次垮落面积少则数千平方米，多则数万余平方米。顶板呈整体性垮落，来压速度快，大量岩体突然垮落会造成暴风，威胁人身及设备安全。

（2）坚硬、厚层、难垮顶板的垮落块度大，碎胀系数小，一般为 1.01～1.1，因此顶板活动波及岩层层位高，时间长，大致可分为两期：

在前期活动中，采空区顶板随工作面推进而逐次分层垮落，顶板呈倒台阶状悬板，顶板在相对稳定时呈四边支撑的悬板，中部垮高大，达 20～25 m，四周为垮高小的弧状支撑。据对大同矿务局云岗煤矿 8305 工作面的观测可知，该工作面顶板板拱结构，靠自身结构维持平衡。

在采空区面积明显增大、高位岩层仍为坚硬岩层时，可能出现顶板后期活动，高位岩层呈整体一次性切冒，使原未垮落顶板与已塌陷岩层相接触，冒高又增高 20～40 m，靠近煤柱处形成明显的悬板。

（3）工作面周期来压有大小周期之分：下位岩层活动，在小范围内发生，工作面产生不明显的小周期来压；上位岩层活动，只会发生在大范围悬顶之后，对工作面产生强度较大的周期来压。如大同四老沟煤矿 830 工作面，顶板为厚层砂岩，夹有薄层砾岩，初次来压步距 102 m，小周期来压步距为 14.6～51 m，三次大周期来压步距分别为 147.3 m、118.4 m、83.3 m。

（4）当顶板来压时，采空区顶板频繁响动，工作面支架载荷明显增大，安全阀不断动作，煤壁片帮，支柱内腔液压出现瞬时增阻 20～30 MPa，最大内压可达 60 MPa 以上，每次冲击时间仅为 0.01～0.02 s。根据大同矿务局云岗煤矿 8305 工作面测定的结果，当工作面推进距为 94.5 m，采空面积为 14000 m^2，采空区垮高由 0.9 m 增加到 15 m，顶板裂缝最高位置距离煤层 33.6 m，厚度较大的顶板在短时间内集中垮落。

（5）顶板来压时，支架后柱的增阻速度和增阻值明显大于前柱。由于安全阀来不及开启而发生的立柱爆裂事故主要发生在后柱，但后排支柱的压力也是分布不匀。

根据大同矿务局四老沟煤矿 8207 工作面 108 d 观测结果可知，由于经常有 4～6 m 的悬顶出现，致使后柱压力为前柱压力的 1.5 倍。支柱工作阻力对悬顶宽度和断裂线位置有较大影响：当支柱工作阻力较低时（约小于 4500 kN/架），顶板来压期间顶板切断线往往前移至机道上方，工作面内顶板有平行煤壁的裂缝出现，导致台阶下沉和局部冒顶。提高支架的切顶能力，将使支架的受载状况得到改善。

（6）顶板断裂岩块在回转下沉过程中，对支架产生水平冲击力，该水平冲击力主要

作用在垛式支架的尾梁或支撑掩护式支架的掩护梁上。垛式支架抗水平冲击力的能力较差，易造成立柱向煤壁弯曲损坏；支撑掩护式支架的四连杆机构虽可承受一定的水平冲击力，但冲击力较大时，也会引起支架朝煤壁方向移动，甚至使推移输送机的千斤顶损坏，顶起输送机机槽，破坏掩护梁与顶梁的连接。

二、坚硬厚层难垮顶板的控制措施

为避免坚硬厚层难垮顶板大面积悬露后发生突然垮落，常在采煤方法上采取留煤柱或用充填物支撑的方法，如采用刀柱、房柱、条带法回采，利用局部充填带支撑顶板等。这些开采方法不但煤损大，而且当开采面积很大时，由于煤柱被破坏，会产生顶板大面积垮落。

根据国内外处理坚硬厚层难垮顶板的经验，一般采取以改变坚硬厚层难垮顶板的垮落性能，促使其增加弱面，形成坚硬厚层难垮顶板内的高应力集中区，改变其结构支撑条件，使其在较小的面积和较短时间内就能垮落的措施。主要措施有：高压预注水弱化顶板、超前深孔预爆破松动煤体或预裂顶板、采空区深孔爆破强制放顶和采用高阻力切顶支架。

实践中，也可结合巷道布置、采煤工艺以及预测预报等手段对坚硬厚层难垮顶板进行综合治理，现将有关方法分述如下。

（一）高压预注水弱化顶板

通过钻孔向顶板注压力水，促使坚硬厚层难垮顶板改变其物理力学性质，成为可垮落顶板。这一工艺比较简单，可产生明显效果。高压预注水弱化顶板方法已在山西大同、潞安及鹤岗等矿区得到广泛应用。

1. 顶板注水孔布置方式

在沿工作面推进方向上，一般应在开采前进行超前注水，使岩石有湿润软化的时间。有时在工作面超前支承压力带再次注水更加有效，它能利用支承压力形成的采动裂隙，加速破坏岩体的完整性；有时在坚硬岩层位于采空区上方仍未破坏时也可进行注水，但应对注水孔采取保护措施，使孔口及封孔段不产生破坏。

从工作面运输巷、回风巷向顶板打深孔，进行高压注水，其钻孔的布置方式及参数如图 4－25 所示。

主要注水参数包括孔距、孔径、孔的水平转角及仰角、孔深等。

孔距与湿润半径有关，一般情况下孔距可选择为湿润直径的 2/3～3/4。大同矿区的孔距一般采用 20～40 m。

孔径根据封孔方法而异：用橡胶封孔器时，孔径为 60～62 mm；用砂浆封孔时，孔径为 90～115 mm。

钻孔的水平投影与巷道的水平夹角一般为 65°～75°，这样可使工作面逐步接近和进入注水影响区。

钻孔仰角则根据钻孔布置要求而定：单层孔布置时，钻孔仰角一般不超过 20°；双层孔布置时，上层孔角度可适当大一些。

顶板注水高度与注水效果有直接关系，注水区离煤层太近或太远均不利于注水效果，而且一个钻孔的孔底与封孔段底部距离煤层的高度也是不同的。注水区应距离煤层 5 m 以

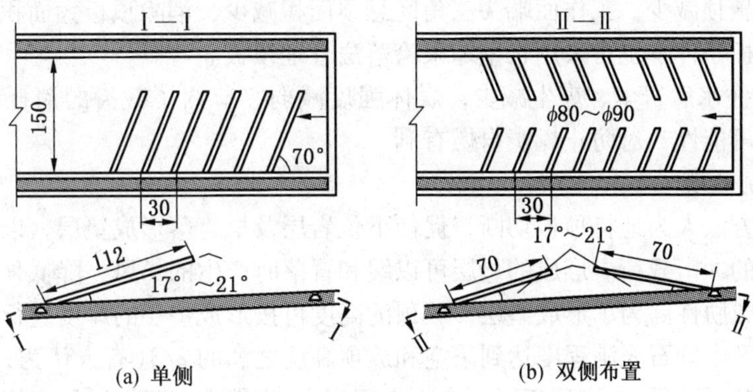

图4-25　顶板注水孔布置方式示意图

上，否则会造成顶板不易维护。注水区的上限一般为15～25 m，其应与顶板活动规律相适应。

注水量直接影响注水效果。注水量过小，顶板得不到充分湿润与软化；注水量过多，会使直接顶过于破碎。一般根据经验确定注水量，在大同矿区厚层砂岩顶板条件下，注水量一般为200～350 m^3/孔，砾岩孔顶板条件下，注水量多一些，可达1000 m^3/孔。具体注水量应根据现场情况而定，若出现明显漏水或周围煤岩有渗水，应立即停止注水。

注水压力主要取决于设计注水压力，并与注水段长度、孔径、岩石渗透系数有关。对大同矿区厚砂岩顶板注水实测可知，若泵的流量为2 m^3/h、注水孔长度为70 m，9～10 MPa的高压水将岩体压裂后，注水压力将降低，稳定的注水压力为3～6 MPa。孔内的破裂压力与岩体的节理裂隙发育情况，与岩石的强度及应力状态有关。

2. 顶板高压注水的作用

压力水对顶板岩石主要有压裂与软化两方面的作用。水对顶板的压裂作用包括使岩层增加裂隙，扩展裂缝、使层理分离，减小缝隙间黏结力等。岩石试块浸水后强度降低幅度大小与试块有无裂隙有关。在实验室对含裂隙的粗砂岩进行浸水试验，其强度减少系数为57%，而无明显裂隙的相同岩性的试件强度减少系数为28%～40%。

岩石一般都具有吸水软化特征，但软化程度不同。只有达到一定软化程度时，即软化系数较小时，应用软化法处理坚硬顶板才有意义。由试验可知，黏土胶结的砂岩比碳酸盐胶结的砂岩强度降低更大，两者强度平均降低率为43%及19%。节理裂隙发育的岩石浸水软化效果明显。此外浸水时间越长，岩石中水分越高，强度越低。

3. 顶板高压注水弱化效果

利用顶板高压注水使难垮落的坚硬顶板软化，减少顶板活动对工作面形成的冲击载荷，实现安全生产，实践证明这是一项有效而简便易行的技术方法。

（1）顶板注水软化后，岩体的整体性被削弱，采空区顶板呈分层、分次垮落，垮落高度增大，垮落块度减小，碎胀系数增加，垮落角增大，基本顶初次来压及周期来压步距缩短，如大同矿务局晋华宫矿3号煤层工作面，不注水时初次来压步距为120～150 m，注水后初次来压步距一般为79～84 m。

（2）顶板注水后，动压系数减少，消除来压冲击载荷，来压显现缓慢，避免了支架损坏，采空区悬顶减少，工作面端头三角区悬顶面积减少，消除顶板大面积冒落的恶性事故，使坚硬顶板条件下也可采用长壁综采垮落法管理顶板。

(3) 顶板注水后岩尘、煤尘减少，煤体强度减弱，节约了截齿的消耗量，降低了产生冲击地压的可能性，对防止煤炭自燃有利。

(二) 强制放顶

用爆破的方法人为地将顶板切断，促使下位岩层及早垮落形成垫层，以减轻顶板大面积垮落时形成的冲击载荷。形成的垫层可以缓和冒落时产生的暴风，降低顶板大面积垮落对安全生产的威胁性。为了形成垫层，放顶的高度可按形成垫层的厚度进行计算。实践经验表明，采空区中矸石充满程度达到采空和放顶高度之和的2/3(有人认为,采空区中矸石充满程度,应使坚硬厚层难垮顶板下的自由空间高度,不得大于坚硬厚层难垮顶板基础岩层厚度的1/2),就可避免过大冲击载荷、防止形成暴风,因此,放顶高度可按下式进行计算:

$$H=\frac{3M}{3k-2} \tag{4-49}$$

式中 H——放顶高度;

k——爆破后形成岩块的碎胀系数;

M——采高。

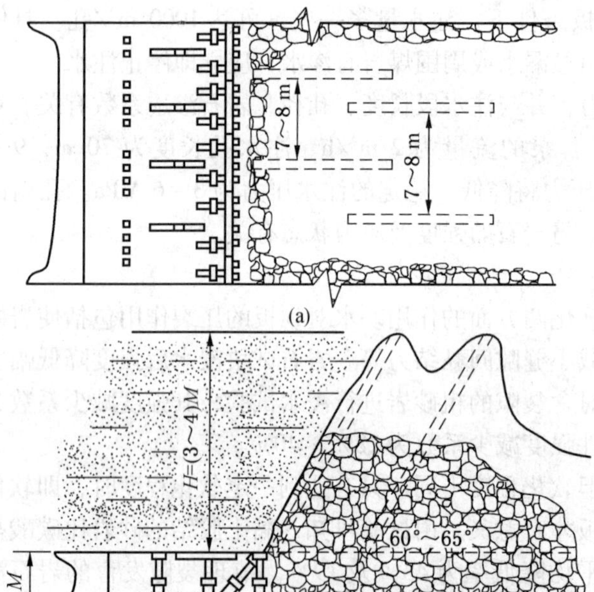

图4-26 "步距式"深孔放顶

强制放顶方法有以下几种:

(1) "循环式"浅孔放顶。对周期来压不严重的顶板，每1~2个作业循环在工作面放顶线上打1.8~3.0 m深的一排钻孔，眼距1~5 m，孔径35 mm，倾角65°~70°，装药量150 g。"循环式"浅孔放顶的主要作用是爆破后破坏顶板的完整性，形成矸石垫层。

(2) "步距式"深孔放顶。对来压规律性强、易掌握其来压步距的顶板，在初次来压或周期来压前，沿工作面向顶板打1~2排深孔，进行放顶。"步距式"深孔放顶的主要作用是切断顶板，避免顶板大面积一次冒落。再配合浅孔放顶，则可更有效地控制顶板的来压强度。如图4-26所示为2排深孔，孔径60~64 mm，孔距6~8 m，孔深一般为2.5~3.5倍采高，装药量8~10 kg，封泥长度约1 m，通过连续两次爆破，在顶板形成一定宽度的沟槽，用以改变悬板边缘的支承条件，促使顶板沿放顶线及时垮落。

(3) 台阶式放顶。台阶式放顶实质与步距式放顶完全相同，只是为了便于安排采煤工作面中的回采工艺，将切顶线上的两排钻孔，按上、下两部分分开。第一个循环先放一半工作面的顶板，第二个循环再放另外一半。这样上、下交替放顶，形成台阶状。

（4）超前深孔预爆破松动顶板。对于综采工作面，由于在工作面内无法设置打顶眼的设备，可在工作面运输巷、回风巷内分别向顶板打深孔，如图4－27所示。在工作面未采到以前进行爆破，预先破坏顶板的完整性。

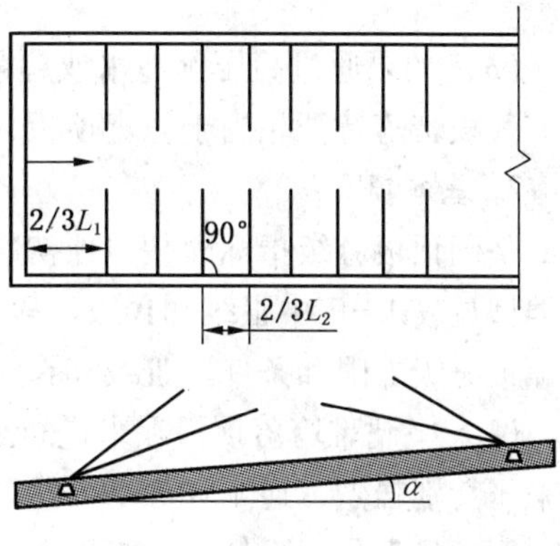

图4－27　超前深孔预爆破松动顶板

超前深孔预爆破松动顶板的钻孔布置形式原则上与高压预注水孔类似。根据国内外一些矿井的实践经验，当工作面长度80～100 m时，采用从顺槽单向打钻布置方式；当工作面长度大于100 m时，则从工作面运输巷、回风巷双向向顶板钻孔。

钻孔的水平转角（与巷道的夹角）一般可按60°～120°布置，这样可使工作面逐渐通过爆破松动中心线，减小冒落块度，并减轻周期来压的有害影响。

钻孔倾角13°～40°，直径为60～75 mm。

钻孔的长度取决于工作面的长度及钻孔、装药的设备能力。孔底到爆层的垂直距离主要由坚硬岩层的厚度、层位、采高、炸药爆破能力来决定的，该距离一般为采高的6～8倍。

装药量则按工作面长度和岩石硬度等因素确定，有时装药量可达250～400 kg。

超前深孔预爆破松动顶板方法的优点：对煤层地质条件、顶板岩性的适应性强，特别是构造发育的采区。不需专用的特殊设备，可降低顶板来压步距和来压强度，消除顶板大面积来压引发的危险。与回采生产工序相互之间基本无干扰，可实现安全高效生产。它的缺点：大药量爆破污染井下空气，由于岩体松动的冒落块度或钻孔方向掌握不好，爆破可能破坏下部顶板岩层，引起工作面控顶困难。

这种方法的适应条件比较广泛，但在高瓦斯矿井中应用时，应采取防止瓦斯和煤尘爆炸的必要措施。措施之一是用水炮泥封孔，在钻孔装药后，装入充满水的塑料袋（长4～6 m，孔径略小于钻孔），然后装填炮泥封堵钻孔，炸药爆破后，使水汽化，吸收了爆破的有害气体，消除了火花产生的可能性。

三、坚硬厚层难垮顶板控顶设计

（一）坚硬顶板的分类、分级

各矿区坚硬顶板的岩石强度、厚度和开采深度不同。因此，不能将坚硬顶板完全划归成一类。考虑到进行岩层控制设计时应有明确的针对性，应按照我国的围岩分类准则，对坚硬顶板的直接顶和基本顶进行类别划分。

1. 直接顶分类

煤炭行业标准《缓倾斜煤层采煤工作面顶板分类》（MT 554—1996），根据直接顶稳定性的不同，将直接顶分为4类，即不稳定、中等稳定、稳定和非常稳定四类，具体见表1－6。对于坚硬厚层难垮顶板，应重点关注表1－6中后两类直接顶的相关指标。

（1）对于坚硬难垮顶板，如果初次垮落步距大于50 m，则应归属于无直接顶类，煤层之上即为基本顶。

（2）如果初次垮落步距在28～50 m之间，按分类标准，则该直接顶属于非常稳定顶板。

（3）如果通过高压预注水或超前松动爆破，其初次垮落步距降低到 18～28 m 之间，则该顶板垮落特征相当于稳定顶板，顶板控制设计应与其稳定性相适应。

2. 基本顶分级

坚硬顶板分级指标即基本顶初次来压平均当量 p_e，p_e 计算依据式（1－1），基本顶分级类型见表 1－7 中Ⅲ级和Ⅳ级。表 1－7 中Ⅲ级和Ⅳ级给出了基本顶来压强烈和十分强烈的顶板分级界限和条件。Ⅲ级和Ⅳ级顶板包括以下特征：

（1）坚硬难垮落顶板在未进行弱化处理前一般属于Ⅳ级。其中，厚砾岩和厚砂岩顶板来压特别强烈，通常属于Ⅳb 级。例如，大同矿区的 2 号和 3 号煤层，通过高压预注水，压力显现程度降低，相当于Ⅳa 级。

（2）坚硬难垮顶板还包括岩石强度较高或中等，但岩层厚度大、完整性好的顶板。该类顶板通过高压预注水或深孔强制爆破，基本顶压力显现程度显著降低。该类顶板可划入直接顶，属于稳定顶板类别和基本顶来压Ⅲ级（强烈）的级别。

（3）处于浅部开采（采深 100 m 左右）的一些矿区，如我国西部和印度某些煤田，岩层强度中等，但岩层厚度高、整体性强，工作面顶板一般出现滞后垮落，基本顶初次来压或第一次周期来压十分强烈，有时直接塌落至地表，引起地表水急速侵入工作面，危害较大。对该类顶板控制的重点是通过预处理或强制爆破，削弱顶板的整体性。

（二）坚硬顶板工作面液压支架选型

坚硬顶板工作面液压支架选型，应根据直接顶类别、基本顶压力显现级别和底板抗压特性综合确定。坚硬顶板工作面液压支架选型可参考表 4－13。

表 4－13　部分围岩类型与支架选型

直接顶类别		2	3	4		无直接顶
基本顶来压级别		Ⅰ，Ⅱ	Ⅲ	Ⅰ，Ⅱ，Ⅲ	Ⅱ，Ⅲ	Ⅳ
底板类别		A，B	A，B	A，B	C，D	D，E
液压支架	1	支掩掩护型	支撑掩护型	支撑掩护型	支撑掩护型	强力支撑掩护型(短顶梁,大流量安全阀),顶板进行弱化处理
	2	支顶掩护型	支顶掩护型	支顶掩护型	支顶掩护型	

在对坚硬顶板工作面液压支架选型时，应注意以下事项：

（1）对于Ⅳ级基本顶，进行顶板控制必须有特殊设计。例如，顶板必须进行弱化处理；采取高阻力液压支架（推荐支撑掩护式支架）；配备大流量安全阀和对液压立柱采取抗冲击结构，不可采用单体液压支柱支护等。

（2）对于Ⅱ、Ⅲ级基本顶和 4 类直接顶，液压支架不需要采取特殊设计，可以在掩护支架和支撑掩护支架之间进行选择。

（3）支架结构，包括掩护梁结构，应能适应大块垮落岩石的冲击和外载合力作用点的变化范围。

（三）坚硬顶板采煤工作面长度设计

坚硬难垮顶板初次破断时，瞬间所有断块全部冒落，冒落引发强烈冲击（矿震）和暴风。只有在基本顶呈正“O—X”型破断、基本顶周边断裂线离采空区煤壁较近，且基本顶下自由空间高度较大时，才可能产生全部断块瞬间冒落。

由于断裂线距煤壁的距离与坚硬难垮顶板的分层厚度有关（越厚可能距离越远），又与煤层的硬度有关（越硬可能距离越近），这些是无法改变的。但是，只要控制了基本顶破断形式和基本顶下方的自由空间高度，就可避免坚硬难垮顶板破断冒落产生的危害。为了解决厚层难冒顶板下自由空间高度问题，可以采用钻眼爆破或高压注水等方法，松动碎裂部分厚层难冒顶板，使自由空间高度达到生产要求，这在本节的“坚硬厚层难垮顶板的控制措施”中已经介绍。下面主要介绍关于坚硬难垮顶板工作面长度问题。

研究表明，工作面长度与坚硬难垮顶板的破断形式有关。工作面长度 L 与基本顶初次断裂步距 C_0 满足 $C_0/L<1$，基本顶的破断呈竖“O—X”型破断形式；如工作面长度 L 较小，导致基本顶初次破断时 $C_0/L>1$，基本顶的破断将呈横“O—X”型破断形式；当工作面长度 L 与基本顶初次断裂步距 C_0 接近时，基本顶的破断才呈正“O—X”型破断形式。

表 4-14 为大同矿区出现正“O—X”型破断的情况。

表 4-14　大同矿区出现正“O—X”型破断的情况

矿　　名	工作面名称	工作面长度/m	初次来压步距/m
四老沟	2 号 8203 工作面	110	102.3
	2 号 8207 工作面	150	159.7
	2 号 8209 工作面	150	144.8
	2 号 8611 工作面	100	120.5
	2 号 8613 工作面	104	122
晋华宫	2 号 8317 工作面	84	85
	3 号 8117 工作面	144	134.3
	7 号 81008 工作面	100	100
雁崖	3 号 81404 工作面	117	133
	14 号 8903 工作面	120	110
	14 号 8913 工作面	110	106.7

坚硬难垮顶板呈竖“O—X”型破断时，只有上下两断块易冒落，但有不冒落断块的牵制，瞬间冒落的可能性减少。

坚硬难垮顶板呈横“O—X”型破断时，只有左右两断块易冒落，虽然冒落断块也受牵制作用，但它使采场上方顶板不能沿工作面推进方向形成砌体梁结构，对整个生产过程不利。因此，只有加大工作面长度，令基本顶初次破断呈竖“O—X”型，才能有利于安全生产。

由表 4-14 中的数据可以看出，坚硬难垮落顶板工作面长度与基本顶初次断裂步距基本相同。岑传鸿教授和窦林名教授等认为，为使坚硬难垮落顶板初次破断呈竖“O—X”型，坚硬难垮落顶板条件下的工作面长度应大于初次破断步距 50 m 以上，而且大得越多越好。

（四）支架工作阻力、初撑力

坚硬厚层难垮顶板下支架合理工作阻力的确定准则：在采场支架最困难的工作状态下，能有效保持控顶区内顶板的稳定性，也就是说，支架阻力能使岩梁（板）在切顶线处达到其极限抗拉强度，使顶板顺利地冒落在采空区，而不威胁采场控顶区。支架的合理初撑力确定准则：在支架初撑力作用下，能保持直接顶以及一次冒落厚度的基本顶各分层间始终不发生离层；同时，在经济有利的条件下，缩小初撑力与工作阻力之间的差值，以便降低顶板破断冲击时的阻力波动，提高支架的让压性能。

根据以上分析，就可以按照本章第三节中的支架选型方法，设计支架的工作阻力和初撑力。支架的额定工作阻力设计以合理工作阻力为依据，再考虑地质条件等随机因素的影响，需要有 20% 到 30% 的富余量。

坚硬顶板的支架初撑力的确定还应考虑减少支架受冲击时的阻力波动：如果初撑力与支架工作阻力差值太大，则非来压期间与来压期间支架阻力差值太大，动载系数过高，不利于保护安全阀。而且，坚硬顶板条件下支架初撑力均匀，是避免基本顶来压剧烈时，使少数支架突然破坏的重要措施之一，所以使用初撑力保持阀有重要意义。

第五节　综采放顶煤开采顶板控制

综采放顶煤是开采厚煤层的一种回采工艺，它具有产量大、效率高、成本低、布置简单等优点。

我国自 1982 年开始研制综采放顶煤液压支架，1984 年投入井下试验以来，综采放顶煤开采技术已有很大发展，取得了丰富的开采经验。

一、综采放顶煤支架的特点及适用条件

一般综采放顶煤支架可分为 4 种类型，分别为高位、中位、低位、轻型放顶煤液压支架。下面对这 4 种放煤支架特点及适用条件分别加以介绍。

（一）高位放顶煤液压支架

高位放顶煤液压支架是指采用单输送机、短顶梁、掩护梁开天窗高位放煤的掩护式支架。这类支架的特点如下：

（1）支架结构简单，采煤机割煤和放落顶煤由一部输送机运出，端头维护空间小，整个工作面设备布置与普通长壁工作面相同，便于维护管理，减少事故发生。

（2）支架的长度较短、结构紧凑，稳定性和封闭性均较好。

（3）掩护梁放煤口尺寸较大，有利于顶煤的放出，但是放煤口位置高，遗煤多，采出率较低，煤尘大，支架通风断面较小，使防灭尘工作量增大。

（4）由于顶梁短（约 1.2 m），放煤口距煤壁较近，因此对煤层冒放性的要求较高：一方面，要求梁端顶煤完整，不冒顶，不片帮；另一方面，要求在顶梁后的顶煤破碎，即顶煤可经放煤口能顺利放出。

（5）放煤槽在放煤状态时与底座呈 35°夹角，难以达到 40°。当仰采角度为 10°时，就开始出现放煤流动不畅、向左右溢出，大部分落在输送机上、采空侧，严重影响放煤工序的进行和顶煤的放出。

（6）支架在放煤时，正常人行通道基本上被切断，减少了工作面安全出口。

（7）采放同用一部输送机，不能前、后平行作业，影响煤炭产量的提高。

高位放顶煤液压支架可分为插底板式单输送机放顶煤液压支架和不插底板式单输送机放顶煤液压支架。插底板式单输送机放顶煤液压支架底座长，底板比压分布平均，前端比压小，也适用于俯采。但是，增大了设备配套的复杂性和事故率，而且支架底座插在输送机下面，抬高了溜槽，装煤效果不好；放煤状态时无行人通道。不插底板式单输送机放顶煤液压支架前端对底板比压大，特别是在较大截深时，要求底板坚硬，使用这种支架时，采煤机割煤效果好，提高了有效工作时间；放煤状态时人行道基本畅通，通风断面大。

高位放顶煤液压支架顶梁短，在软煤层中使用时，有可能因顶煤冒空而使顶梁失去有效的支撑；在硬煤中使用时，有可能造成顶煤放不下来，使掩护式支架前端对底板比压大，尤其是不插底式放顶煤液压支架易发生扎底。同时，放煤口至输送机高度大，造成放煤时煤尘极大。因此，高位放顶煤支架只适用于煤质中硬、节理裂隙较发育、煤层厚度 7 m 左右、煤层底板较硬及煤层含水率较高的条件。

由于高位放顶煤支架对复杂煤层的适应性差，以及其自身结构上不可克服的缺陷，该类支架目前已很少使用，属于已被淘汰的架型。

（二）中位放顶煤液压支架

中位放顶煤液压支架是指采用双输送机运煤，在掩护梁上开放煤口，中位放煤的支撑掩护式液压支架。其特点如下：

（1）支架稳定性和密封性好，抗偏载和抗扭能力大，不易损坏。

（2）放煤口距煤壁远，有助于对工作面前方顶煤维护。支架顶梁长，有利于反复支撑顶板，增加顶煤的破坏程度。支撑底座长，可减少支架对底板比压，而且压力分布较均匀。

（3）由于采放分别使用两部输送机，可以实现平行作业，高产高效。

（4）后部输送机放在支架底座上，后部空间有限，造成大块煤通过困难，并且移架阻力较大。

（5）受放煤口尺寸的限制，支架与支架之间的脊背三角煤放不下来。同时，放煤口易发生大块煤堵塞现象。

（6）放煤口位置较高，遗煤多，采出率较低，煤尘较大。

（7）掩护梁不能摆动，二次破煤的能力差。

中位放顶煤支架对矿压显现剧烈、有悬顶危险的开采条件，具有较好的适应性。但是，由于放煤时煤尘较大，尾梁不能摆动，放煤口尺寸受结构限制，因此放煤效果不好。所以，中位放顶煤支架目前已逐步被低位放顶煤支架所取代。

（三）低位放顶煤液压支架

低位放顶煤液压支架采用双输送机运煤、在掩护梁后部铰接一个带有插板的尾梁、低位放煤的支撑掩护式液压支架。这类支架有一个可以上下摆动的尾梁，摆动幅度约45°，用以松动顶煤，并维持一个落煤空间；尾梁中间有一个液压控制的放煤插板，用于放煤和破碎大块煤。其主要特点如下：

（1）由于具有连续的放煤口，放煤效果好，没有脊背三角煤损失，煤炭采出率高。

（2）和其他支架相比，从煤壁到放煤口的距离最长，顶煤经过顶梁的反复支撑和在掩护梁上方的垮落，使顶煤破碎充分，对放煤极为有利。

（3）后部输送机沿底板布置，浮煤容易排出，移架轻快，同时尾梁插板可以破碎大块煤，使放煤口不易堵塞。

（4）低位放煤使煤尘减少，有利于降尘。

（5）后部放煤空间大，有利于顶煤垮落，放煤效率高。

低位放顶煤液压支架适应性强，在急倾斜煤层、缓倾斜中硬煤层和三软煤层综采放顶煤中取得成功，是目前我国广泛使用的放顶煤液压支架架型。

（四）轻型放顶煤液压支架

基于放顶煤开采工作面矿压显现一般不强烈，支架受力低于分层开采这一特征，针对国内普通放顶煤支架一般比较重、外形尺寸大、结构复杂、拆装运输困难，且不适应具有复杂煤层地质条件的煤矿等特点，我国科研人员设计了轻型放顶煤液压支架。目前该类支架主要有单摆杆和单铰接两大类型。

由于轻型放顶煤液压支架运输方便，使用灵活，能适应放顶煤开采的矿压及工艺特点，因此轻型放顶煤液压支架支护技术近年来发展很快。一般在下列条件下使用该类支架，均可取得较好的使用效果。

（1）煤层坚固性系数 $f<2.5$，来压强度不大，煤层厚度 3～8 m，煤层倾角小于25°。

（2）工作面尺寸较小、断层较多、地质条件较复杂。

（3）开采边角煤或煤柱，开采厚度不稳定的煤层或较薄厚煤层。

（4）年产 1 Mt 左右的矿井，提升运输及巷道条件较差。

除上述使用条件外，对于生产资金较为紧张的矿井，使用轻型支架还可以减少初期投资。从目前使用效果看，只要条件适合，使用轻型支架并不亚于使用重型支架的技术经济效果。随着轻型支架结构的不断改进与完善，目前该支架已在开滦和鹤壁成功使用于35°左右倾角的厚煤层中。总之，轻型放顶煤支架与其他放顶煤液压支架相比，具有强度高，支撑力大，稳定性好，对不同条件适用性强等特点。轻型放顶煤支架特别适用于中小矿井较薄厚煤层、三软煤层、煤厚变化大煤层开采，也适用于边角煤、残煤的放顶煤开采，是一类很有应用前景的架型。

二、放顶煤工作面支架与围岩关系

（1）实测资料表明，放顶煤工作面支架载荷不大，说明离工作面不远的高处形成平衡结构。支架受载并不因采高加大而增加，仅与煤的强度有关，煤的强度大，则顶煤的完整性越好，支架载荷稍大。放顶煤工作面仍存在周期来压现象，但不明显，初次来压强度也不大。这是由于破断岩板距离工作面较大的原因。

在正常回采阶段，采空区已由垮落矸石充满。上覆岩层规则垮落带中形成的砌体梁平衡结构，距离采场较远，不规则垮落带悬梁周期性垮落，以及采空区内矸石对悬岩侧向挤压形成的拱式平衡，在跨度增加时也要失稳，而引起小规模的压力波动。

（2）处于悬梁状的顶煤变形、破碎及扩容，使放顶煤开采时支架与围岩关系特殊。支架上方 2～3 m 厚的顶煤已处于破碎状态，而且越靠近采空区，破碎越严重。破碎顶煤的变形漏失是造成支架—顶煤支护系统刚度降低的重要原因，而且破碎顶板变形量常远大于支柱的下缩量。

（3）放顶煤开采时，顶板压力要通过刚度很低的顶煤传递，顶煤破坏情况取决于支架外载合力作用点的位置。由于顶煤在顶梁前、后部易破碎，且由于煤层倾角等原因，顶煤在支架宽度范围内刚度不匀，也会引起支架受扭，支架偏载比较严重。

（4）放顶煤工作面的煤壁及端面顶板的维护特别重要。因为顶煤容易破碎，尤其当煤壁片帮、顶煤节理和裂隙比较发育、遇有局部断层、褶曲构造，基本顶来压时，加上放顶煤工作面推进速度较慢的原因，容易产生端部冒顶。因此，改善支架端部结构，加大支架的实际端面初撑支护强度就十分重要。

（5）放顶煤工作面端头压力和工作面两端平巷压力并不大，虽然一次采高增加引起支承压力增加，但由于是一次采全厚，因此回采巷道的矿压显现比分层多次开采缓和，在兖州、郑州及石炭井等矿务局的测定结果，均得以印证。

三、放顶煤开采顶板类别划分

放顶煤开采技术在我国煤炭行业迅速推广，技术经济效益也十分显著。但有些放顶煤工作面煤炭采出率很低，有些放顶煤工作面在机道上方出现严重漏顶，使工作面难以正常推进。为使放顶煤开采技术进一步提高，需要研究放顶煤工作面的顶煤和顶板分类，以及支架与围岩的适应性。

（一）顶煤的冒放性和稳定性

顶煤冒放性和稳定性是放顶煤工作面开采效果的两个关键因素，关系顶煤采出率、回采和放煤工艺、支架结构形式的合理选择。影响顶煤的冒放性的主要因素：煤层的抗压和抗拉强度、裂隙密度和方向、分层厚度、开采厚度和顶煤厚度，以及开采深度造成的次生裂隙等。参照缓倾斜煤层采煤工作面直接顶分类准则，以顶煤的初次垮落步距为主要指标，强度和结构特征为辅助指标，将顶煤分为5类，分类方案见表4－15。

表4－15　顶煤的冒放性和稳定性分类

类　别	1	2	3	4	5
基本指标	$l_{z0}\leqslant 4$	$4<l_{z0}\leqslant 8$	$8<l_{z0}\leqslant 12$	$12<l_{z0}\leqslant 18$	>18
岩性和结构特征	层理和节理发育，或煤质松软	层理较发育	致密，层理和节理不发育	很致密，节理不发育	致密，坚硬
主要力学参数区间	$C_z=0.163$ $R_c h_0<7.52$	$C_z=0.273$ $R_c h_0=2.69\sim10.74$	$C_z=0.301$ $R_c h_0=8.89\sim20$	$C_z=0.323$ $R_c h_0=17.3\sim38.9$	$C_z=0.43$ $R_c h_0=19.92$
冒放性和稳定性评价	冒放性极好，但稳定性很差，机道冒落风险较大	冒放性好，稳定性较差	冒放性中等，稳定性中等	冒放性差，稳定性强	冒放性极差，不建议采用放顶煤开采法

顶煤的初次垮落步距可用下式估算：

$$l_{z0}=8.94C_z\sqrt{R_c h_0} \tag{4-50}$$

式中　C_z——综合弱化系数；

h_0——顶煤厚度，m；

R_c——煤层的抗压强度，MPa。

其中，综合弱化系数 C_z 可利用具体采煤工作面实测的顶煤初次垮落步距 l_{z0}，按式（4－51）进行计算。

$$C_z = 0.11\frac{l_{z0}}{\sqrt{R_c h_0}} \tag{4-51}$$

在综合弱化系数 C_z 确定的基础上，按式（4－50）推算该煤层其他工作面顶煤的初次垮落步距 l_{z0}。

上述顶煤冒放性和稳定性的初步分类，可作为是否适宜采用放顶煤采煤方法和采煤工艺及支架选型的评估依据。

（二）直接顶分类

1. 直接顶稳定性

对于放顶煤开采，直接顶稳定性具有特殊的意义。概括地说，直接顶稳定性可包括以下两个方面：

1）直接顶的垮落特性和垮落厚度

放顶煤开采能够正常进行并达到较高顶煤采出率的先决条件是，直接顶在顶煤冒落后能够及时垮落，并有足够的垮落厚度，以充满采空区，起着类似挡土墙的作用，避免顶煤滑入采空区。同时，直接顶的挠曲传递了基本顶及上覆岩层的压力，促使顶煤破碎，改善了顶煤的冒放性。如果顶煤冒落高度过小，则部分顶煤将进入采空区；如果直接顶属于难垮落顶板，直接顶垮落滞后于顶煤冒落，同样会有部分顶煤滑入采空区，导致顶煤采出率降低。同时，难垮落直接顶不能传递基本顶及上覆岩层的压力，不利于顶煤的破碎和冒落。

2）直接顶对基本顶的残余承载能力

当开采深度不大，或者直接顶总厚度或分层厚度较大，强度较高时，在放顶煤开采中，直接顶的一部分，主要是其上部，可以在控顶区的顶煤上方保持一定的承载能力，即在基本顶的作用下，仅发生弹性挠曲变形，而不沿煤壁产生断裂，从而仅部分传递基本顶破断运动引起载荷，使基本顶来压显现减弱。因此，放顶煤支架的必需支护强度可以降低。反之，如果直接顶丧失全部承载能力，将会把全部的基本顶破断载荷传递给控顶区顶煤，并引起较为强烈的压力显现。

2. 直接顶分类方案

在放顶煤开采条件下，考虑以上两个方面，可得直接顶分类初步方案（表4－16）。

表4－16　放顶煤开采直接顶按垮落特性分类的初步方案

直接顶类别 / 项　目	易垮落顶板（1类）			难垮落顶板（2类）	
	1A	1B	1C	2A	2B
基本指标	$l_z \leqslant 18$ m			18 m $< l_z \leqslant 32$ m	
直接顶垮落的充填程度指标	$h/M \geqslant 2$	$1 \leqslant h/M \leqslant 2$	$h/M \leqslant 1$	$1 \leqslant h/M \leqslant 2$	$h/M \leqslant 1$
岩性和结构	中硬以下的泥岩，砂质泥岩，粉砂岩，层理或节理发育			中硬以上的砂岩，石灰岩，分层厚度较大，裂隙不够发育	

表 4-16（续）

直接顶类别 / 项目	易垮落顶板（1类）			难垮落顶板（2类）	
	1A	1B	1C	2A	2B
评价	适用于放顶煤开采；隔离采空区效果好；基本顶来压显现很弱	适用于放顶煤开采；隔离采空区效果良好；基本顶来压可能显现明显	基本适用于放顶煤开采；隔离采空区效果差；基本顶来压可能显现较强	不利于采用放顶煤开采；直接顶垮落滞后，隔离采空区效果差，减低顶煤采出率；直接顶破断的动力显现较弱	不利于采用放顶煤开采；直接顶垮落滞后，隔离采空区效果很差，降低顶煤采出率；直接顶破断或铰接拱失稳时，可能有显著的动力显现

一般长壁工作面的直接顶分类成果可以部分推广到放顶煤开采，但需根据放顶煤开采的特殊情况，做必要的调整或改动。现给出的顶煤冒放性和稳定性分类，以及直接顶按垮落特性分类的初步方案，还需在实践中进一步修正和完善。

（三）基本顶分级

通过对放顶煤工作面矿压显现的研究，对工作面支架载荷影响的主要因素如下：

1. 直接顶厚度与放顶煤累积采高之比

研究表明，如果直接顶厚度与放顶煤累积采高之比大于2，则基本顶破断形成的压力显现将很小；反之，如果该比值小于1，则压力显现强度将取决于基本顶破断步距。

2. 基本顶来压强度

对于放顶煤开采，由于顶煤和直接顶厚度相对较大，基本顶破断，无论是长梁型或短梁拱型基本顶，均不会形成“给定变形”的类型，而是以“给定载荷”的形态出现，即其破断时形成的载荷与破断步距成正比，如图4-28所示。

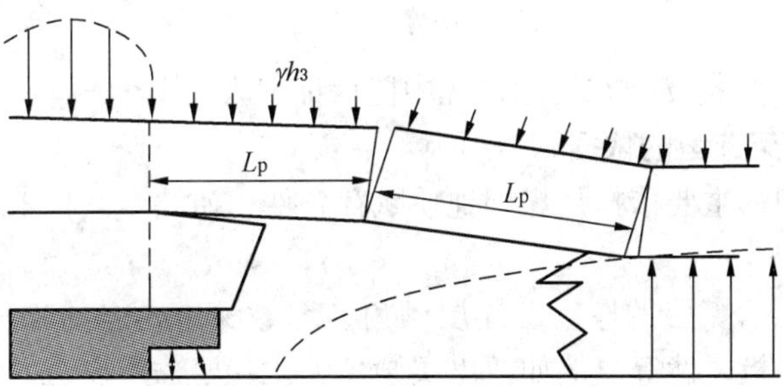

图4-28　放顶煤基本顶来压机理

基本顶破断步距是其厚度和抗拉强度的综合反映，可作为基本顶压力显现强度的主要衡量参数。

3. 关于采高

实测表明，放顶煤工作面与普通长壁工作面不同，放顶煤工作面液压支架载荷与采高之间没有密切关系。因为随着采高增大，虽然顶板破断和运动范围增大，但同时超前工作面顶煤和顶板的剪切裂隙范围和密度增大，进而使基本顶破断或来压步距减小。

综上所述，对于放顶煤工作面，基本顶级别可初步分为三级，具体见表4－17。

表4－17 基本顶分级方案

条　件	基本顶级别		
	Ⅰ	Ⅱ	Ⅲ
初次来压步距	不限	≤40 m	≥40 m
直接顶充填系数	$h/M\geqslant2$	$1\leqslant h/M\leqslant2$	$h/M<1$
压力显现	不明显	明显	强烈

注：所有指标均有适当的波动区间，暂取±10%。例如，初次来压步距为（40±5）m，$h/M\leqslant2\pm0.2$等。

在基本顶分级中，周期来压步距与初次来压步距，可按理论公式进行换算：

$$C=\frac{C_0}{\sqrt{6}}=0.408C_0 \tag{4-52}$$

$$C_0=2.45C \tag{4-53}$$

式中　C——周期来压步距，m；

C_0——初次来压步距，m。

四、放顶煤支架选型

（一）放顶煤支架选型的原则

放顶煤支架的选型应遵循技术先进、经济合理、安全可靠原则。

（1）技术先进，是指所选用的放顶煤液压支架能够适应所要开采煤层的自然赋存条件；能够保证足够的支护强度；能够满足放顶煤工艺的要求，实现放顶煤的机械化，提高顶煤采出率，能够满足工作面高产高效需要，降低含矸率。

（2）经济合理，是指支架在满足技术要求的前提下，结构应尽量简单、造价低、投资少。

（3）安全可靠，是指支架在使用过程中能保证工人安全生产。

（二）放顶煤支架选型的依据

放顶煤支架选型的主要依据是煤层地质赋存条件、矿井生产技术条件和经济条件。

1. 煤层赋存条件

煤层赋存条件包括煤层的厚度、煤层倾角、埋藏深度，煤的物理力学性质，煤层结构，煤层倾角，顶底板岩性等。例如，煤层倾角大，就要选用稳定性好和有防倒、防滑装置的支架；煤层坚硬，就要选用能使顶煤充分垮落或选用能向顶煤打眼爆破的支架；松软煤层应选用对顶板封闭好，并且有防片帮装置的支架；松软底板应选用支架对底板比压小的支架；埋藏深度大的煤层，矿压显现严重，因此需要支护强度较大的支架等等。

2. 矿井生产技术条件

矿井生产技术条件主要是指放顶煤工作面的单产、配套设备等情况，不同的落煤机械、不同的输送机都对支架提出不同的要求。

3. 技术经济条件

技术经济条件在支架选型方面往往起着决定性作用。

（三）放顶煤支架的合理工作阻力

直接顶冒落高度与采高有关。放顶煤支架因一次采高在6 m以上，甚至更高，支架必须支撑住由此产生的静压和动压。支架工作阻力的增大，可有效控制顶板。但如果工作阻力过大，往往因工作阻力利用率不高，而增加支架重量、造价，导致经济效益降低。因此，必须合理选择支架的工作阻力。

根据已有试验，缓斜工作面放顶煤开采时支架工作阻力见表4－18。

表4－18　工作面放顶煤开采时支架工作阻力

矿　区	架　型	初撑力 P_0/kN	平均阻力 P_t/kN	末阻力 P_m/kN	支护强度/（$kN \cdot m^{-2}$）	动压系数
阳泉	FD440－1.65/2.6	540	1433	1704	262	1.4
潞安	ZFD400－17/33	1237	1784	2059	233	1.15
平顶山	FD440－16	1800	2040	2232	385	1.3
阜新	BYC400－16/28	658	1011	1360	200	1.23

由表4－18可见，虽然表中所列测定结果是在不同放煤高度、架型、支护强度等条件下的矿压显现情况，但支架的实际支护强度一般为200～385 kN/m^2。基本顶来压强度对支架受载的变化影响并不大，采放高度对支架受载影响也不大。

1. 估算法

估算支架阻力的力学模型可按下列原则建立：

（1）采场上方顶板在靠煤壁一侧为顶板破裂线，即顶煤及顶板的断裂线一般超前工作面在煤壁内产生。断裂线移至煤壁附近为支架受载的最大时刻，应作为计算基础。

（2）采空区一侧顶煤、岩层按垮落角向上延伸，其侧面由垮落后的矸石支撑，且对顶煤、岩层的下沉产生相应的摩擦阻力。

（3）基本顶载荷 Q_3，或称其为裂隙体梁结构失稳形成的载荷，对顶煤及直接顶的破碎垮落起重要作用。由于放顶煤开采垮落带较高，形成的平衡结构可能在下位裂隙带内。即使岩块间有剪切滑移的情况，仍能继续保持横撑力，进而形成裂隙体梁式平衡结构。该平衡结构以上的载荷对支架的影响可忽略不计。放顶煤开采支架受力力学模型如图4－29所示。

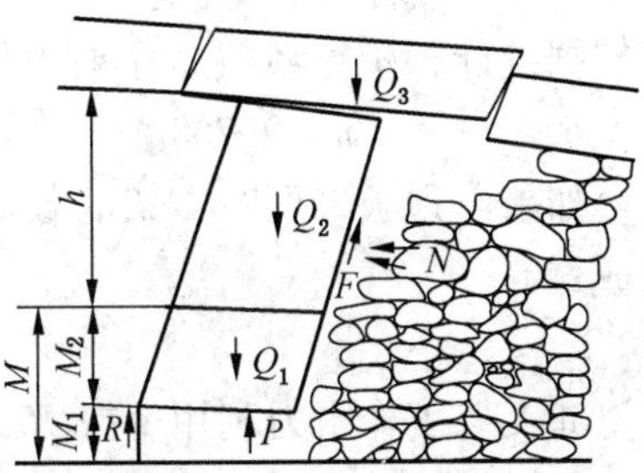

图4－29　放顶煤开采支架受力力学模型

由 $\sum F_y = 0$，建立下列方程：

$$P = K(Q_1 + Q_2 - R - N - F\cos\alpha) \tag{4-54}$$

式中　P——支架合理支撑力，kN/架；

Q_1——顶煤重量，$Q_1 = M_2 l \gamma_m$；

Q_2——直接顶重量，$Q_2 = hl\gamma_z$；

M_2——顶煤厚度；

h——直接顶厚度；

γ_m——顶煤的重度；

γ_z——直接顶的重度；

K——考虑砌体梁失稳时附加力的动载系数，取1.8；

R——顶板在煤壁断裂线处的摩擦阻力；

N——碎矸和部分规则垮落带的横撑力；

F——块矸与顶煤、岩石之间的摩擦力，$F = N \cdot \tan\varphi$。

考虑支架阻力处于极限情况，即 $R = 0$，碎矸支撑力可表示为

$$N\cos\alpha = \frac{\gamma}{2}(M_2 + h)^2 \frac{1 - \sin\varphi}{1 + \sin\varphi} \tag{4-55}$$

支架外载形成的力矩一般靠液压支架阻力的分布来平衡。

设 $\tan\varphi = 0.8$，$\alpha = 20°$，$\gamma_m = 1.4\ \mathrm{kN/m^3}$，$\gamma = 2.5\ \mathrm{kN/m^3}$，$l = 5\ \mathrm{m}$，则当采放高 M 为 6 m、8 m、10 m 及 12 m 时，支架工作阻力分别为3504 kN/架、4229 kN/架、4566 kN/架及4560 kN/架，相应的支护强度为467 ~609 $\mathrm{kN/m^2}$。

2. 实测统计法

据实测统计结果可知，随着采放煤厚的增加，顶板来压时支架的循环末支护强度随之升高，但增加幅度很小。如以煤层厚度与岩石重度的乘积来表示支架支护强度，则支架的支护强度可写成：

$$q = knM\gamma \tag{4-56}$$

式中　q——支架的支护强度，$\mathrm{kN/m^2}$；

k——安全系数，取 $k = 1.2 \sim 1.5$；

n——折算系数；

M——煤层全厚，m；

γ——岩石重度，取25 $\mathrm{kN/m^3}$。

据统计，折算系数 n 在来压与非来压期间是不同的，来压时其与 M 之间关系为

$$n = 9.768\,M^{-0.79}\quad（相关系数\ R = 0.98，检验水平\ s = 0.06）\tag{4-57}$$

如果以顶板来压时支架的载荷，作为设计支架工作阻力的基础，则支架的支护强度可写成：

$$q = knM\gamma = 9.768kM^{0.21}\gamma \tag{4-58}$$

如支架工作阻力利用率按75%考虑，即 $k = 1.33$，$\gamma = 25\ \mathrm{kN/m^3}$，则式（4-58）为

$$q = 325M^{0.21} \tag{4-59}$$

3. 垮落带法

垮落带法表明，支架的工作阻力应能支撑住工作空间及采空区上方垮落带岩层的重量。为确定支架的工作阻力，首先要确定垮落带岩层的高度。综放工作面垮落带岩层高度也是垮落碎胀后能充满采空区自由空间的岩层总厚度。在缓斜、倾斜煤层中，理论垮落带岩层厚度 h_{kl} 按式（4-60）确定：

$$h_{kl} = \frac{M'C}{k_k - 1} \tag{4-60}$$

式中　M'——采放有效高度,m(包括采煤高度 M 与放煤高度 h_D,采放比不得超过 1∶3,煤层很厚时，超出部分 h_m 只能作为煤顶)；

C——采放总采出率，尽可能不低于65%；

k_k——垮落带岩层平均碎胀系数，取 1.4～1.5。

自下而上累加各直接顶分层及基本顶分层厚度，当达到或刚超过理论垮落带岩层高度 h_{kl}时，此分层为垮落带最上一个分层，从最下一个分层至最上一个分层的厚度总和，就是实际的垮落带岩层高度 h_{ks}。

则支架所需的工作阻力 P 按式（4－61）求得：

$$P=\frac{L_a\left[\gamma_m(h_D+h_m)L_z+\gamma hL'_z+\sum_{i=1}^{n}\gamma_{1i}h_{1i}L_{1ki}\right]\cos\alpha\cdot K}{\eta} \qquad (4-61)$$

$$L_z=L_d+L_h$$

式中　L_a——每架支架所控制的工作面长度，m/架；

γ_m——煤的重度，kN/m^3；

h_D——顶煤厚度，m；

h_m——煤顶厚度，m；

L_z——顶煤岩梁长度；

L_d——端面距，m；

L_h——顶梁和前梁长度之和，m；

γ——垮落带直接顶岩层平均重度，kN/m^3；

h——垮落带直接顶厚度，m；

L'_z——直接顶岩梁的长度，$L'_z=L_d+L_h+L_{zx}$（L_{zx}为直接顶岩层在支架后的极限悬顶长度，页岩约为 1.0 m，砂页岩约为 2.0 m)；

n——垮落带最上层基本顶分层数；

γ_{1i}——垮落带中第 i 层基本顶及其附加岩层的平均重度，kN/m^3；

h_{1i}——垮落带中第 i 层基本顶及其附加岩层的厚度，m；

L_{1ki}——垮落带第 i 层基本顶岩块的长度，m（计算时取实际数据，若无实际数据，则可参考下列数据：基础岩层厚 1.5 m 时取 6 m，基础岩层厚 2 m 时取 10 m，基础岩层厚 2.5 m 时取 14 m，基础岩层厚 3.0 m 时取 18 m)；

α——煤层倾角；

K——安全系数，1.1～1.5；

η——考虑立柱不垂直顶梁，以及掩护梁上有载荷时的系数：支撑式支架，η 为100%；支掩式支架，η 为 85%～90%；短顶梁掩护式支架，η 为 60%。

五、放顶煤采煤法的适用条件

放顶煤采煤法虽可取得明显的经济效益，但由于放顶煤是利用顶板岩层压力破煤，因此对煤层的可放性及顶底板性质有一定要求，其适用条件如下：

（1）要求煤层具有随移架即垮的可放性，垮落块度不宜过大：块度大则流动性差，易堵塞放煤口；同时，煤层应具有足够的强度，不至于造成煤壁严重片帮、端面经常架前冒顶，影响工作面推进，一般煤的普氏系数 f 应小于3，若煤层层理、节理发育，则 f 可适当增加，但一次开采厚度不宜过大。煤的破碎主要依靠顶板岩层压力，其次是支架的反复支撑作用。顶煤在超前支承压力处预破裂，进入工作面后随围岩移动而受载破碎。

（2）直接顶应具有能随顶煤下落的特性，能基本充满放煤空间，具有明显的煤岩分界面；直接顶应有足够厚度，以防止滞后的基本顶大块垮落对支架造成威胁；基本顶的悬露面积不宜过大避免受冲击。

（3）缓倾斜煤层采用走向长壁放顶煤开采时倾角不宜过大，否则支架的倒滑易给开采造成困难。石炭井矿务局乌兰矿已在倾角为25°~32°的煤层中试验放顶煤开采，并获得成功。

（4）缓倾斜煤层放顶煤开采时，一次开采煤厚以6~10 m为宜，采厚大于15 m或小于5 m的煤层使用放顶煤开采时，应首先进行试验，作出客观评估。

（5）对于不稳定煤层，煤厚变化大时，煤层最小厚度只要大于支架高度即可；煤层变厚时，可开放煤口放煤；顶煤变薄时，不放煤实行一次采全厚与综采放顶煤相结合的开采方法。对顶板破碎、受地质构造破坏的边角煤、产状不规则、难于实现一次采全高而要留顶底煤的煤层，更适宜采用放顶煤开采。

（6）对于煤的自然发火期短，工作面瓦斯含量大、底板松软、煤层松软的条件，以及水文地质条件复杂的煤层，要先调查清楚并采取相应的措施，才能采用放顶煤开采。

第六节　破碎顶板控制

我国每年约有1/6综采工作面因顶板控制问题而处于低产状态。据对全国煤矿顶板控制问题调查可知，因顶板控制不好，造成工作面停产时数占总停产时数的26.4%，其中支架事故造成的工作面停产时数占总停产时数的5.1%。全国综采工作面的平均开机率仅27%，其中主要是由于综采工作面处于破碎顶板条件下产生频繁的端面冒顶引起的。

造成控顶区内顶板破碎的自然条件如下：

（1）顶板为泥质黏结泥岩，节理、裂隙十分发育，随采随冒。

（2）顶板为厚度较大的泥岩或泥质页岩互层伪顶，其与上覆直接顶间有煤线等滑面，这样的顶板又称为复合顶板。

（3）综采工作面通过断层、褶曲、陷落柱、冲刷带、火成岩侵入等地质构造带，以及过老巷时，控顶区内顶板破碎。

（4）工作面有厚度较小、强度较低的直接顶，其上方有能形成强烈周期压力的坚硬岩层，或处于上层煤柱形成的集中应力作用带内。

（5）由于巷道与工作面支承压力叠加及长期作用，工作面端头顶板破碎。

（6）煤层采高较大，煤壁及底板松软，造成顶板难以控制。

造成顶板破碎的支护方面原因：①梁端距；②支架端部支撑力；③支架初撑力。

综采工作面顶板控制的关键是端面顶板的维护和控制，这主要是由于：

（1）综采工作面的端面顶板基本是无支护区，是整个支架—围岩系统中的薄弱环节。

（2）综采工作面端面顶板下的空间是采煤机割煤、输送机运煤的地点，因此端面冒顶对生产的影响极大。

(3) 端面顶板冒空后，当支架顶梁前移至已冒空的端面顶板处，导致顶梁接顶效果差，支架顶空难以发挥对顶板的支撑作用，以致对端面顶板控制更为不利，导致端面冒顶的继续发展，这样形成恶性循环。

对综采工作面顶板管理质量常以冒顶的次数、高度及长度作为标准，随着冒顶事故率的增大，工作面单产将明显下降。

据开滦矿务局统计，当冒高大于0.5 m的冒顶区长度超过工作面长度的1/10时，工作面平均推进度是1.07 m/d，产量只有825 t/d；当冒高小于0.5 m时，工作面平均推进度为2.33 m/d，产量为2104 t/d，后者产量是前者产量的2.6倍。

一、影响端面顶板冒落的因素

破碎的端面顶板实质上是受到裂隙切割的碎块体，其力学性质类似于松散介质。端面顶板冒落后的平衡状态取决于近似不等高、不等强度拱脚上的偏斜平衡拱结构的稳定程度，即刚度大的高拱脚形成在煤壁上，刚度小的低拱脚在支架上或顶梁上的浮矸处。这种拱的平衡条件与下列因素有关。

(1) 顶板的力学性质。如岩性、岩石强度、裂隙类型的密度、分层厚度等。

(2) 煤层的力学性质。如煤层的强度、节理、裂隙，塑性区范围，片帮深度，采高以及留顶、底煤的情况。

(3) 支架结构及其工作状态。如支架是否具有伸缩梁，支架的初撑力、工作阻力、水平推力，顶梁的俯、仰角，顶梁上浮矸厚度、接顶情况，以及支架的歪斜、倾斜、错动情况。

(4) 采煤工艺及操作管理。如支架的推进方向、移架方式，移架落后于割煤的距离，实际的端面距，移架速度，降柱移架或擦顶前移。

下面分别对影响端面冒顶的几个主要因素进行分析。

(一) 岩性及地质因素

常由岩石本身岩性弱、强度低，层理、裂隙发育，以及地质构造因素而导致顶板破碎，这是岩层破坏的内因。

当岩石含石英成分率 Q 小，并为泥质胶结，则其强度弱。对岩石强度数据进行统计，可得岩石抗压强度 R_c、抗拉强度 R_t 与含石英成分率 Q 的线性关系分别为

$$R_c = 1.5 + 0.1R_t \quad (\text{相关系数 } R = 0.69)$$

$$R_c = 37.3 + 1.03Q \quad (\text{相关系数 } R = 0.34)$$

其三元线性关系式为

$$R_c = 1.6 + 0.09R_t + 0.018Q \quad (\text{相关系数 } R = 0.69)$$

岩层的层理、裂隙也是决定岩体强度的重要因素。

当岩层破坏时其块体可能是不规则的，但岩块的形式可能是相似的。该形式与岩层的层理、裂隙的形式直接相关。若随着工作面的推进，岩层的加载条件不易确切了解，然而其破坏形式的规律是可知的，不同类型的层理、裂隙与岩层移动的特征有关。

裂隙可分为 $R_1 \sim R_5$ 五类，如图4-30所示。此外，还有混合形式。各类型有相应的移动形式，如图4-30所示。当具有平行层面裂隙（R_1）的岩层受压回转时，岩块就要出现横向膨胀，若侧向受到限制，则岩层就要沿 R_1 裂隙面剪切分成小层，侧向力越大及

层间黏结力越小，则离层越广泛。但这仅仅是岩层受垂直载荷不大时的情况。当受大的支承压力时，在分层间产生的摩擦力可能阻止层间产生相对移动，这种裂隙在直接顶内最为常见。

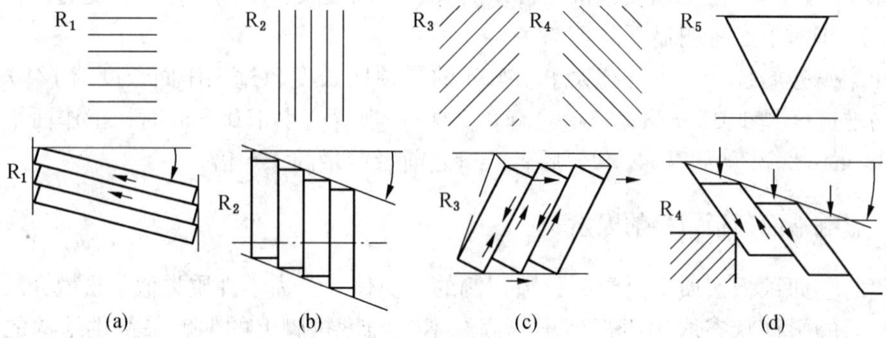

R_1—平行层面；R_2—垂直层面；R_3—倾向煤壁；R_4—倾向采空区；R_5—楔形

图 4-30　裂隙种类及相应的岩层移动形式

我国大量厚煤层下分层工作面的再生顶板、顶煤也属于破碎顶板范围。

断层、褶曲等地质构造易造成工作面局部顶板破碎而产生冒落。地质构造带与工作面夹角越小，破碎带的宽度越宽，对工作面产生冒顶的影响也越大；断层的落差越大，地质构造带附近张性构造裂隙越发达，岩性越松软，则冒顶的可能性越大。然而，若因构造附近的岩性坚硬，以致不能用采煤机直接截割而需要爆破处理时，也应采取措施，以减少对顶板的震动、避免损坏液压支架。

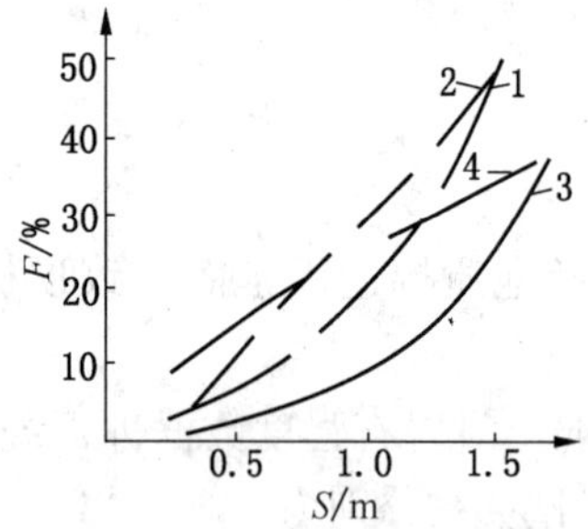

1—单体液压支柱工作面；2—BZZC 型；3—WS-1.7 型；4—X 型

图 4-31　冒落度 F 与端面距 S 的关系

（二）端面距

顶板冒落度是端面距范围内冒落高度超过 5～10 cm 的顶板面积占其总面积的百分率。随着端面距的增加，更精确地说，随空顶距离的增加，冒落度也增加。我国部分工作面测得冒落度与端面距关系曲线近似直线，有的则不同，如阳泉矿区几种架型工作面测得的冒落度与端面距关系如图 4-31 所示。严重的破碎顶板，如平顶山四矿巳$_{16-17}$工作面，在顶梁前端几乎均已紧靠煤壁的情况下（端面距为零），仍发生不少局部冒顶，即在移架前发生不断冒落。

由开滦矿务局测得的不同类型顶板条件下，端面距与端面冒高的关系如图 4-32 中各线所示，由该图可见：

（1）冒高随梁端距增大而加高，在破碎易冒顶板下，对梁端距的要求更加严格，为使冒高小于 0.5 m，必须保证梁端距在 0.7 m 以下。

（2）液压支架支护作用难以控制地质破坏，即使梁端距仅为 0.3 m，顶板冒高仍然可达 1 m 以上。

（3）发生冒顶的频率随梁端距加大而增加。单位冒落度越高的顶板，与梁端距关系越密切；而稳定顶板，则关系不很密切。

（4）为减少梁端距，应控制端面距，减少第一接顶点与梁端距离，尤其要减小煤壁片帮深度。

顶板冒落度与工作面推进速度有关。随着工作面推进速度的加快，可使移架速度加快，减少煤及围岩的变形，而提高了煤及围岩强度。淮北矿区综采工作面推进速度由 1 m/d 增至 5.5 m/d 时，其工作面冒落度由 60% 降为 1.68%。实测表明，当日进度达 3 m 时，顶板冒落度将明显下降；而当日进度低于 1.8 m 时，顶板冒落度迅速升高，冒顶经常发生。

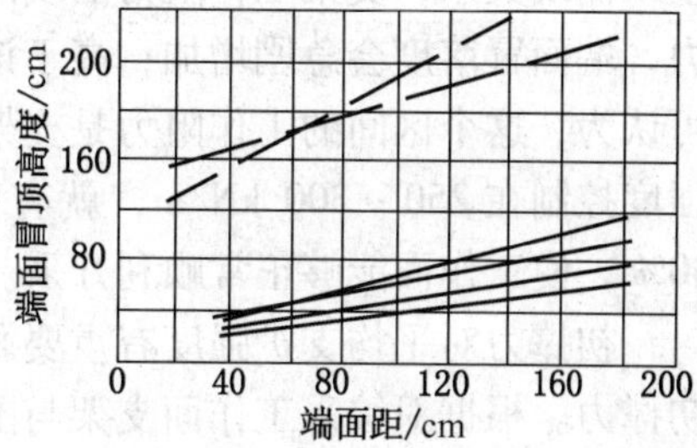

图 4－32　端面距与端面冒高关系

顶梁的第一接顶点离梁端距离 a 反映了支架前端的接顶情况，据对平顶山矿务局八矿 11110 工作面统计可知，a 平均值为 0.64 m，占空顶距的 43.2%。a 值较小的主要原因是由于顶梁频繁反复支撑，且不实行擦顶移架，使破碎顶板掉落在顶梁上形成较厚的矸石层，矸石层的堆积会降低支架支撑力及刚度，进而恶化顶板状态。顶板不平及顶梁长度对 a 值的影响不大。

显然，使用带压移架或擦顶前移，甚至使用具有可清除矸石层装置的支架，对减少顶梁上的矸石层，改善顶梁接顶发挥重大作用。

煤壁片帮是导致端面空顶距增大的又一重要因素，片帮也会使支护的滞后时间增加。煤壁片帮可在煤层各部位产生，但随着采高的增加，煤壁上部更易于片帮。

平顶山四矿在采 21070 工作面时，由于工作面上部处于垂距为 18.4 m 的上层煤已采工作面的走向区段煤柱下方，煤柱宽 20 m，造成工作面上部长约 42 m 范围内煤壁片帮严重，使破碎顶板冒顶频繁，冒顶高度可达 2 ~ 5 m。在工作面下部情况较好，但也随着工作面上部破碎顶板冒顶而不能推进。因此，已采区煤柱及基本顶来压造成支承压力加大，也是煤壁片帮的重要外因。

在煤壁片帮严重时，液压支架的防片帮装置常失去作用。一般先采用超前移架，使端面距缩小的方法，当在工作面总长的 40% 范围内，片帮深度大于 0.4 m 时，常要借助于固化煤壁的方法，如采用玻璃钢锚杆或化学材料固化的方法，来控制煤壁片帮。

（三）支架支撑力

开滦矿务局对支架支撑力的观测发现，在破碎及中等稳定顶板的综采工作面中，多数有松软易碎的伪顶，与上部岩层间的黏结力不足。因此，应先区分顶板的冒落高度：一般小于 0.5 m 冒高的冒顶，主要与顶板岩性有关；大于 0.5 m 的冒顶，则取决于支架阻力、合力作用位置和梁端空顶距。经对掩护式支架综采工作面的矿压观测数据回归分析后，得到冒落度 F 的关系式：

$$F = -42.8 + 0.01S + \frac{18121}{p_1} \tag{4-62}$$

式中　F——冒落度，%；

S——端面空顶距；

p_1——平均支护强度，kN/m^2。

根据对综采工作面支架支撑力的统计可知，平均支护强度与端面顶板冒落度之间大致呈双曲线关系，支架工作阻力曲线的明显变化区在250~300 kN/m^{2}之间。低于该工作阻力，端面冒落度会急剧增加；高于该工作阻力，对端面顶板冒落度的影响关系不大。因此可认为，这个区间的工作阻力是支架与顶板相互作用的临界阻力。如果把支架的平均支护强度控制在250~300 kN/m，就有助于绝大多数综采工作面的端面冒落度小于20%~30%，使工作面能够正常顺利开采。

初撑力对平均支护强度有重要影响，要保证支架的平均支护强度，需要先确定支架的初撑力。根据对综采工作面支架与围岩关系的实测统计可知，支架的增阻 ΔP 与初撑力 P_0 之间有下列关系：

$$\Delta P = aP_0^2 e^{-cP_0} \tag{4-63}$$

式中 a、c——回归常数，与围岩组成及性质有关。

支架的工作阻力 P 为

$$P = P_0 + \Delta P$$

因此，增加初撑力，无疑能减少增阻值及降低额定工作阻力值。

通过研究认为，合理的初撑力可用下式计算

$$P_0 = 3.2 \times \eta / c$$

式中 η——支架的支撑效率。

P_0——P_0—ΔP 曲线上的斜率变化临界值。此时支架初撑后的支护阻力能与顶板压力相平衡，使支架工作初期在缓增阻或恒阻状态下工作。

对支架初撑力观测统计表明，支架的实际初撑力平均只有额定初撑力的72%。

实际初撑力低的原因：支架初撑注液时间短，支架上有浮矸，泵站工作压力不足，阀及管路漏损大，多架同时操作等。显然，采用初撑力保持阀将是提高支架初撑力的重要措施。但当支架顶梁上方冒顶空洞多，支架与围岩相互作用不充分，顶板合力作用点偏离时，即使支架的额定工作阻力较高或装有初撑力保持阀，也难以发挥应有作用。

液压泵站及管路状态直接决定液压支架的支撑力。例如，如果泵站为两台流量为60 L/min的乳化液泵站，一开始泵站距离工作面30 m，主干管道内径20 mm，而架间支管道内径13 mm，当无移架工序时，液压为33~38 MPa，流量为60~75 L/min，但由于主干管道的漏损，在移架时液压系统的压力下降为18 MPa，而且压力恢复迟缓。现改为流量为120及80 L/min的2台新泵，而在巷道内铺设长500 m、内径为25 mm的管道，则在移架时液压系统的压力下降至30 MPa，而且压力恢复迅速。

目前，综采工作面乳化液泵站一般配置双泵，流量有60、80、120 L/min，主干道的内径一般为20~25 mm，最大内径达40 mm。若要求在使用乳化液泵站时，系统内压力急剧降低10 MPa后，能恢复正常压力，则所需时间与泵站的流量、台数有关。若是一台流量为60 L/min、管径为20 mm的泵，则压力急剧降低10 MPa后，恢复正常压力所需时间最长，为16 s。若是一台流量为80 L/min的泵，而管径为25、40 mm，则压力急剧降低10 MPa后，恢复正常压力所需时间为5.2、3.4 s。若为2台流量为80 L/min的泵或一台流量为120 L/min的泵，则压力急剧降低10 MPa后，恢复正常压力所需时间为2~7.6 s；若与120 L/min流量泵相匹配的主干管道管径为25 mm，则压力急剧降低10 MPa后，恢复正常压力所需时间为2.2~4 s，这样配置是最好的，因流量较少，若选用大管径管道，也可得到满意的效果。

（四）支架的工作状态

当支架顶梁接顶不正常时，就可能导致顶梁抬头或低头。

根据现场观测，顶梁仰俯角对控制直接顶的稳定性影响较大。由于顶板的下沉，顶梁仰起3°~5°处于正常工作状态，但是仰角过大或低头，则处于非正常工作状态。据统计，冒高 h 与顶梁仰俯角 γ 呈指数关系（图4-33），当 $\gamma>10°$ 时，h 值急剧增加。

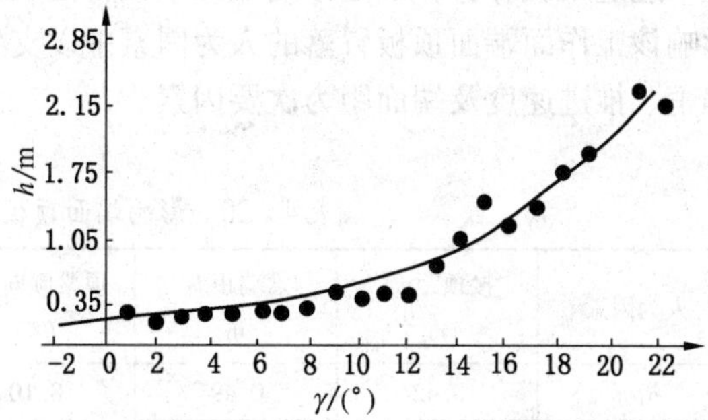

图4-33　冒高 h 与顶梁仰俯角 γ 的关系

支架顶梁抬头经常是由于端面冒顶，使支架得不到顶板附加力而引起的。顶梁的抬头又减少对顶板的全面支撑，而使切顶线前移，从而将上覆岩层的压力转移至煤壁，促使片帮加剧，进一步引起端面冒顶扩大，支架无法恢复正常工作状态。

支架顶梁低头时，使顶梁前端接顶差，加大了端面距，易导致端面顶板的冒落。据实测统计分析，支架顶梁的仰俯角应控制在±7°以内，以利于顶板端面顶板成拱。

操作支架不当，如只升单柱，造成左右柱及前后柱初撑力不均，顶梁歪斜；或由于工作面回风巷和运输巷的进尺不协调，工作面的伪倾斜角掌握不好，使支架底座随输送机上窜、下滑而偏离，形成支架顶梁与底座方向偏离，支架受扭；调架不及时，造成倒架和咬架，这些都影响对端面破碎顶板的控制。

根据平顶山矿务局八矿某采煤工作面破碎顶板下的端面顶板冒落度、冒高统计可知，影响端面顶板冒落的因素分基本顶、直接顶及人为因素三方面，这些因素的权重见表4-19。该工作面基本顶来压不明显，直接顶中距煤层1~2 m有一层煤线，节理裂隙发育，形成易冒顶的复合顶板。

表4-19　影响端面顶板冒落各因素权重

回归函数	基本顶	直接顶	人为因素
冒落度 F	0.051	0.204	0.745
冒高 H	0.057	0.220	0.723

在人为因素中，支架选型采用两柱掩护式支架是合适的，阻力参数有富余，但存在以下问题：

（1）支架初撑力偏低，占额定工作阻力的47.2%。

（2）顶梁间形成台阶错动和漏矸，错动量达320 mm，极易造成咬架。

（3）支架前端接顶差，移架滞后不到位，端面距平均达1.48 m。

（4）支架顶梁仰角大，最大达8°，导致切顶线前移。

（5）立柱偏离煤层法线，偏角平均达4.2°，易引起倒架。

（6）工作面伪倾斜不当，引起输送机上窜、下滑，导致支架底座偏离推进方向，最大偏角达5.7°，进而使支架倾倒，失去控顶能力。

通过层次分析，确定影响端面顶板冒落人为因素的权重见表4-20。由表4-20可见，影响该工作面端面顶板冒落的人为因素中以支架初撑力及顶梁仰、俯角为主要因素，顶梁偏歪、推进速度及端面距为次要因素。

表4-20　影响端面顶板冒落人为因素的权重

人为因素	接顶距 a/m	梁端距 b/m	顶梁倾向角/(°)	顶梁走向角/(°)	初撑力 P_0/kN	日进度 v/($m \cdot d^{-1}$)
指标	0.42	0.49	8.10	4.60	11.41	2.97
权值	0.013	0.113	0.141	0.206	0.291	0.120

二、不稳定顶板支架的选择

（一）不稳定顶板岩层控制对架型的要求

大量观测统计结果表明，不稳定顶板的基本破坏方式是顶板冒落及台阶错动。在无基本顶作用（或基本顶作用不明显）的情况下，平均冒顶宽度、冒顶高度和每平方米冒顶面积分别达到0.98 m、0.51 m和0.324 m^2。也就是说，控顶区平均有32.4%的冒顶区域，每平方米冒顶体积为0.163 m^3。在顶板状况严重恶化的情况下，控顶区内的冒顶区域可达控顶区的83.4%～100%，每平方米冒顶体积可达0.5～0.75 m^3。当基本顶作用强烈时，除了使控顶区冒顶面积和体积增加之外，更主要的是使台阶错动量增大，平均相对台阶错动量可达32 mm/m，为无基本顶作用时的两倍多。因此，尽量减少和隔离顶板冒落，是控制不稳定顶板的根本目的。为控制不稳定顶板，对架型有以下要求：

（1）提高前探梁及梁端的支撑力和接顶性能，实现即时复合支护，减少裸露顶板面积。

通过对48个不稳定顶板条件下的采煤工作面进行矿压观测，结果表明：在采煤机割煤区、卸载移架区和煤壁附近条带的未支护裸露顶板宽度分别为1.5 m、1.18 m和0.7 m。对于不稳定顶板的采煤工作面开采时，顶板裸露面积对于顶板冒落面积、体积的影响特别强烈，大量的冒顶首先由裸露的顶板开始。因此，为了减少裸露顶板面积，应选择能够实现复合支护和对端面顶板支撑接顶性能好的伸缩顶梁。采高较大时，还应配置护帮装置。

（2）顶梁短，减少控顶区内支架卸载和反复支撑次数。不稳定顶板冒顶是从煤壁向切顶线逐步发展的，控顶距越大，冒顶越严重。

（3）有掩护梁、活动侧护板等挡矸防护装置，其活动范围不影响底板上的排矸通道。严禁冒落岩石和采空区矸石窜入控顶区。

（4）可以带压移架或擦顶移架。擦顶移架是指支架卸载后紧擦着顶板向前移动的一种移架方式。带压移架是指支架保持对顶板一定的支撑力，向前移动的一种移架方式。这两种移架方式的目的在于，防止或减少支架卸载和支撑对顶板下位岩层的破坏，托住因采动形成的破坏岩石，提高系统刚度，有利于支架阻力的发挥。带压移架时，顶梁对顶板的压力要以能支撑住冒顶单位面积的岩石重量为前提条件。依据观测统计结果，带压移架的支撑力应不低于20 kN/m^2。

（二）控制不稳定顶板岩层的支架架型

相对支架选型来说，不稳定顶板可分成两种类型，第一种是基本顶来压不强烈（Ⅰ、Ⅱ级）的不稳定顶板，第二种是基本顶来压强烈的不稳定顶板。由于基本顶来压程度对支架载荷起决定性作用，所以第一种类型的支架可简称为轻型不稳定顶板，第二种类型的支架简称为重型不稳定顶板。两种不稳定顶板与松软底板、一般底板可组合成4种不同的工作面条件：轻型不稳定顶板与松软底板，重型不稳定顶板与松软底板，轻型不稳定顶板与一般底板，重型不稳定顶板与一般底板。

不稳定顶板及松软底板条件下的液压支架选型建议按表4－21进行选择。

表4－21　不稳定顶板及松软底板条件下的液压支架选型

基本顶（级）	轻型（Ⅰ、Ⅱ级）		重型（Ⅲ级）	
直接顶（类）	不稳定（1）		不稳定（1）	
底板（类）	松软（Ⅰ、Ⅱ）	一般（≥Ⅲ）	松软（Ⅰ、Ⅱ）	一般（≥Ⅲ）
架型	两柱插底支掩式	两柱插底支掩式 两柱支顶掩护式	两柱支顶掩护式 四柱支顶支掩式	四柱支顶支掩式 四柱支撑掩护式
顶梁	伸缩梁	伸缩梁	伸缩梁	伸缩梁 铰接梁
底座（最大比压）	整体（<2 MPa） 带底靴板（<1.5 MPa）	整体	整体（<2 MPa） 带底靴板（<1.5 MPa）	整体

（三）控制不稳定顶板岩层的液压支架主要参数

1. 额定工作阻力

首先确定支护强度 q_x，然后根据转换关系式，求得支架工作阻力。

1）确定支护强度的方法

（1）查表法：

根据我国缓倾斜煤层工作面顶板分类方案中，对不同性质的顶板所建议的值，选取支护强度。对于轻型顶板，采高分别为1、2、3、4 m时，q_H 值分别为 1.3×300、1.3×350、1.3×450、1.3×550 kN/m²；对于重型顶板，采高分别为1、2、3、4 m时，q_H 值分别为 1.6×300、1.6×350、1.6×450、1.6×550 kN/m²。具体做法见第四章第三节相关内容。

（2）统计计算法：

根据对我国100多个综采工作面矿压观测数据，得到 q_H 回归经验公式。

$$q_H = 50M + 14C + 36(l_m - 1) \tag{4-64}$$

式中　M——采高，m；

C——周期来压步距，m；

l_m——最大控顶距，m。

2）支架工作阻力与支护强度的关系

支架工作阻力与支护强度的关系见式（4－65）：

$$q = \frac{P\eta}{(b+L)B} \tag{4-65}$$

式中　P——支架立柱总工作阻力，kN；

b——梁端距，m；

L——顶梁长度，m；

B——支架中心距，m；

η——支撑效率，对不同架型可取以下数值：支撑掩护式支架，$\eta=0.7\sim1$；支顶式掩护支架，$\eta=0.6\sim0.95$；支掩式掩护支架，$\eta=0.5\sim0.75$。

2. 初撑力

（1）液压支架初撑力与额定工作阻力的合理比值：

根据对我国综采工作面矿压观测结果的统计分析可知，轻型顶板条件下的初撑力，一般为额定工作阻力的65%～80%；重型顶板，为75%。

（2）初撑支护强度 q_{0H} 回归公式：

对于不稳定顶板，初撑支护强度 q_{0H} 计算公式为

$$q_{0H}=580M+10L_z+30l_m-117 \tag{4-66}$$

式中符号意义同前。

（3）支架初撑力与泵站工作压力等因素的关系：

$$P_0=\frac{0.785}{9.81}D^2P_{泵}n\eta \tag{4-67}$$

式中　P_0——支架初撑力，kN；

D——立柱缸径，cm；

$P_{泵}$——泵站额定工作阻力，MPa；

n——支架立柱总数；

η——支撑效率。

3. 控顶距

控顶距即顶梁后端到煤壁的距离。它与梁端距、架型、人行道宽度、通风断面及配套设备等因素有关。

对于不稳定顶板，应尽可能减小梁端距 b，为防止采煤机与支架顶梁相碰，一般采高不大于1.3 m，取 b 为0.2～0.25 m；采高为1.3～3.5 m，取 b 在0.2～0.35 m之间；采高为3.5～5.0 m，取 b 介于0.3～0.45 m之间。掩护式及支撑掩护式支架的梁端距与采用的单铰点、四连杆或摆杆等机构有关。采用四连杆机构的支架，梁端距变化最小。

有关人行道宽度要求：对单行通道式支架，支架靠近输送机的最小通道宽度应保证0.5 m；对薄煤层支架最小人行道宽度应保证0.6 m。

对于所确定的控顶距，应当用通风断面加以校核，按《煤矿安全规程》规定的工作面最大风速进行校核。

应用 $V_{max}<5$ m/s，确定通风断面面积 A，即

$$A\geqslant\frac{Q_{采}}{60V_{max}} \tag{4-68}$$

式中　$Q_{采}$——采煤工作面风量，m³/min。

4. 底座比压

通常按支架最小工作高度验算底座尖端比压 q_{mG}。当底座尖端比压计算值 $q_{mG}<$底板容

许比压 q_c 时，说明支架型式与参数对底板适应。否则，需要调整支架结构参数，或选择新的架型，并要重新验算底座尖端比压。

三、破碎顶板控制技术

通过上述对影响破碎顶板端面冒落的因素分析，可以根据具体条件采用各种控制破碎顶板技术措施，以求改善支架与围岩的相互作用。

控制破碎直接顶最简易的方法是采用全封闭方法。如采用及时移架，整体顶梁，长侧护板封闭架间空隙，采用伸缩梁、折叠梁及时封闭端面顶板。

对破碎的直接顶或再生不足的上层冒矸，一般采取铺金属网、留煤顶等措施；在局部冒顶片帮严重，有地质构造地段，可采用玻璃钢锚杆或化学材料固化的方法，以改善围岩力学特性。

对端面距过大而引起频繁冒顶的工作面，应提高顶梁端部的支撑能力，采取及时支护的工作方式。对顶梁上有厚层浮矸、接顶不良的情况，应推广带压移架或擦顶前移。但这些都要在合理选择架型、参数的基础上才起到使用效果。

对工作面布置设计不合理、采空区处理方法不当，而导致工作面承受过大的集中压力、基本顶来压影响严重时，则应采取改变巷道布置及岩层控制设计，选择适当的支架架型及参数。

对支架工作状态不良、工程质量差、施工组织混乱等导致顶板管理质量低下的情况，应加强科学管理，实行顶板动态及支护质量监测，改善采煤工艺，进行技术培训，严格遵守劳动纪律。下面就其中几个主要方面加以介绍。

（一）改进顶梁结构

1. 整体顶梁

在顶板破碎的条件下，液压支架必须具有及时全面封闭顶板的功能，使用整体顶梁有利于采用长侧护板，以便全面封闭架间空隙。这种液压支架顶梁不仅其端部可对顶板有一定的支撑力，而且可防止碎矸漏空，即可使悬露顶板在整个回采过程中始终受支架顶梁遮盖。

有的矿井为了支撑端面破碎顶板，在割煤前已将顶梁前端移至煤壁，这种方式称为超前支护。这样，就要提前将支架底座前移，紧靠输送机，这就造成行人困难，而且在下次割煤后不能及时移架，需要输送机推移后，才能再次移架。

2. 伸缩梁或折叠梁顶梁结构

当顶梁端部具有伸缩梁或折叠梁结构时，在采煤机通过后，可立即前移支架，支护刚刚暴露的顶板。同时将伸缩梁伸出。在开采厚度较大的煤层时，伸缩梁前端带有专门护帮板，这种护帮板可翻转 180°，起临时护顶作用，该护帮板又称为折叠梁或挑梁。这种折叠梁的缺点是当移架前、收回折叠梁时，梁上的矸石可能同时漏下，但伸缩梁仍可维持在原处。

伸缩梁要保证伸缩量达 600 mm，伸出后既能对端面顶板产生一定的支承力，不能与顶板脱离，又具有足够的抗弯能力，伸出、缩回动作灵活，并尽可能多地封闭刚刚暴露的顶板，不影响安装支架侧护板，也不致使端部受力过大，而造成支架前倾啃底。

一般在支架设计时设计伸缩梁，也可以在使用中的支架上加装。伸缩梁结构有外伸缩及内伸缩两种。外伸缩梁又称手套式，伸缩前梁套在顶梁前端，内有导向轨起导向和平衡伸缩梁所受顶板压力的作用。筋板的作用是将导向轨连接，可平衡反力，依靠伸缩液压缸推拉伸缩梁。整体顶梁不能使用外伸缩梁；整体顶梁使用外伸缩梁后，不能用长侧护板。

内伸缩式的伸缩梁安装在顶梁内，必要时内伸缩梁由液压缸推出，它本身也呈导轨状。内伸缩式伸缩梁不如外伸缩式伸缩梁与顶板始终接触，但其动作灵活，比外伸缩式阻力小，可配合整体顶梁长侧护板使用；左、右设置的双缸伸缩液压缸比正中安置的单缸更好，不易发生卡、别现象。

3. 防片帮装置

西山矿务局原使用的防片帮装置为间隔花板状，使用期间这种防片帮板扭曲变形和销轴断裂较严重，起不到护帮作用，主要原因是强度不够。另外，防片帮结构的伸展角小，不能满足在顶板破碎、煤壁片帮较深的情况下使用。后将防片帮装置改成挑梁，不但强度得到加强，起到护帮作用，而且在遇到顶板破碎、煤壁片帮较深时，可将挑梁伸展，临时支护暴露出的顶板并有效控制端面顶板的冒落。

另一种防片帮装置是由上、下护板组成，背面有液压缸支配其分合。该液压缸又可作为临时贴帮柱，以支撑顶梁前端，改善其受力状态，液压缸随采煤机通过前、后而收、放。

开滦矿务局7286工作面煤壁片帮严重，极易造成端面冒顶，一般片帮深度1.5 m，最大达2~3 m，支架梁前空顶范围大。为防止顶板抽冒，一般采取支架超前移架或在支架上挑木板控制，再打上贴帮柱，如图4-34a所示。但这种方法的缺点是，在挑板时需要降架，工人作业危险，因此在工作面片帮严重及顶板破碎地段使用的G320-13/32型掩护支架的梁端加装了伸缩梁。

使用伸缩梁后将有效控顶距增加0.6 m，并采取配合支架超前移架，适当降低和控制采高，增加一套泵站系统，实行双泵供液等综合措施后，情况大有好转。经改装后，支架能有效控制片帮深度小于1.5 m所造成的空顶，避免了因煤壁片帮而造成的冒顶。伸缩梁的使用范围内基本不发生冒顶，如图4-34b所示。

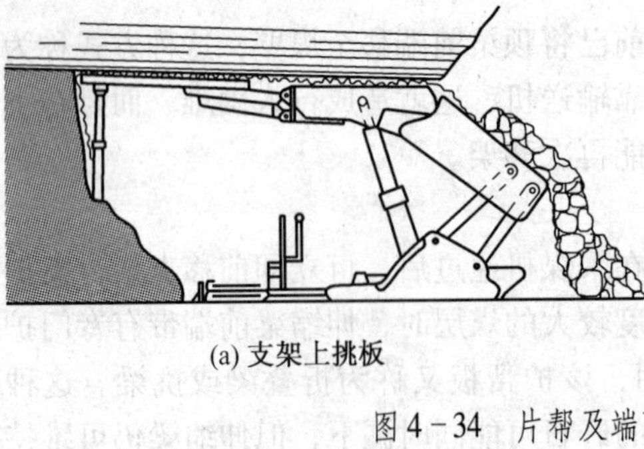

(a) 支架上挑板

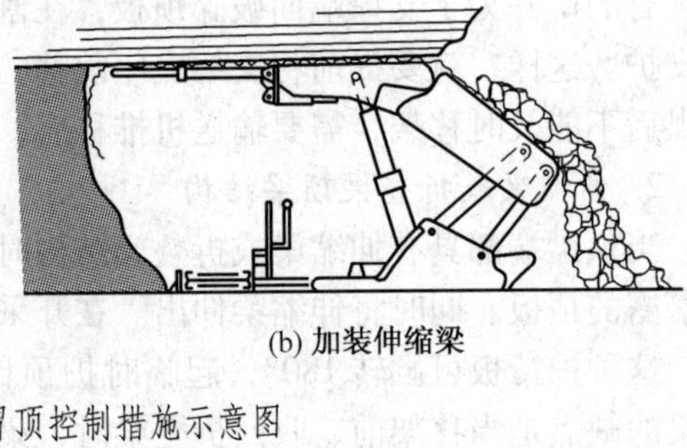

(b) 加装伸缩梁

图4-34 片帮及端面冒顶控制措施示意图

（二）铺顶网

在工作面端面不稳定的直接顶已冒落的情况下，在进入顶梁上方时顶板一般已非常破碎，在顶梁上形成厚0.2~0.4 m的浮矸层。且随着支架前移，破碎顶板可以从端面冒下，也可以从前梁间无侧护板的约0.3 m宽的间隙漏下，形成顶梁空顶。支架上的浮矸给移架带来极大困难。当支架降架前移时，只要侧护板稍微收回，降架量超过邻架侧护板高度时，浮矸就会从间隙及端面漏下；同时使端面冒顶扩大，支架倾倒及相互咬架现象时有发生。有时连续十余架歪倒，工作面只能停产调架。

铺顶网是改善上述情况的一种重要措施。工作面可全部或局部铺设。一般铺双层金属网。双层网沿走向采取中对中搭接，沿倾斜搭接不少于500 mm。金属网一般用10号镀锌铁丝编织而成，长10 m、宽1.2 m，网孔呈菱形或方格状。用14~16号双线铁丝连接经纬网，联网点布置采取“双排三花”形式，间距为200 mm，联网在采煤机割煤前进行，割煤时先将网拉紧，防止割网，割煤后先松网，再利用伸缩梁、防片帮装置等及时将网掩盖端面顶板及煤壁。

铺网效果分析：

（1）有效防止了架间漏矸，改善了顶梁与顶板的接触状态，顶梁上虽仍有浮矸，但未漏空。据平顶山矿务局八矿综采工作面观测，铺网后支架接顶距 a 由 0.64 m 降为 0.27 m。由于改善了移架条件，使梁端距由 0.43 m 降为 0.37 m，端面距由 1.48 m 降为 0.83 m，有利于控制端面顶板。

（2）改善了支架工作状态，移架时支架擦金属网前移，改变了支架顶梁仰、俯过大的情况，平衡千斤顶不致受拉损坏。

（3）支架支护阻力提高，有利于形成平衡端面顶板的后拱脚。据平顶山矿务局八矿测定，支架初撑力及时间加权平均工作阻力在铺网后分别增加 69.6% 及 64.8%，提高了支架与围岩的系统刚度。

（4）有利于防止煤壁片帮，减少片帮深度。虽然增加了铺网工序，提高了吨煤成本，但铺网对改善破碎顶板与支架的关系起到重要作用，是控制破碎顶板的一项重要技术措施。

（三）带压移架或擦顶移架

目前采取的先降、后移、再支撑的移架方式很难保持破碎顶板的完整性。因此，应采取带压移架方式，即移架时，先启动移架千斤顶，再逐渐卸载，使移架时顶梁与顶板仍保持不小于 10 kN/m^2 的支撑阻力，带压前移。这样，即使顶板出现破碎，由于带压移架，顶板不会出现明显的松动，也不会冒落。带压移架不仅可有效提高控顶效果，而且可加快移架速度。但带压移架一般只限于 2.5 m 以下采高，否则，支架前移时会产生卡阻（因后倾回转）。采煤工作面移架时一般推广擦顶移架。

（四）初撑力保持阀

人工移架时，为了加快移架，常出现顶梁刚接触顶板就停止供液的情况，支架实际初撑力常远低于额定值。因此，国内外推广采用初撑力保持阀，即在手动操作支柱控制阀的同时，直接或间接启动补偿控制阀，在人工松开手把后，支架可继续增压，直至达到额定初撑力后，才停止供液。

破碎顶板的移架操作应灵活，在割煤后、移架前的顶板剧烈活动期间，当移架落后采煤机较远时，割煤应暂停或采用交替移架的方法，以保证移架滞后于滚筒不超过顶板允许暴露的时间和面积。

在必要时一般支架均可采用先移架、后推移输送机的作业方式。对于随采随冒的顶板，当滚筒割完顶煤后应立即移架，其滞后距离不应大于 3 m；移架后应伸出伸缩梁，封闭端面顶板。为了避免滚筒割顶梁，在下次割煤时，可收回伸缩梁或留厚 20 cm 的煤顶，当支架承载前移时，可用顶梁将这层煤顶挤掉。

四、煤帮与顶板固化技术

在影响破碎顶板与支架相互作用的各因素中，煤岩本身的力学特性起着关键作用，若能从改善煤、岩本身性质着手，对煤、岩体进行化学加固，无疑对提高其自稳能力会有重要作用。

用化学材料加固破碎顶板及煤体，是解决综采工作面顶板破碎和冒落，以及煤壁片帮的一项有效的特殊措施。它是利用能迅速凝固的浆液注入松软煤岩或裂隙性含水岩层中，待浆液凝固后，将破碎、松软的围岩变成完整的岩层，并能堵塞裂隙，起到减少透水、漏风的作用。

从 20 世纪 50 年代中期开始，一些国家就探索使用各种树脂浆液加固岩石。联邦德国是研制聚氨酯最成功，使用聚氨酯最广的国家，从 1971 年开始使用，聚氨酯注浆加固技术已成为联邦德国煤矿注浆加固岩石的标准工艺。此外，在苏联、日本、美国、澳大利亚等国也较广泛地将化学材料加固煤岩的方法用于煤矿生产。

（一）注浆材料

注浆材料主要有以下几类：①水泥类；②脲醛树脂；③聚氨酯树脂；④低成本煤岩化学加固材料。

1. 水泥类

水泥注浆材料具有颗粒性，在细小的裂隙中难以渗透，一般应用在裂隙宽度在 0.15 ~0.2 mm 之间的裂隙性和孔隙性岩石中。水泥浆可加入水玻璃、飞灰等材料，以加速凝固及降低成本。水泥类固结材料价格便宜，对注浆设备要求低，但对煤岩的黏结力低，固结体脆而易收缩，效果不如树脂类注浆材料。

目前，我国用于巷旁充填的高水速凝水泥材料，也适用采煤工作面加固煤岩体。高水速凝水泥材料是以硫铝酸盐水泥为基料，加上石膏等配料制成，其特点是固料少，水量大，凝固体韧性好，快凝及价格便宜。用高水速凝水泥替代普通的水泥加固煤岩体，其加固施工工艺与树脂类注浆材料相似。

2. 脲醛树脂

脲醛树脂是尿素和甲醛发生缩聚反应后形成的高分子化合物，该化合物平均分子量在 400 左右。由于含有大量的活性端基，如羟甲基、酰胺基，所以能溶于水。未固化的脲醛树脂，即初期线性结构型树脂，当存在酸性物质时，胺基（$—NH_2—$）、次甲基（$—CH_2—$）和醚键（$—CH_2O—CH_2—$）即会相互作用，而形成最终体型结构树脂。

脲醛树脂一经固化，即成为不溶性物质。固化剂由工业磷酸 H_3PO_4，或工业三氯化铁 $FeCl_3$ 和 107 胶配制而成。

作为固化材料的脲醛树脂，其性能应满足以下要求：

（1）游离醛的含量在 0.8% 以内。

（2）固体含量不少于 55%。

（3）树脂黏度为 0.1 ~0.5 Pa·s。

（4）储存期达 4 个月的黏度不大于 0.5 Pa·s。

脲醛树脂在固结后易产生脆性，在缩聚作用过程中有沉淀，强度随时间延长而降低。因此，脲醛树脂作为固化材料，并非在所有情况下使用效果都很好，例如，对某些类型岩石，如 pH 值过大的岩石固结不好，产生水及甲醛等易导致体积缩小。

针对上述缺点，可利用添加剂与增塑剂改良其特性。如加入一定量的木胶、尿素及淀粉等，可使沉淀效果大幅降低；在脲醛树脂中加入含乳胶 30% 的 $FeCl_3$ 固化剂，就可使塑性有很大提高，弹性模量减少 60% ~63%，抗拉固结强度增加 30% ~ 40%；当加入不同比例的乳胶时，其应力—应变曲线如图 4 - 35 所示。

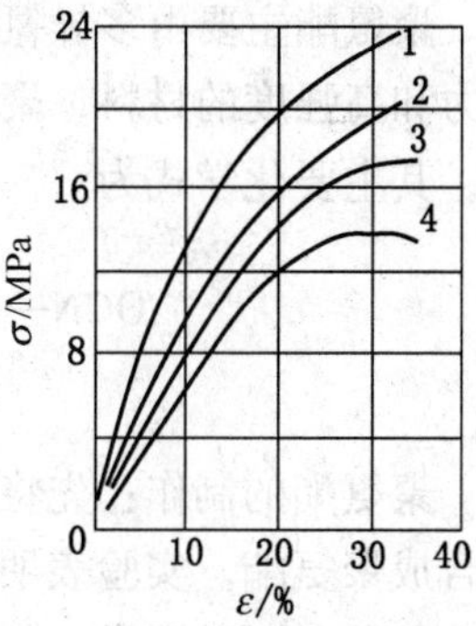

1 ~4 表示脲醛树脂中乳胶的质量分数分别为 0、10%、20%、30%

图 4 - 35　脲醛树脂加入含乳胶的 $FeCl_3$ 固化剂的应力—应变关系

用作固化剂的材料及性质：含量为 85% 的工业磷酸，密度为 1.6 g/m^3；含量 40% 的三氯化铁为棕色透明液体，含量 80% 的三氯化铁为棕褐色固体，溶于水后为棕褐色液体，不含沉渣杂质；固化剂用的 107 胶，学名聚乙烯醇甲醛，为白色透明黏稠液体，黏度为 1 Pa · s 左右。

固化剂应在现场使用时配制，其配制方法如下：

（1）取 107 胶 20 kg 加入 30 kg 净水中，搅拌均匀后加入三氯化铁约 3 ~5 kg，配制成固化剂。在注浆使用时，按 1 份固化剂与 3 份脲醛树脂相混合。固化剂凝胶不流动时间约为 30 min，30 min 后成为胶状固体。在使用中如发现凝胶时间不合适，可适当调整三氯化铁用量，三氯化铁用量多，则凝结快。

（2）用磷酸作固化剂。配制方法为取 20 kg107 胶加入 30 kg 净水中，搅拌均匀后，加入磷酸 2 ~3 kg，充分搅拌均匀后，按 1∶3 比例与脲醛树脂相混合。

磷酸固化剂适用于吸湿性强的岩石，当裂隙宽度较大时，也能降低其固结强度。试验研究表明，随着岩石的吸湿性增加，其抗拉强度增大（图 4 - 36a），由此可知，磷酸固化剂宜用于吸湿性大于 2.5% 的岩石。随着裂隙宽度 δ 增加，其固结抗拉强度降低的情况如图 4 - 36b 所示。

脲醛树脂材料适用于不稳定的裂隙岩体，首先宜固结小裂隙（<1 mm）、高吸湿性的

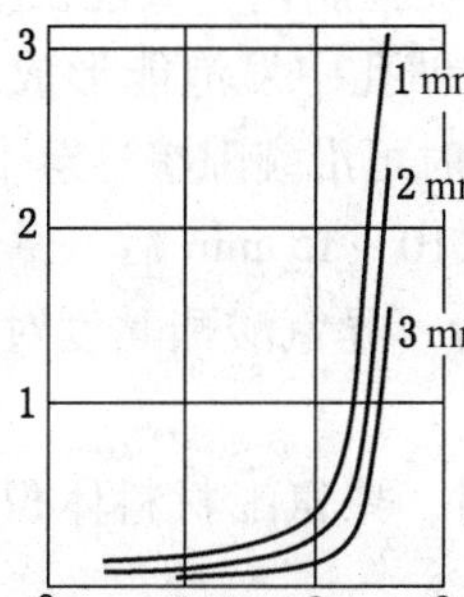

(a) 不同裂隙宽度下，湿度与抗拉强度之间关系

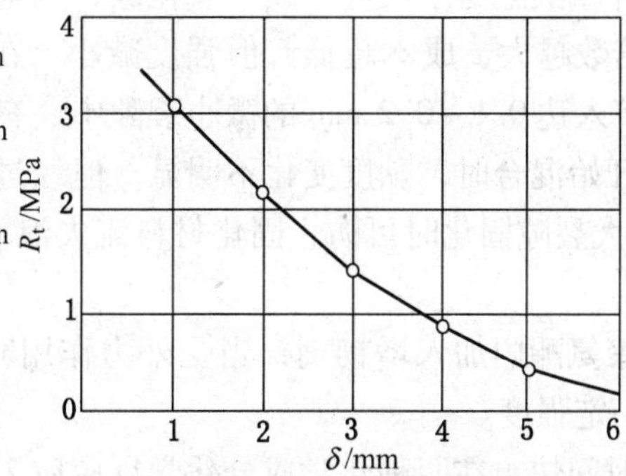

(b) 裂隙宽度对抗拉强度的影响

图 4 - 36　水和裂隙宽度对磷酸固化脲醛树脂抗拉强度的影响

岩层、干砂、煤层。脲醛树脂材料用于固化 pH 值>9 的水及碳质高的岩层效果差，宜先用酸性固结料溶液对这类岩层进行处理，以降低岩石的 pH 值。

3. 聚氨酯树脂

聚氨酯主要由多异氰酸酯与聚醚或聚酯，按 1∶1 比例混合反应而固化成的一种高黏结力和高强度的材料，聚氨酯内部两种材料联成立体网状结构。多异氰酸酯为一种棕色液体，其主要化学式为

$$\mathrm{OCN—R—NCO—HO—R'—OCN \rightarrow R—\underset{\displaystyle HO}{\underset{|}{NCO}}—R'—OH}$$

聚氨酯的制作：先将多元醇聚醚与增塑剂、催化剂、水等混合搅拌，再与多异氰酸酯混合成聚氨酯。实验表明，用二官能度和三官能度的混合聚醚类较好。增塑剂可选用麻油、邻苯二甲酸酯类，如酸酯类、聚酸酯类、脂肪族二元酸酯类；催化剂可用叔铵、有机锡和酰氯类化合物。

加水量对聚氨酯的膨胀倍数有很大影响：当外加水量为 0、0.06%、0.1%、0.2%时，其体积膨胀倍数分别为 1.5、2.2、3.5、5 倍。

选取多异氰酸酯时，首先应选用二苯基甲烷二异氰酸酯，即 MDI；其次选用多次甲基多苯基多异氰酸酯，即 PAPI。由实验得到的不同型号聚氨酯的抗拉、黏结抗拉强度指标和膨胀倍数见表 4-22。

表 4-22 聚氨酯特性

型号（KL-PIC）	N	F	WP	C	备　注
抗拉强度/MPa	38.13	101.2	81.25	1142.5	KL 表示各种多元醇，PIC 表示异氰酸酯
膨胀倍数	4.5	2	2	2.1	
黏结抗拉强度/MPa	1.09	2.57	1.19	2.18	

聚氨酯的特点：

（1）因多异氰酸酯与水反应生成二氧化碳，且留在树脂内，故能发泡 3～5 倍，最高至 7 倍。发泡倍数越大，成本越低，但强度减小。在钻孔中发泡能形成约 0.5 MPa 的压力，迫使树脂挤入达 0.1～0.2 mm 的微小裂隙中，有时可沿裂隙渗透至十多米远的地点。

（2）在刚开始混合时，黏度变化不明显，但经过 10～15 min 后，黏度急剧增高（图 4-37a），这在大裂隙固化时可防止固化材料流失浪费。异氰酸酯黏度对温度的影响如图 4-37b 所示。

（3）由于聚氨酯内加入增韧剂，当受外力作用时，聚氨酯材料体积虽被压缩，但不破裂，仍保持一定强度。

（4）固化时间快，在两种化学成分化学反应后 2 h 内，聚氨酯就能达到最终强度。

（5）凝胶时间可调。利用催化剂，可将聚氨酯的凝胶时间从 10 s 调节到 20 min，且强度大。但当发泡倍数为 3 时，裂隙宽度由 2 mm 增至 5 mm，则试块抗剪强度由 18 MPa 降为 1.2 MPa，抗拉强度由 15 MPa 降为 1 MPa。

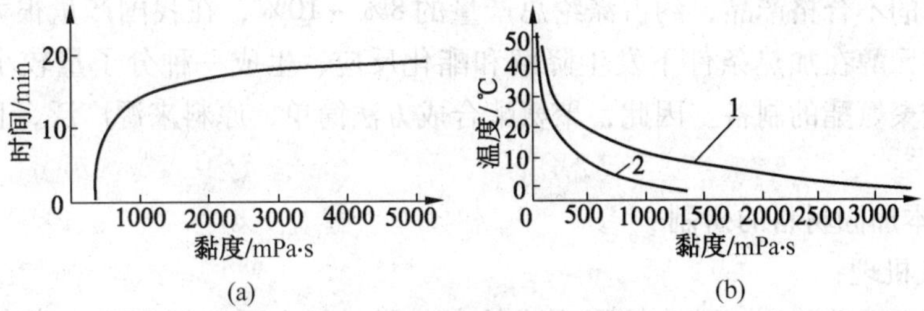

(a) (b)

1—聚醚；2—异氰酸酯

图 4-37 聚氨酯黏度与时间、温度关系

由上可见，聚氨酯在固化性能上是领先的，但由于价格较贵（约为脲醛树脂的 8 倍)，推广使用受限，只有在采煤工作面发生重大冒顶时才可使用。

4. 低成本煤岩化学加固材料

聚氨酯为有机高分子材料，具有优良的物理力学性能，作为破碎煤岩体的化学加固材料，已得到了较广泛的应用，取得了良好的效果。但由于聚氨酯价格较高，限制了它在煤炭生产中的大量应用，因此迫切需要降低成本。

如前所述，聚氨酯为甲组分（多异氰酸酯）和乙组分（聚醚或聚酯）经混合后的反应产物。其中甲组分为大规模生产的化工产品，而乙组分根据使用要求，可自行合成。多元醇化合物的种类很多，性能和价格不一。一些含有羟基或“活性氢”、价格低廉且性能类似于聚醚多元醇类的化工原料，只要对其进行特殊的化学处理，就能使它们与异氰酸酯有效反应，生成满足煤岩化学加固要求的聚氨酯加固材料，从而使乙组分的多元醇化合物的成本降低，进而使聚氨酯加固材料总成本降低。

1）煤岩体化学加固对加固材料的要求

煤岩体化学加固是利用专用注浆泵，将注浆胶液等材料注入煤岩体中，使其沿裂隙渗透扩散，注浆胶液凝固后，将煤岩体固结在一起，起到加固作用。由于煤炭开采为连续性生产，煤岩体中的裂隙较小，加固的范围大，加固材料在煤岩体中主要起黏结、抗拉和抗剪等作用，因此。对加固材料有如下基本要求：

（1）黏度较低，便于渗透；

（2）凝固时间易于调节；

（3）原材料来源广，价格便宜；

（4）凝固后具有一定的黏结强度和机械强度；

（5）材料为液态，在温度 -20 ~ +40 ℃范围内，物料的性能不发生较大变化；

（6）聚氨酯双组分黏度差别尽量小；

（7）聚氨酯双组分配比要求不能过于严格，至少允许有 ±10% 的误差；

（8）储存稳定。

2）低成本加固材料的选择

聚氨酯的反应机理为异氰酸酯的异氰酸根和多元醇上的“活性氢”的反应，从而生成高分子聚合物。除了现已大量使用的聚醚多元醇外，还有一些价格低廉、含有羟基或“活性氢”的化工原料，如木焦油、蓖麻油、淀粉、PET 废料及水玻璃等。PET 废料为涤纶生产过程中的不合格产品，约占涤纶总产量的 8% ~10%，在我国产量很大，这种 PET 废料可以和多元醇在加热条件下发生降解和酯化反应，生成一种分子量较小的聚酯多元醇，直接用于聚氨酯的制备。因此，聚氨酯合成方法简单，原料来源广泛，且产品生产成本较低。

3）低成本加固材料的研制

（1）合成机理：

PET 为苯二甲酸与乙二醇脂缩聚而成的高分子材料，可以把 PET 和其他多元醇、多元酸或酸酐一起通过解聚、酯化等反应，生成一种分子量较小的聚酯多元醇化合物，其基本反应过程如下：

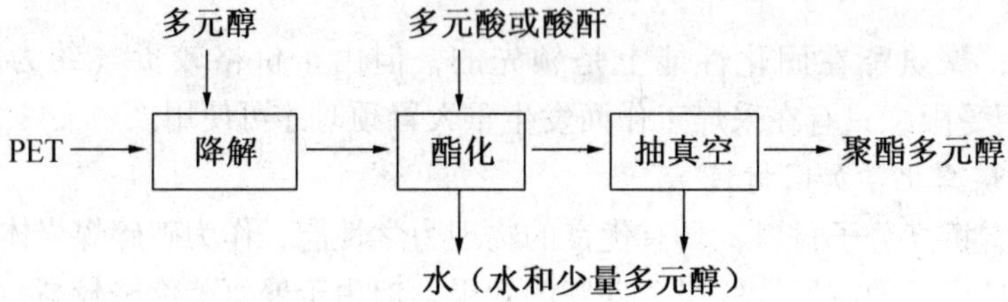

第一步：PET 在过量多元醇的作用下产生降解，由原来的高分子，裂解成许多个分子量较小的聚酯多元醇，同时由固态转变为液态。

第二步：PET 完全降解后，在反应混合物中剩余的多元醇与加入的多元酸或酸酐发生酯化及缩合反应，生成聚酯多元醇，酯化反应生成的水大部分在加热条件下蒸发。

第三步：通过抽真空，除去对聚酯多元醇质量有影响的水和少量的小分子多元醇，最后制得所需的聚酯多元醇化合物。

（2）试验方法和过程：

煤炭科学研究总院北京开采所采用 PET 废料、二甘醇及芳香族酸酐，制得芳香族聚酯多元醇。试验从小样、中样、放大样，到工业试验四个阶段。

工业性试验是应用放大样试验中生产的 600 kg 聚酯多元醇，再按照配方，加入适量的催化剂、稳泡剂及发泡剂混合而成。试验结果表明，每米钻孔浆液的注入量为 10 ~20 kg，浆液的渗透半径超过 2 m。顶板煤体中注入该加固材料后，基本上控制了 3 ~4 m 的冒顶，保证巷道掘进安全、顺利进行。

（3）聚酯多元醇的性质：

聚酯多元醇的性质见表 4 - 23。

表 4 - 23 聚酯多元醇的性质

性能	形态	色泽	密度/（$g \cdot cm^{-3}$）	含水量/%	黏度（25 ℃）/（$MPa \cdot s$）	歧化度	酸值（KOH）/（$mg \cdot g^{-1}$）	储存温度/℃	储存期/a
指标	液态	乳白色	1.18	<0.3	250	高	<2.5	10 ~20	≥1

由上可见，用 PET 废料生产的聚酯多元醇，其合成方法简单、成本低、材料来源广，其性能完全能满足煤化学加固的要求。

4）加固材料的配制及其物理力学性能

（1）加固材料的配制：

加固材料按双组分 1∶1 的比例配制。甲组分选用多异氰酸酯，有利于制作黏结强度较高的发泡材料。乙组分主要为聚酯多元醇，根据选定的配方，添加泡沫稳定剂，促使发泡时泡沫的稳定均匀；添加调节范围大、弹塑性好的硬质泡沫体催化剂，适当添加少量的聚乙二醇或蓖麻油；由于聚酯多元醇的黏度较小，选用水作为发泡剂，最后所得的乙组分为上述各组分混合而成的产物。

（2）加固材料的物理力学性质：

①加固材料的物理力学性能见表 4－24。

表 4－24　加固材料的物理力学性能

性　　能	指　　标	性　　能	指　　标
黏度（25 ℃）/（MPa·s）	250	凝胶时间	30 s～30 min 可调
黏结强度/MPa	1.62	泡沫密度/（$kg \cdot cm^{-3}$）	80～150
发泡倍数	5～10	10% 变形的压缩强度/MPa	0.97
结石体抗压强度/MPa	4.36	两组分比例	1∶1（误差 ±10%）
储存期/a	≥1	毒性	低

②加固材料的受压缩变形特性：1 号试件的压缩变形特性如图 4－38 所示。

从图 4－38 中可以看出，该加固材料虽然抗压强度较小，但它具有很好的弹塑性，其压缩强度随压缩变形而非线性增大，在压缩变形 75% 以内未发生破坏。这一特性在受采动压力影响较大的采煤工作面和巷道的煤岩化学加固中，具有独特的优点。

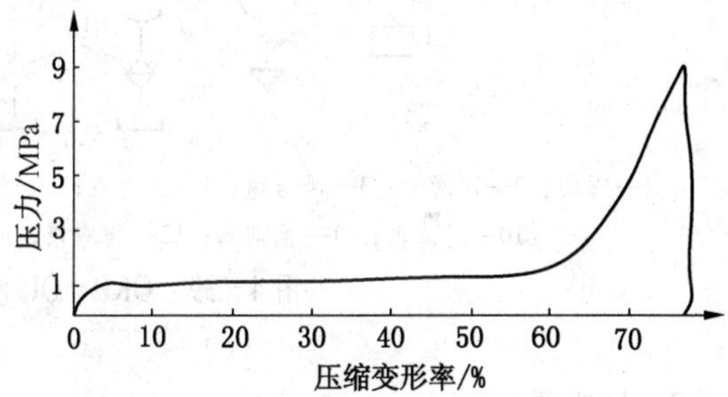

图 4－38　1 号试件的压缩变形曲线

（二）煤岩加固的设备和系统

1. 压注泵

根据采用的注浆材料选用设备。最常用的设备是由高压乳化液驱动的柱塞泵，其流量受材料黏度的影响小，计量准确。柱塞泵基本结构是由一个驱动缸推动两个相同的活塞泵，机身为框架结构，便于搬运。

目前使用的各种压注泵的性能见表 4－25。

表 4－25　压 注 泵 的 性 能

型　号	类　型	压力/MPa	流量/（$L \cdot min^{-1}$）	体积/（m×m×m）	质量/kg	产地
H63.2.32	双柱塞泵	5～20	16～20	1.4×0.4×0.3	95	德国
H40.2.25	双柱塞泵	0～14	5.7～10		20	德国
D200.2.21	风动柱塞泵	0～16	2～8			德国

表 4-25（续）

型　号	类　型	压力/MPa	流量/(L·min^{-1})	体积/(m×m×m)	质量/kg	产地
GKP-QU	风动双液齿轮泵	10	10	0.35×0.45×0.95	21	日本
YZB40.2.25	双液泵	0~14	0.032×2	0.32×0.35×0.67	20	中国

当使用脲醛树脂作为注浆材料时，固化材料与固化剂之比为 3∶1。目前尚无相适应的双液泵，只能用两台双柱塞泵同时工作，其中 3 个柱塞注树脂，一个柱塞注固化剂。泵的动作频率可调节，一般采用 60 次/min。当两台泵同时工作时，要求动作速度尽量一致，相差不得超过 5%。

图 4-39 为开滦矿务局使用 GKP-QU 型压注泵的压注系统。先在钻孔内导入固化管，用封孔器把钻孔封好，用注浆泵分别吸入聚酯及多异氰酸酯两种材料，并通过如下流程到钻孔：注浆软管→孔口混合器→进料管→封孔器→加长管→单向阀→钻孔。

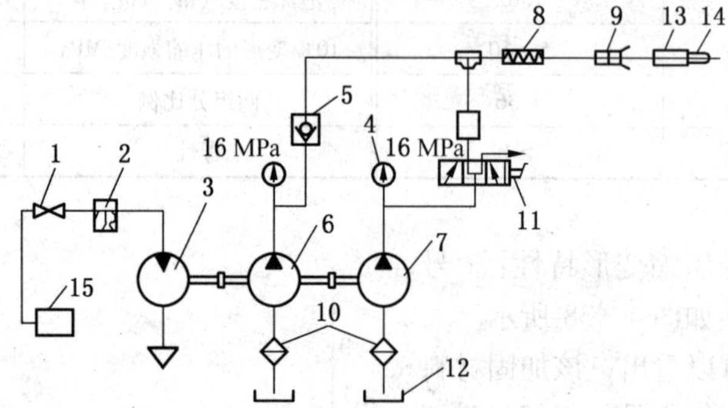

1—阀门；2—润滑油；3—风马达；4—压力表；5—单向阀；6、7—齿轮泵；8—送料管；9—封孔器；10—过滤器；11—换向阀；12—树脂箱；13—加长管；14—单向阀；15—空压机

图 4-39　GKP-QU 型压注泵压注系统

2. 封孔器

封孔器有机械式、液囊式及药卷式。

（1）机械式封孔器由弹性胶管、胀壳、锚固头等组成。

（2）液囊式封孔器可使用中间通过注浆导管的布筒，布筒直径 70 mm，长度根据封孔长度需要而截取，但应大于松塌区宽度。将布筒放在孔端，再将聚氨酯按比例压入布筒内硬化封口。液囊式封孔方式质量较好，可在裂隙较发达的煤体中应用。

（3）药卷封孔是利用快凝水泥药卷，封孔部分位于孔口，直径比注浆部分大 20 mm，可便于装配封孔药卷（图 4-40）。

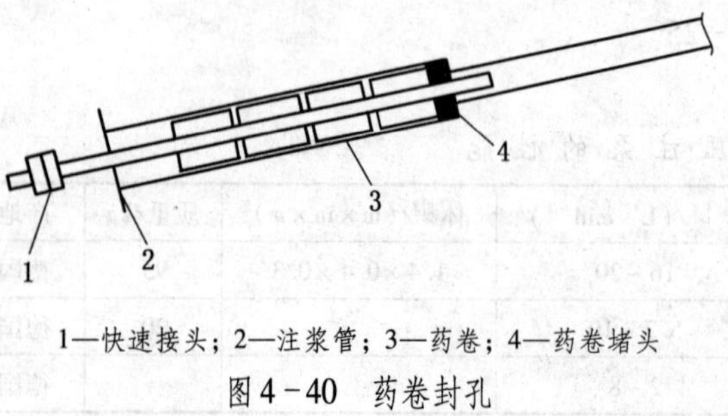

1—快速接头；2—注浆管；3—药卷；4—药卷堵头

图 4-40　药卷封孔

封孔时将空心水泥药卷（4~6 个）逐个送至封孔段的端部，利用套管用力捣实。注浆管外端为快速接头，与压注泵的高压管相连。

封孔长度根据注浆压力而定，药卷的抗压强度为 20 MPa。

药卷封孔较为方便、简易、成本低，在注水软化煤岩时也可使用。

3. 混合器

混合器可用迷宫式静态混合器，长约 155 mm，呈管状，管内设置 3 道带孔的筛板，筛孔直径分别为 5、2、1 mm，其作用是将两种浆液均匀混合和过滤杂质。两种浆液通过筛孔射出后立即扩散，经过几次循环后，浆液就能较好地混合，同时挡住较大颗粒杂质。混合器材料为尼龙或聚乙烯塑料。

4. 进料管

进料管由 ϕ22 mm × 45 mm 的金属管制成。其外端为变径接头，并与三通接头旋接，用于输送浆液。

5. 加长管

加长管为聚氯乙烯硬质塑料管，其长度视孔深而定，装有逆止阀，可防止注浆时聚氨酯倒流。

注浆泵每天工作完后要及时用清水洗，吸排达 50 kg 以上。封孔泵要用机油清洗。

（三）注浆工艺

目前，加固煤岩的注浆工艺有两种方法，即药包加固法和压注加固法。药包加固法通常配合锚杆使用。

1. 药包加固法

药包加固法主要用于煤壁片帮或顶板较破碎，但不十分严重的情况。如水平或急倾斜厚煤层工作面煤壁破碎、松软和片帮的地点，以及工作面端头，也可用于煤柱和巷道掘进中加固煤层。如果煤岩太松软、破碎时，则应改用压注加固法，但一般应优先考虑使用药包加固法，因为它费用低，操作简便。

聚氨酯药包种类有以下两种：

（1）A 型药包：用两种体积相等的组分装在两个相互套在一起的塑料袋中，如图 4－41 所示。内袋（也有用玻璃管的）装多异氰酸酯，外袋装聚醚。外袋为 20 μm 厚的聚酰胺薄膜，内袋为 80 μm 厚的聚酰胺和聚乙烯复合薄膜，这一设计，可防止内外袋两种组分互渗，引起发泡硬化。药包外径 43 mm、长 300 mm，每个包重约 0.5 g。药包贮存期为 3 个月。

我国引进了这种药包生产机，其生产能力为 600 个/班。

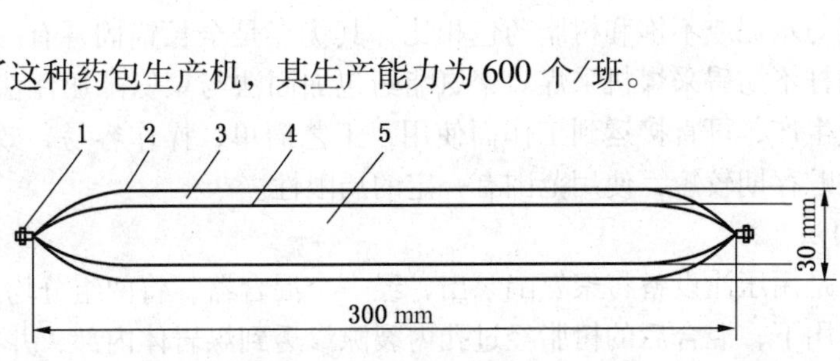

1—弹簧夹；2—外套塑料套；3—聚酯；4—内层塑料套；5—多异氰酸酯

图 4－41　A 型聚氨酯药包示意图

（2）B 型药包：用两种体积相等的组分分别装在两个塑料袋中，向钻孔中交替放置不同组分的药包，如图 4－42 所示。这种药包是我国自产，所用的塑料袋是煤矿用水炮泥

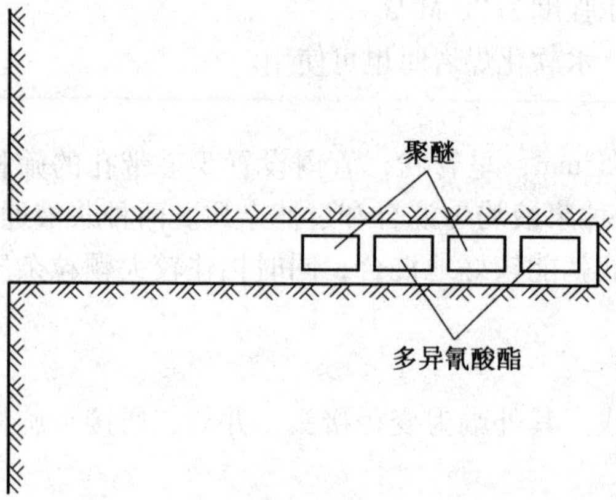

图 4-42　B 型聚氨酯药包示意图

袋，每袋重 180 g。B 型药包由于是单液储存，故存放期较长，并且不需要复合薄膜；缺点是装药太多时，不易搅拌均匀，影响加固效果。

聚氨酯药包加固煤壁时，首先根据煤壁裂隙和片帮情况布置钻孔。一般情况下孔间距为 0.7～1.5 m，采高超过 2.5～3.0 m 时，可打三花眼。钻孔一般布置在顶板下 0.5～1.0 m 处，并尽可能与煤壁的片帮面垂直。孔深以 2～3 m 为宜，每次加固应有 0.5～1.0 m 的搭接段。应结合煤壁节理裂隙发育实际情况，每米钻孔用 1.5～2 个 A 型药包或 2～3 对 B 型药包。药包装入孔内后，用煤电钻带动硬木锚杆搅动约 20 s，然后用木楔（缠以少量棉纱头）封孔。木锚杆为边长 28～32 mm 的方形木杆，长度比钻孔长度略短（约 30 cm），头部削尖。木锚杆与电钻之间有一个连接套管，以便使电钻带动木锚杆旋转。

聚氨酯药包加固煤壁如图 4-43 所示。

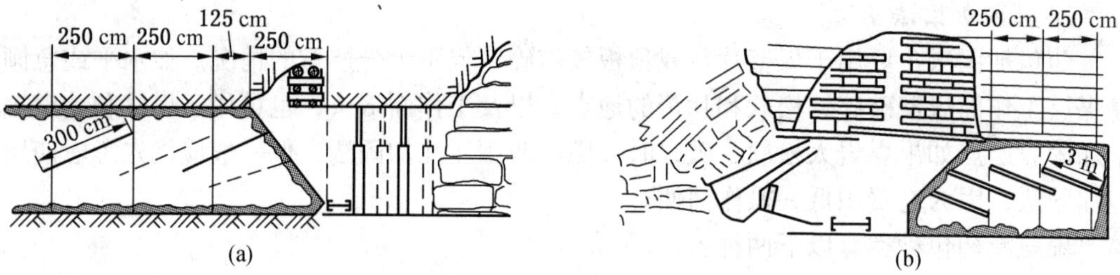

图 4-43　聚氨酯药包加固煤壁示意图

聚氨酯药包加固工作面端头如图 4-44 所示。

总之，具体加固办法应根据工作面实际情况确定。

聚氨酯药包与水泥或不饱和树脂药包相比，其优点是全长锚固，有一定的渗透范围。锚固力大，木锚杆不妨碍采煤机采煤。聚氨酯药包加固法与聚氨酯压注法相比的优点是，可在工厂大批量生产，可直接运到工作面使用，工艺简单，操作容易，效率高，见效快，成本低；缺点是贮存期较短，使用范围有一定的局限性。

2. 压注加固法

压注加固法是用压注设备将聚氨酯泵出，经一个混合器，将两组分均匀混合后压入钻孔内。在泵压作用下，混合后的树脂经过孔内裂隙渗透到煤岩体内部，并在流动中产生化学反应，生成大量气泡，使胶体体积成倍增长，产生附加压力，从而进一步把胶体挤入更小的裂隙中去。这些胶体凝固后，就把破碎的岩石黏结成一体。

根据压注泵安放的位置不同，可将压注加固法分为在钻孔附近或在平巷内压注；根据吸液的种类不同，可将压注加固法分为双液压注或单液压注。

（1）双液压注法。采用双液压注法时，压注泵可放在工作面运输巷、回风巷内，也

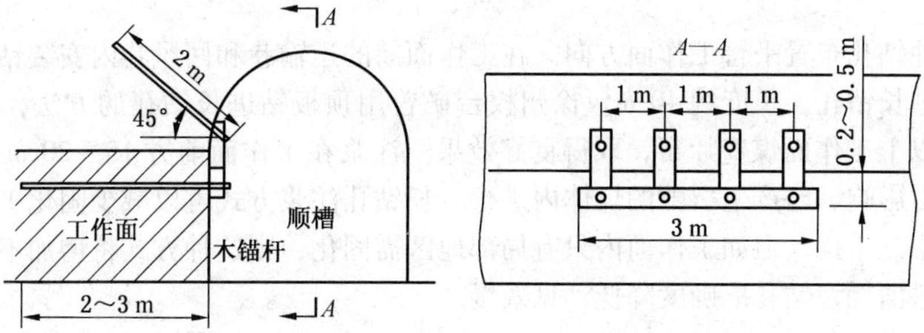

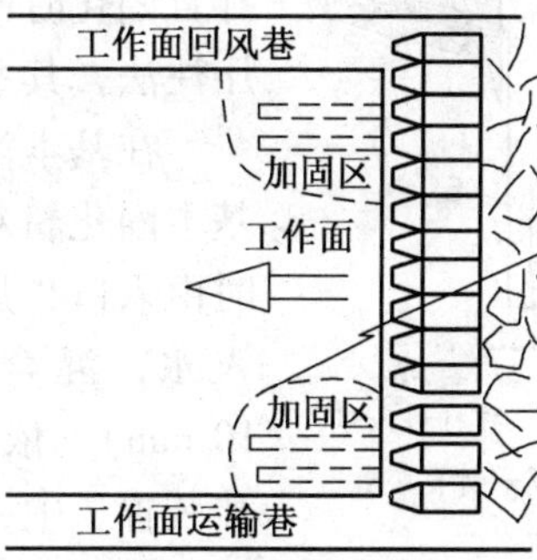

图4-44　聚氨酯药包加固工作面端头示意图

可将泵运入工作面内，安置在需要固化的地点附近。若采用的泵是以高压乳化液作为动力源，则由邻近的液压支架阀上引入驱动压注泵，这样可减少输液管长度，开泵与压注工艺间联络方便。但固化设备及泵等设备需在工作面内人工搬运。

可在工作面内向煤壁或岩层内打注浆钻孔。若煤层厚度较大，可在顶板下向煤层上部钻孔，孔深 6 ~ 12 m，以形成一层护顶煤皮，同时，钻孔也能进入破碎的直接顶中。这样钻孔速度快，压浆渗透容易。

注浆孔间距视浆液的渗透范围而定，而浆液渗透难易程度取决于煤岩中层理裂隙的方向、分布及发育程度：一般钻孔与层理、裂隙相交时，钻孔贯穿的裂隙多，浆液的扩散效果好，因此钻孔方向与层面交角一般为 10° ~ 20°。

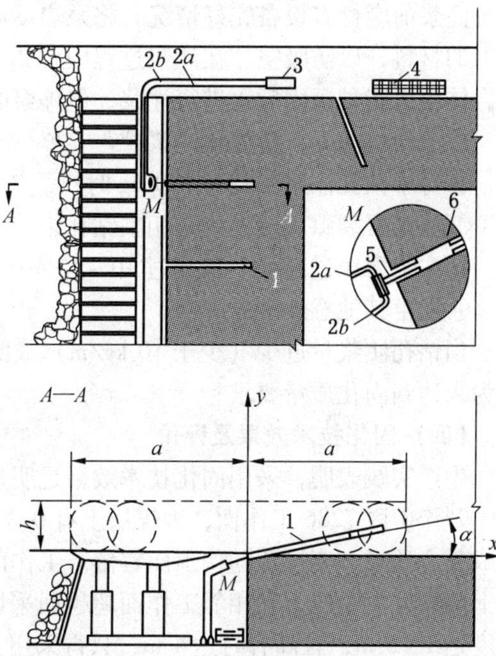

1—钻孔；2—输浆管；3—压注泵；4—料筒；
5—混合器；6—封孔器

图4-45　压注法固化工艺布置

图 4-45 中压注泵 3 设在平巷内，盛放固化材料的料筒 4 安置在泵站附近，两种固化材料分别由管道（2a，2b）送至孔口，进入混合器 5，通过封孔器 6 进入固

化钻孔 1。

另一种钻孔布置平行工作面方向。在工作面前的运输巷和回风巷内安装钻机，钻机靠近顶板钻进长钻孔，长度约 40 m。徐州权台矿曾用顶板钻进长钻孔的方法，来防止采高在 4.5 m 以上工作面煤壁片帮，取得良好效果。注浆在工作面前方 15 ~ 20 m 内、因受超前支承压力影响、已产生裂隙的煤体内进行。长钻孔注浆方式可以减少固化工作与回采工作之间的相互干扰，但如工作面内只有局部地区需固化，则这种方式将增加不必要的钻孔长度及材料消耗，钻孔准确度降低，见效慢。

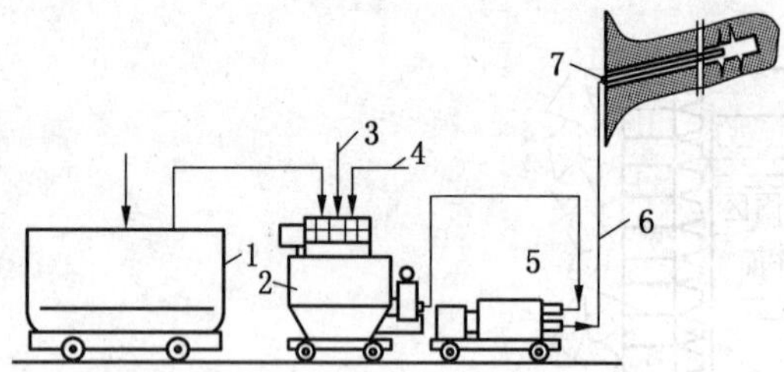

1—基本溶液器；2—搅拌器；3—加入第二种材料入口；4—水入口；5—压注泵；6—输液管；7—封孔装置

图 4-46　单液压注系统

（2）单液压注法。有的材料需仔细搅拌且固化时间较慢时，可用较简单的单液压注法，其系统如图 4-46 所示。

在基本溶液器 1（可用矿车）中盛放基本固化材料，部分通入搅拌器 2 内，同时由入口 3 加入第二种材料，由入口 4 加入水，混合物进行充分搅拌后（大于 10 min），依靠压注泵 5 由输液管 6 通入封孔装置 7 中，进行固化。

单液压注方式的固化材料搅拌更为均匀，可提高浆液质量，但这种压注方式应在材料初凝前就应快速完成注浆工作。实际工作中常因设备突然发生故障，而有浆液在泵及管道内固结的危险。

单液压注注浆操作注意事项如下：

注浆前应检查设备完好情况，将泵启动调试合适。注浆时料桶中应始终有占容积 1/3 以上的材料，以防吸空。在注浆过程中，如发生从煤岩裂隙处向外漏浆，可暂停注浆，待煤岩体中树脂稍凝固后再进行注浆，但停泵时间不宜过长。

在下列情况下，应停止注浆：

①每米钻孔注浆量超过 100 kg 时；

②从煤岩裂隙、层理处或相临钻孔中，向外大量漏浆而无法制止时；

③注浆泵压过高（一般超过 10 ~ 12 MPa）时；

④发生其他意外事故时。

当钻孔注浆量过少（少于 10 kg/m）或两组成分配合比例不当、不能很好固化时，可认为未达到固化质量要求。

（四）固化技术效果及评价

生产实践表明，采用固化技术效果是明显的，冒顶片帮得以控制，产量大幅提高。例如，开滦矿区 7286 工作面，因煤层上有 0.3 ~ 0.6 m 的伪顶，伪顶上有 0.1 ~ 0.3 的煤线，形成复合顶板，直接顶随伪顶而冒落。工作面范围内有 0.5 ~ 3 m 落差的断层近 20 条，又受上层煤柱集中压力和相邻工作面超越回采影响，造成在 40 ~ 108 组支架间大面积片帮，深度达 1 ~ 3 m，冒高有时达 4 m，只得采用人工超前支护，每天消耗坑木 27.2 m^3，半个月仅推进 3.5 m。

因此，采用聚氨酯固化 42 ~ 62 组支架和其他极易冒顶地段。固化小组使用 1 台注浆泵和 2 台风钻，采用压注法工艺，平均每班注孔 2 个，每孔注入约 200 kg 聚氨酯，可控制12 m地段、推进6 m范围；采用锚杆法工艺时平均每班打孔35个，每孔注入约4 kg聚氨酯，可控制30 m地段、推进2.5 m范围。若加大控制范围，还需增加班次或添置设备。

在采用聚氨酯固化后，可清楚地看到树脂呈树枝状黏结在煤岩裂隙中，片帮、冒顶得到控制，取消了贴帮柱，工作面推进加快，产量提高，工作面条件明显改善，保证了生产安全。

固化技术是当前顶板控制中一项较为先进而行之有效的技术措施，在开采条件恶劣的工作面中使用后，可减少片冒事故的发生，对加快推进进度，提高产量，降低坑木消耗，减少灰分和含矸率，节约人工，减少伤亡事故均有明显效果。若结合其他措施对顶板进行综合治理，可使地质条件差和矿压显现强烈的综采工作面的顶板控制效果，得到明显改观。

但利用化学材料加固煤岩的技术有其局限性，由于化学材料价格较贵，设备不配套，钻孔机具，尤其是岩层顶板钻孔机不够完善，故目前一般只能控制工作面因局部的地质构造和矿压显现强烈，而引起的片帮、冒顶。

（五）冒落空洞充填技术

1. 发泡水泥充填冒顶空洞

采煤工作面顶板冒顶后会形成一定范围和高度的空洞，若不及时进行充填处理，可能造成更大范围的顶板事故及经济损失。

传统的处理冒顶空洞的方法是用人工搭设木垛，这种方法不仅施工速度慢，材料消耗大，木垛与顶板接触面小，控制作用差，而且作业十分危险。采用发泡水泥充填冒顶空洞，可克服这些缺点。

发泡水泥的基料为硫铝酸盐水泥，加上占水泥总重5%的添加剂，经简单搅拌后，就可直接使用。用于充填冒顶空洞材料的水灰比为0.9～1.0，发泡倍数达13倍，抗压强度为13 MPa，每立方米用料100 kg，发泡水泥强度及发泡倍数可通过改变水灰比来调节（图4－47）。当材料单向受压达到屈服极限后，随着变形的增大，材料仍能保持较高的承

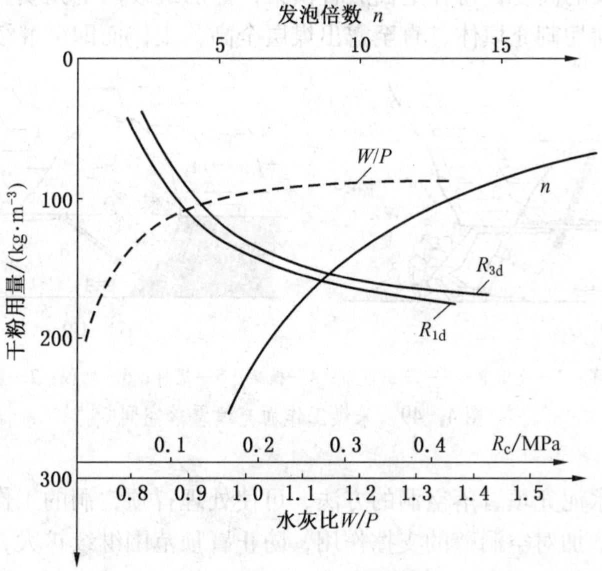

图4－47　用料量与发泡倍数、抗压强度之间的关系

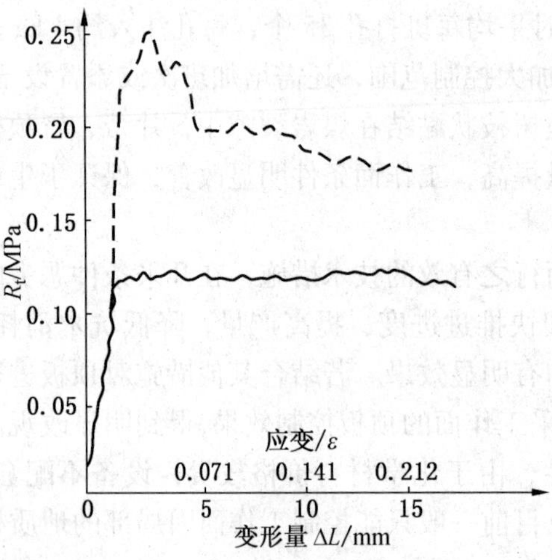

图 4-48　发泡水泥材料力学特性

载能力（图 4-48）。因材料结构是闭孔型的，故其具有良好的气密性。发泡水泥经充填机喷出，5～10 min 内凝结，20 min 后呈固态，4 h 后可达最终强度的 40%～50%，1 d 后可达最终强度的 75%～85%，3 d 后基本达到最终强度。

TJ20×12 型充填机的工作原理：物料经料斗通过叶片式供料器进入搅拌槽，同时水经控制阀、流量计喷入搅拌槽，由螺旋叶片旋转搅拌均匀；与此同时，泵在吸入泥浆时吸入一定量的空气，材料在输送过程中，混合形成泡沫泥浆。TJ20×12 型充填机主要技术特征：流量 20 m^3/h、压力 1.2 MPa、供料量 4～72 kg/min、供水量 10～50 L/min、电机功率 10 kW，质量 750 kg。

采煤工作面的局部冒顶一般发生在机道上方。为进行充填，需先封堵空洞底部，充填方法通常有以下两种：

（1）在支架顶梁前架设木梁，木梁前端可掘梁窝、立贴帮柱，或将木梁前端固定在锚杆上（图 4-49a），再在木梁上铺设背板与编织帘布，必要时也可在背板与编织布之间加一层金属网，再将注浆管插入，向空洞内充填。

（2）在背板上放入塑料编织袋，先逐个充填编织袋，充完后再向袋上空间充填，直至充满整个冒落空间。如果冒高很大，一般只需充填 2～3 m 高，待支架带压擦顶移架，即可通过冒落区。

在架设横梁有困难时，也可先在支架前方设挡板（图 4-49b），先充填挡板与煤壁之间的空间至支架顶梁的高度，再在上面放置横梁，然后继续向上充填。待充填体凝固后拆除挡板，采煤机向前切割充填体，直至露出煤层全高，工作面即可继续生产。

1—发泡水泥；2—充填管；3—编织帘布；4—横梁；5—锚杆；6—挡板；7—塑料编织袋

图 4-49　采煤工作面充填冒落空间

这种利用发泡水泥充填冒落空洞的方法，可使处理冒顶空洞的工作实现机械化，施工安全，速度快，能增加对空洞壁的支撑作用，防止冒顶范围继续扩大，改善支架与围岩的相互作用，而且可防止空洞内有害气体积聚。

2. 改性脲醛泡沫材料充填冒落空洞

用机械化手段处理冒落空洞已是现代采矿技术的重要组成部分。国内外许多煤炭企业都对冒落空洞的处理技术进行了研究，并发展了向空洞内充填粉煤灰、泡沫水泥材料、化学泡沫等充填技术。应用最为广泛的充填技术是采用发泡水泥充填冒落空洞，但该项技术对水泥材料及施工工艺要求很高，不可预见的因素影响较大。

改性脲醛泡沫材料具有材料来源广、性能稳定、施工工艺简便、不燃烧等特点，是一种良好的冒落空洞充填材料。

改性脲醛泡沫材料是双组分材料，一组分为改性脲醛树脂，另一组分为发泡剂，发泡剂同时也是固化刈。两种材料按4∶3的比例由压风混合而成。作为井下冒落空洞充填用途的改性脲醛泡沫材料，其主要物理力学参数有强度、密度、体积变化及耐燃性。

1）改性脲醛泡沫强度

改性脲醛泡沫强度与其密度有直接关系，刚成型的湿泡沫的密度为70 kg/m^3，发泡倍数约为14倍。3 h的泡沫抗压强度为0.01 MPa；140 h（5 d）的泡沫抗压强度为0.04 MPa。

24 h之内改性脲醛泡沫强度变化较快，1 d强度是最终强度的62.5%，而前12 h强度就可达到最终强度的50%，改性脲醛泡沫24 h强度变化关系如图4－50所示。

2）改性脲醛泡沫收缩率

所谓脲醛泡沫收缩率是指其体积、质量等的收缩率。随着脲醛泡沫脱水，其密度必然随时间的增加降低。最初成型的泡沫密度为70 kg/m^3，24 h的泡沫密度为60 kg/m^3，240 h的泡沫密度为38 kg/m^3。改性脲醛泡沫密度与时间的变化关系如图4－51所示。总体来看，改性脲醛泡沫初期脱水速度比后期快，密度变化还与环境（如温度、湿度等）有一定的关系。

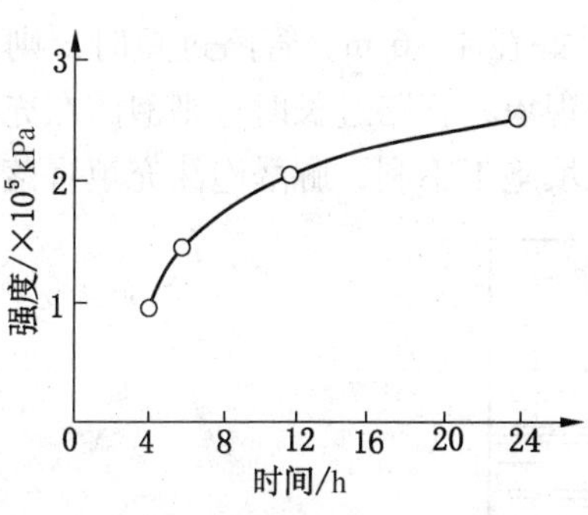

图4－50 改性脲醛泡沫24 h强度变化关系

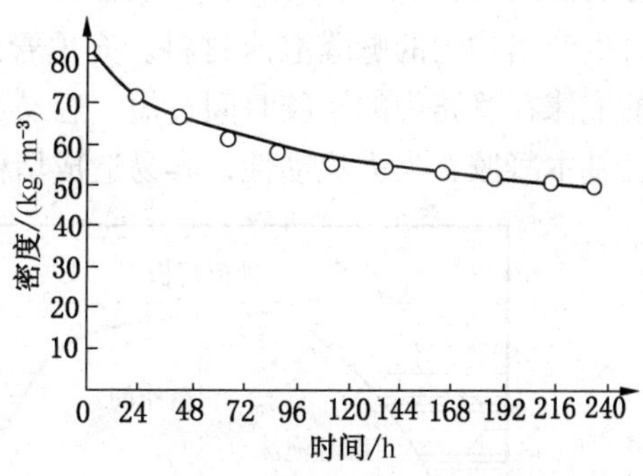

图4－51 改性脲醛泡沫密度与时间的变化关系

绝大多数泡沫材料成型后都有不同程度的体积收缩，脲醛泡沫的体积收缩与密度变化大体相同，其初期的整体收缩率比后期大，前6 h的变形是总收缩量的65%左右。泡沫总体体积变形率约10%。改性脲醛泡沫体积变化曲线如图4－52所示。

脲醛泡沫材料的闭孔率不小于90%，它具有良好的隔风性能。它的隔风性能取决于原料的性能、泡孔结构等因素。它还是一种不燃性材料，这一特点在煤矿现场是非常重要的。它还具有良好的塑性，可以随着巷道变形而变形，却不影响其隔风性能，有很强的实用性。

3）脲醛泡沫材料的充填设备

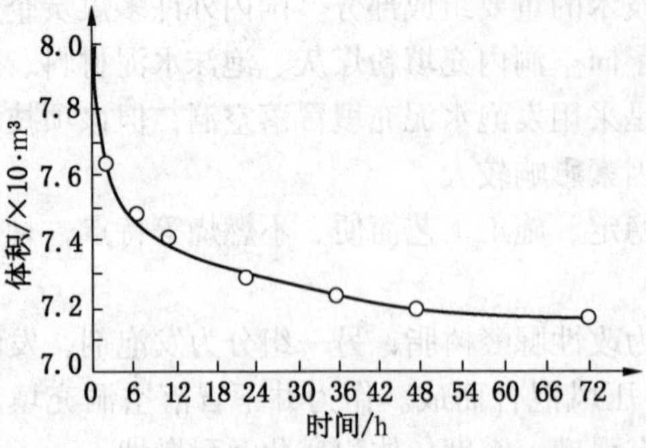

图4-52　改性脲醛泡沫体积变化曲线

脲醛泡沫材料充填设备主要包括电动充填泵和喷枪两部分。

电动充填泵主要包括电动机、减速器、可调工作泵及料箱，其主要作用是提供一定流量、压力的工作介质；喷枪主要起成泡作用。

充填设备工作原理：电动机启动后通过减速器减速，带动前面两个已按一定体积比调配好的工作泵运转，工作泵按4∶3比例吸入脲醛泡沫材料中的两种液体并通过管路排至喷枪。喷枪有3个进口，靠前的是脲醛树脂进液口，居中的是压风入口，余下的是发泡剂进口。酸性发泡剂在泵压及压风的作用下，通过喷枪内的玻璃球产生大量细小均匀的泡沫，这些泡沫被喷枪前部流入的脲醛树脂包裹、凝胶后，形成脲醛树脂泡沫。

4）脲醛泡沫材料施工工艺

采用脲醛泡沫材料充填冒落空洞的施工工艺比较简单。

（1）首先应对待充填的冒落空洞进行测量，计算出大致的空洞体积，在空洞底部铺设一层金属网和破风筒布组成的“支承层”。如果冒高较大的巷道顶板有一层浮煤或碎矸石，冒落空洞在浮煤层上部，则应事先打出充填钻孔；如果冒落空洞高度不是太大（≤6 m），则应先从空洞上部向下部充满。施工时可以用长杆将喷枪绑住，伸到空洞上部进行操作。

（2）将充填泵的电缆接好，将压风管线与喷枪的进风口进行连接。将发泡剂的脲醛树脂分别倒入A、B两个粒箱中，开通压风并调至合适风量（2.5～3 m^3/min），启动电动机即可生产出均匀的脲醛泡沫材料。充填管的长度最好在4～6 m。管路过短时，则最初成型的泡沫在管路中的凝胶时间过短，容易造成流淌现象；管路过长时，则泡沫在充填管路中已基本凝胶，失去流动性，容易造成堵枪，对充填施工不利，脲醛泡沫充填冒落空洞

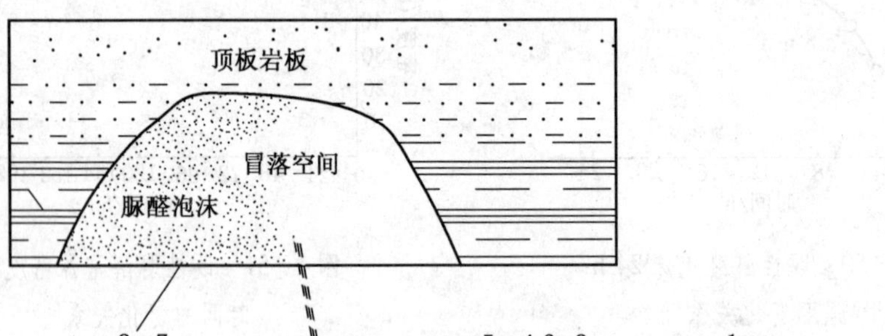

1—充填泵；2—发泡剂料管；3—风管；4—树脂料管；5—喷枪；
6—充填管；7—托网（铁丝网）；8—衬垫

图4-53　脲醛泡沫充填冒落空洞充填系统示意图

充填系统如图4－53所示。

这种利用改性脲醛泡沫材料充填冒落空洞的方法，能增大对空洞壁的支撑作用，而且脲醛泡沫在压缩60%的情况下不破裂，可以随顶板的变形而变形，将顶板压力传递到支护设备上，增强了支护设备的稳定性，改善了支护条件，同时改性脲醛泡沫材料具有隔风性能好、塑性好、不燃烧、发泡倍数较高等特点。

第七节　综采工作面端头顶板控制

端头是指采煤工作面与工作面运输巷和回风巷接合的部位。其范围（图4－54）包括4个部分：A—巷道端头区，即工作面与巷道交叉部位；B—工作面机头（机尾）设备区，即工作面端部5～10 m的排头支架部位；C—工作面前方支承压力剧烈影响区，一般超前10～20 m以上地段；D—工作面后方矿压显现剧烈区，一般至工作面后方10～20 m。

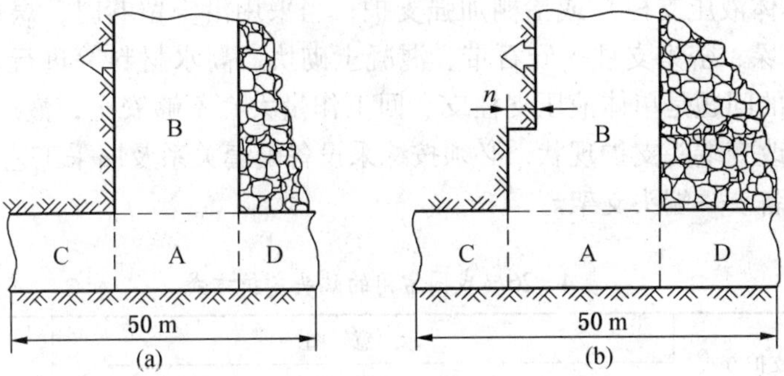

A—巷道端头区；B—设备区；C—前压力区；D—后压力区

图4－54　端头维护区示意图

工作面端头顶板暴露面积大，处于采场沿走向和倾斜支承压力叠加处，维护困难，是顶板控制的薄弱环节，是顶板事故多发地段，工作面端头顶板事故占工作面顶板事故的15%～30%。由于工作面端头处作业交叉，支护结构复杂，人员往来频繁，其应作为工作面顶板控制的重点。

一、采煤工作面端头顶板破断规律

采煤工作面端头的主要作业是在直接顶下完成的，而直接顶又受基本顶的制约。采煤工作面端头的基本顶变形和破断与不同支承条件下的矩形薄板结构相类似，端头基本顶形成两邻边固支—弧形斜边自由的“弧三角形悬板”结构。当悬板达到极限跨距时，在固支边与自由边交点处弯矩最大，导致悬板破断。随着工作面的推进，悬板不断发生有规律的破断，其破断始于两端最大弯矩处，并沿着弧形主应力线方向扩展。“悬板”下的工作空间可受到保护，维护条件比采煤工作面中部好。但在不易形成“悬板”结构的端头将得不到保护，维护较困难。

端头基本顶形成弧三角形悬板，使该处基本顶下沉量小，而该处的直接顶由于受采动影响，而提前加剧松裂，与基本顶间产生大量离层。该松裂岩体可毫无预兆地从围岩中松动冒落，尤其在端头区进行永久支护与临时支护交替作业时，可能引起“悬板”的突然破坏，造成工作面端头意外事故。

巷道断面与采煤工作面在煤层内相对位置的不一致时，极易形成台阶，如巷道上部留有煤顶，而工作面一次采全厚，或巷道挑顶、挖底掘进而开采的煤层较薄，势必造成部分煤岩体处于易于破裂的单向应力状态；而端头处断面的不规则性，更增加了支护的难度，由于卸载频繁，松裂岩体易垂直下沉倾翻，或沿层理面滑移旋转。

二、综采工作面端头支护的要求及参数选择

（一）端头支护技术现状及存在问题

正确的端头支护应能保证安全有效地维护端头围岩，使端头保持良好工作状态。由于采煤工作面和顺槽的支护方式、回采工艺多样，端头支护方式也具有多样性特点。

当前我国常用的端头支护方式见表4－26。巷道端头A用单体液压支柱或液压支架维护，采面机头和机尾设备区B用单体特殊支架或液压超前支架维护；煤壁前方支承压力区C用点柱（单体液压支柱）或抬棚加强支护；当采用沿空留巷时，煤壁后方支承压力影响区D可用木垛、密集支柱、矸石带、混凝土砌块、高水材料等进行巷旁支护。这些支护中普遍存在的问题是单体液压支柱支、回工作量大，不够安全，液压支架受力不均，移架困难。为了改变端头支护现状，必须按综采设备配套关系及回采工艺要求，研制适合于端头的支护设备——端头支架。

表4－26　我国常用的端头支护方式

端头范围		支护方式	示意图		存在问题
			平面	剖面	
A	巷道端头	单体支柱	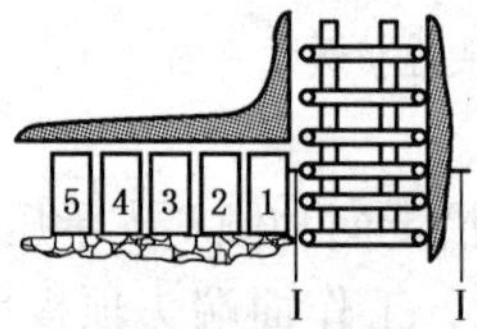	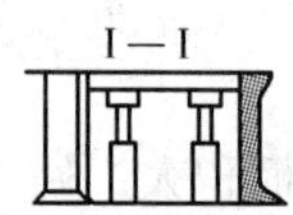	支护工作量大，不够安全
		液压支架	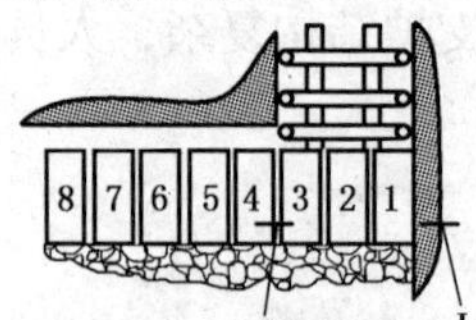	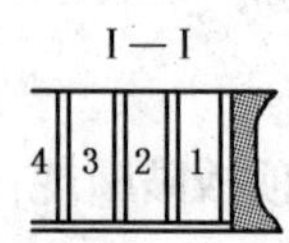	移架困难，功能不全
B	采面机头、机尾设备区	单体特殊支架	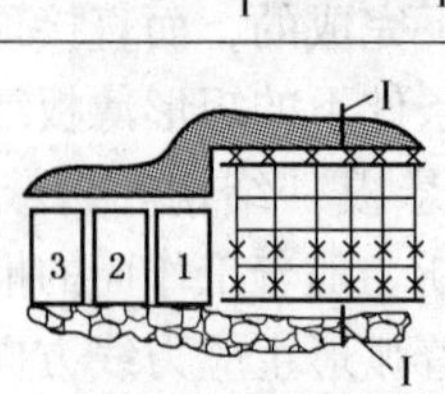	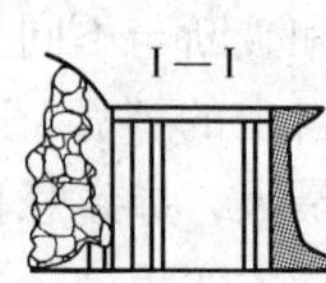	支护工作量大，不够安全，影响快速推进
		液压超前支架	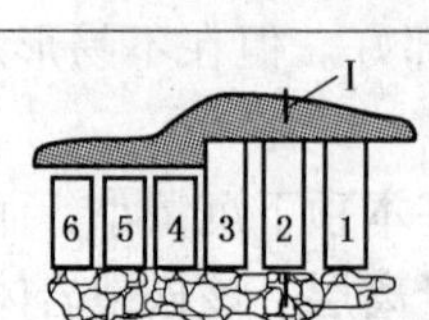	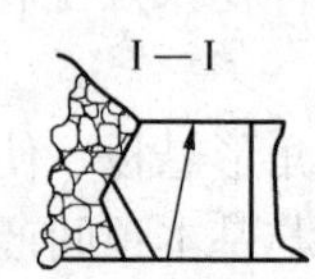	支架梁端支撑力太小

表4-26（续）

端头范围		支护方式	示意图 平面	示意图 剖面	存在问题
C	煤壁前方支承压力区	点柱	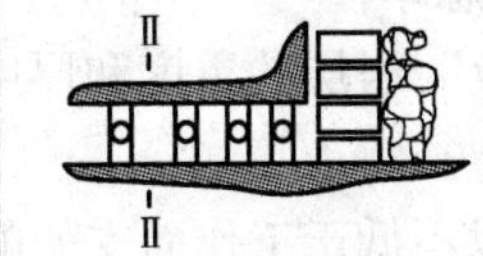	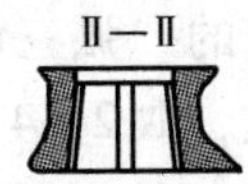	支护工作量大
		抬棚	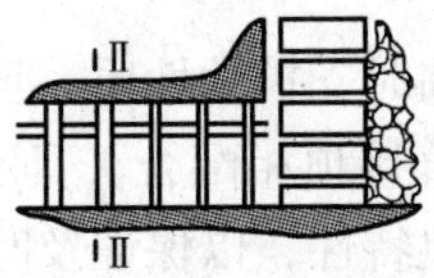		支护工作量大
D	后支承压力区	沿空	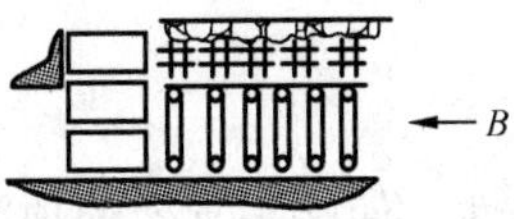		支护工作量大，工作面运输巷移近量大，坑木消耗多
		留巷	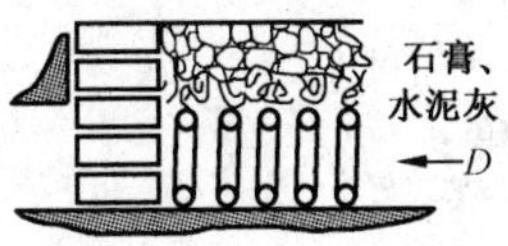	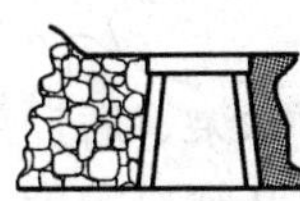	增加了充填材料成本和充填工序

（二）对端头支架的要求

端头支架的功能应满足以下要求：

（1）要提供较大的无立柱空间，以放置和移设输送机机头、转载机等大型设备。端头支架与各种设备之间的配置关系要合理，要求在空间3自由度有足够的摆角及移动量，以增大端头支架的灵活性和适应性；既要有配套性，又有一定的通用性，可与不同架型、高度的工作面支架，以及运输设备相配套。

（2）支架结构简单，支卸灵活，移设方便，能为其他设备前移提供足够的动力和可靠的支点。如拉架力不小于500 kN，移动输送机机头和转载机的总推力不小于800 kN，适应采煤机开缺口的需要。

（3）要有足够的初撑力及支护强度，有侧向抗力和护帮能力，有相应的可缩量，支设可靠，能够满足断面及人行通道要求。

（4）端头支架的基本架型应与工作面支架相一致，并与原巷道支架及工作面排头支架之间具有良好的配合关系，尽可能减少遗失顶底煤和工作面下端的三角底煤。根据工作面条件控制端头支架的前移方向，防止工作面设备的下滑及倾倒。

（三）支护参数

1. *支护强度*

实测表明，工作面上、下区段内支护强度为全工作面支护强度平均值的80%，为工作面中段的70%。工作面端头支架的安全阀基本不开启，这是因为工作面端头一般处于基本顶“弧形悬板”的保护之下。依据端头矿压显现特点，端头支架支护强度可按下式进行估算：

$$p = \gamma_1 h_1 + k\gamma_2 h_2 \tag{4-69}$$

式中 γ_1、h_1——“悬板”下位岩层的重度和总厚；

γ_2、h_2——形成稳定的“弧三角形悬板”岩层的重度和厚度；

k——安全系数，取2~4。

一般综采工作面端头支架的支护强度，以不低于工作面支架的支护强度为宜。

2. *初撑力和稳定性*

工作面端头支架支设和移置频繁，具有临时支护的性质，且工作面端头处顶板为稳定的弧三角悬板，其与离层、侧向暴露的碎裂直接顶相配合，具有复合顶板的特点。因此，要求工作面端头支架具有较高的初撑力和增阻特性，以保证及时支护。一般初撑力以不低于工作阻力的80%为宜。同时，要求端头支架具有完备的锚固装置，以保证端头支架的稳定性。

3. *端头支架结构特点*

由于工作面端头位置和支护条件的特殊性，使端头支架的顶梁支设、立柱布置和推移运输机构等均有各自特点。端头支架的顶梁长度 l，应保证有宽度足够的无立柱空间，即

$$l = a_1 + a_2 + b_1 + b_2 + c \tag{4-70}$$

式中 a_1、a_2——分别为前探梁、后探梁长度；

b_1——采煤机自开缺口宽度；

b_2——行人、移架所需宽度；

c——输送机机头宽度。

由于顶梁较长，为了适应顶板的不平，一般采用顶梁前、后铰接方式，以保证大跨度条件下，顶梁具有足够的抗弯强度。

立柱一般为分列式布置，前、后柱距较大。当端头顶板较稳定时，也可取消四连杆机构，但必须加固底座的锚固装置，因支架底座既是工作面输送机和平巷转载机搭接、推移、锚固的基础，又是工作面支架倾倒、滑移的支撑物。

4. *端头支架高度、宽度的选择*

端头支架高度应视工作面顺槽高度、顶板可能冒落高度，以及支架最小卸载高度而定。同时，要尽量使端头支架与工作面支架的结构件、液压件等可以互换。如端头支架掩护梁、连杆和立柱等与工作面支架相同，则端头支架高度、宽度和工作面支架基本相同。但端头支架的调高范围要大些，一般采用双伸缩立柱，以适应工作面高度的变化。

为适应工作面顺槽宽度，保证端头支架顺利前移，端头支架前探梁常设计成前窄后宽的楔形，伸入工作面顺槽内，保证两侧各有200 mm间隙。

三、端头支架布置方式

端头支架布置方式有中置式和偏置式之分。

转载机中心线与工作面运输巷中心线重合的布置方式即为“中置式”（图4-55a）。转载机中心线与工作面运输巷中心线不重合的布置方式即为“偏置式”（图4-55b）。

（一）中置式

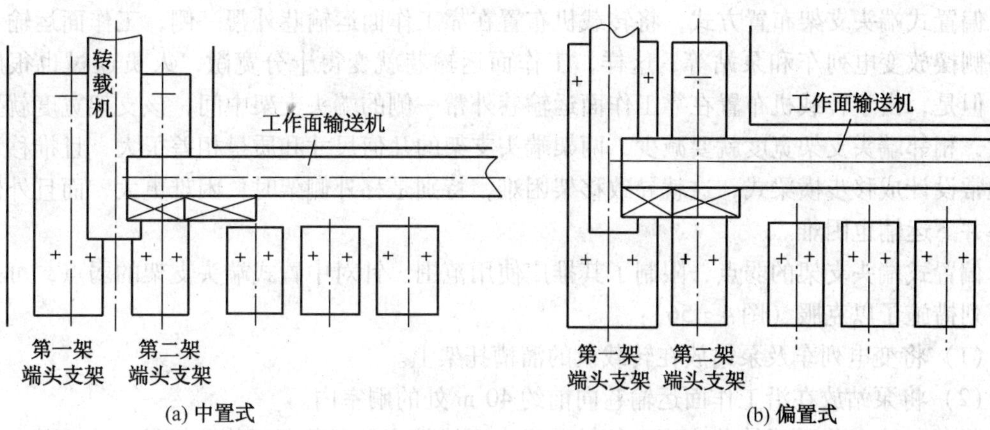

图 4-55　端头支架布置方式

中置式端头支架布置方式，将转载机布置在两架端头支架中间，这样，两架端头支架可设计成左右对称形式，两架支架几何尺寸和质量相接近，前端推移装置也容易布置。因此，推移转载机和移架都比较顺利。但是，由于转载机布置在工作面运输巷中心线上，不仅直接对工作面运输巷同时摆放变电列车、泵站产生不良影响，而且在一些工作面运输巷宽度较小的工作面，人员通过也比较困难。

（二）偏置式

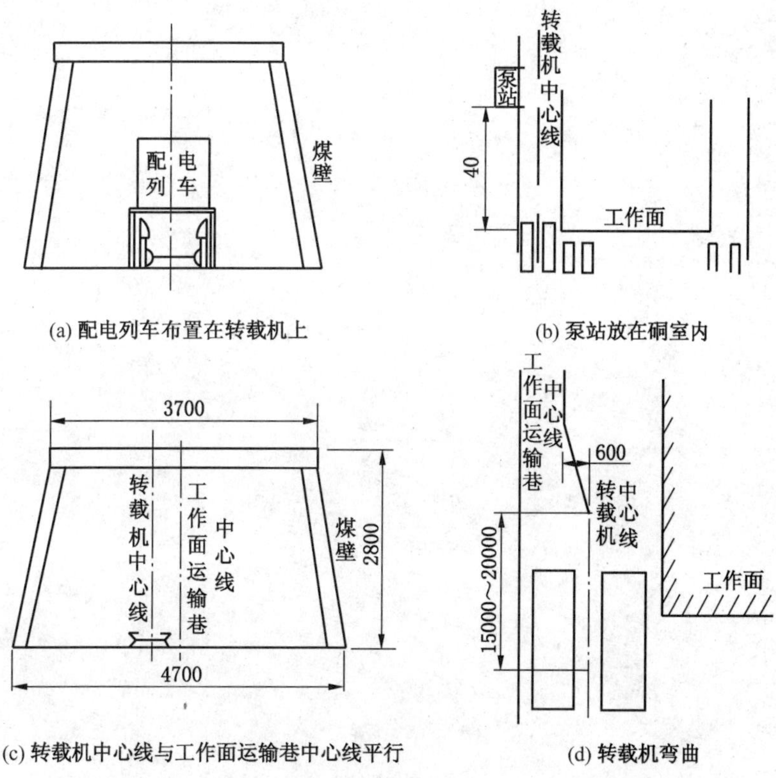

图 4-56　中置式端头支架布置方式优化示意图

偏置式端头支架布置方式，将转载机布置在靠工作面运输巷外帮一侧，工作面运输巷另一侧摆放变电列车和泵站等，这样，工作面运输巷就变得十分宽敞，人员通过也很顺利。但是，由于转载机布置在靠工作面运输巷外帮一侧的端头支架中间，该支架宽度就要加大，相邻端头支架宽度就要减少，两架端头支架的几何尺寸和质量相差很大，且推移装置通常设计成移步横梁式，这就导致移架困难，特别是移外侧架时，困难更大，而且外侧架在井下运输也困难。

偏置式端头支架的弱点，限制了其推广使用范围。针对中置式端头支架的弱点，可采取下列措施予以克服（图4-56）：

（1）将变电列车及泵站放在转载机的溜槽托架上。

（2）将泵站放在沿工作面运输巷向前约40 m处的硐室内。

（3）加大工作面运输巷宽度，使转载机中心线偏离且平行于工作面运输巷中心线。

（4）利用转载机的间隙，使转载机向槽帮一侧弯曲。

第五章　支护质量与顶板动态监测

第一节　概　　述

为管理好采场顶板并最大程度地消除采场冒顶事故，除进行合理的顶板控制设计外，还要进行日常的支护质量与顶板动态监测。

支护质量的好坏，要看日常生产中各支护参数（即支柱密度、支架或支柱初撑力、支架或支柱工作阻力、支护系统刚度等）是否符合合理的顶板控制设计要求。支柱密度是容易考察的（一般不必进行专门监测）。支架或支柱初撑力、支架或支柱工作阻力、支护系统刚度等如果不进行动态监测，则很难断定其是否符合生产要求。

顶板动态监测是使顶板处于良好状态，保证工作面安全、高效生产的技术手段。如果顶板状态参数过大，就必须调整采场支护参数。有两种情况可导致顶板状态参数偏大：一是，原顶板控制设计中的支护参数不合理；二是，顶板控制设计合理，但生产中没有达到原设计的使用要求。

"合理顶板控制设计"和"支护质量与顶板动态监测"，对于科学管理采场顶板，是缺一不可的。

由于采场支护手段的不同，监测支护质量与顶板动态的指标也不同。下面将分别阐述综采工作面、单体液压支柱工作面支护质量与顶板动态监测的具体做法。

第二节　综采(放)工作面支护质量与顶板动态监测

一、监测支护质量的指标及指标值

综采（放）工作面日常监测工作内容包括支护质量与顶板动态监测两大类。其中，与采煤工作面支护质量有关的参数主要有支架初撑力、支护密度、支护系统刚度及支架工作阻力。在综采（放）工作面，支架密度是定值，不能调整；当支架选型后，支护系统刚度也不能进行调整（选型时，软底要选大底座，从而保证支架钻底量不超过一定值）。支架的工作阻力是一种被动力；支架的初撑力是由泵压决定的，是一种主动力。实践表明，初撑力大，工作阻力也大；初撑力小，工作阻力也小。要使支架支设后能在较短时间内具有较大的工作阻力以支撑顶板，必须让支架具有较大的初撑力，所以支架的初撑力是支护质量监测的关键性指标。

综采（放）支架的运行状态与支护质量关系密切，因此必须对支架与输送机的夹角、支架横向歪斜角、支架端面距、支架顶梁俯仰角、相邻支架顶梁的错距及支架间距等，进行部分或全部监测。

1. 支架初撑力

从预防顶板事故（主要是防压、防推）角度出发，综采工作面对支架初撑力有一定的要求，所需支架初撑力在第四章综采工作面控顶设计中已介绍了其确定方法。由于顶板防漏及保持顶板处于良好状态所需的支架初撑力，需经调压试验或日常监测确定，因此进行支护质量与顶板动态监测时，支架初撑力可先按实测值大于额定值的80%作为指标值，然后在日常监测中加以修正。

2. 支架工作阻力

由于顶板下压使支架产生工作阻力，它是反映采场支护强度的一个重要指标，因此必须进行监测。测量的工作阻力最大值还能检验设计的合理性，以及对岩层参数估计的正确性。总之，支架工作阻力是要进行测量的，但没有指标值。对于支架工作阻力，只要监测移架前的支架工作阻力即可。

移架前的支架工作阻力还可以用来判别支架是否失效。如果移架前的支架工作阻力比支架初撑力还低时，说明该支架漏液严重，已经失效。一个综采工作面中，如果失效支架占全部支架的20%及以上时，则该套支架就不能保证安全生产。

3. 支架与工作面输送机的夹角

支架与工作面输送机应该垂直，即它们之间的夹角应是90°，其允许偏差为±5°。

4. 支架横向歪斜角

支架整体上要垂直于顶底板，其横向歪倒不允许超过±5°。

5. 支架端面距

对于中等稳定及软弱的直接顶，要求采煤后及时移架，端面距不宜超过340 mm。

6. 支架顶梁俯仰角

支架顶梁应与顶板平行支设，其最大俯仰角应不超过7°。

7. 相邻支架顶梁错距

相邻支架顶梁间不应有明显的错距，其最大允许错距为顶梁侧护板高度的2/3。

8. 支架间距

支架间距应按作业规程要求设置，其偏差不超过±100 mm。

通过上述分析可知，综采（放）工作面支护质量监测的定量指标见表5-1。

表5-1 综采（放）工作面支护质量监测的定量指标

项目	实测初撑力占额定值比例/%	支架与工作面输送机的夹角/(°)	支架横向歪斜角/(°)	顶梁错距	顶梁俯仰角/(°)	架间隙/mm	端面距/mm	泵压/MPa
规定值	≥80	允许偏差±5	不超过±5	≤2/3 h	≤7	不超过±100	≤340	≥30

注：h为顶梁侧护板高度。

二、顶板动态监测指标与指标值

顶板动态监测指标既包括顶板状态参数，又包括与顶板控制有关的一些情况。

（1）顶板状态参数主要包括顶底板移近量，端面顶板冒高、冒宽、冒区长度，煤壁片帮深度、片帮区长度，必要时还包括顶板台阶下沉量。

由于综采工作面支架可缩量较大，当顶板易碎时选用有掩护性能的支架，因此，顶底板移近量，对正常生产及保障安全的影响不大，所以可以不监测顶底板移近量指标。一般情况下，对综采工作面而言，只监测端面顶板冒落高度和片帮深度这两个指标即可。

（2）与顶板控制有关的情况包括顶板中的断层、采空区悬顶，以及顶板来压等。

对于综采工作面，在综采工作面观测采空区悬顶情况难度较大。同时，只要控顶设计合理，悬顶对生产与安全影响不大，因而也可不监测采空区悬顶情况。顶板中的断层则是必须监测的，当顶板中出现长度超过 5 m，而又平行于工作面的断层时，必须采取措施，安全通过该断层。

选取综采（放）工作面围岩状态监测的定量指标见表 5－2。

表 5－2　综采（放）工作面围岩状态监测的定量指标

项　目	冒高/mm	破碎度/%	冒区长占工作面长/%	片帮深/mm	片帮区占工作面长/%	顶板中断层
规定值	≤300	≤10	≤10	≤500	≤25	描述断层走向、落差、正逆，其是否平行于工作面

三、工作面上、下出口及两巷超前支护质量标准

（1）工作面煤壁超前 20 m 范围内支架完整，巷高不小于 1.8 m，留 0.7 m 宽的人行道。

（2）按照采煤工作面作业规程规定，加强端头支护及超前支护。

四、其他监测内容

除支护质量与顶板动态监测外，其他，如监测时间、监测人员、工作面推进度等，需根据需要进行监测。

五、监测的具体做法

综采工作面支护质量与顶板动态日常监测的具体做法，主要包括测线布置、数据量测与记录、日常监报等 3 个方面。

（一）综采（放）工作面日常矿压观测站布置方式

综采（放）工作面日常矿压观测站布置方式，应根据观测内容确定。一般可采取均布方式，沿工作面至少布置 10 条测线，或每隔 5 架支架设 1 条测线，如图 5－1 所示。支架初撑力监测前应每架均安设压力表。

此外，在工作面上、下平巷中，自开切眼煤壁侧开始，每隔 10 m 设置一个基点，并按顺序标号，将其作为测量工作面推进距离的参照点（对已生产的工作面，则以开始监测时的工作面煤壁为起点）。

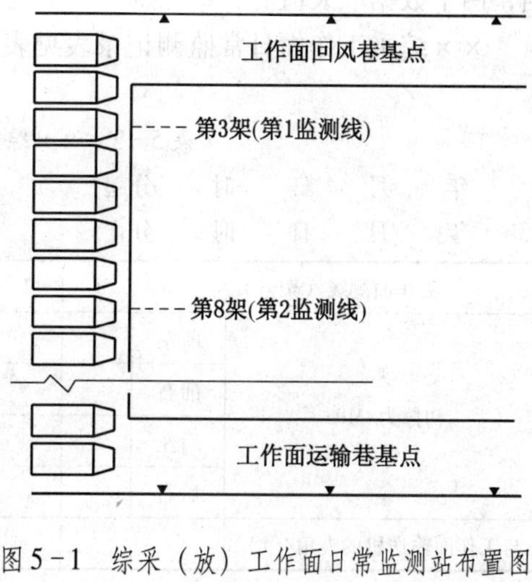

图 5－1　综采（放）工作面日常监测站布置图

（二）数据量测与记录

随着每一作业循环采煤机开始采煤，或自工作面上口，或自工作面下口，或自工作面中部开始，跟机依次在各监测线上的支架移架初撑后，立即测量支架立柱的初撑压力、支架与工作面输送机的夹角、支架横向歪斜角、端面距、支架顶梁俯仰角、相邻支架顶梁错距，以及支架间距等数值，并测量监测线及附近的端面顶板冒落高度、片帮深度及断层要素（走向、倾斜、正逆、落差等）。然后，跟机依次在各监测线上的支架卸载移架前，及时测量支架立柱的工作压力。

为测量初撑压力及工作压力，要求各监测线上支架的各立柱均安装压力自记仪。为保证支架各立柱在支架初撑时，其初撑压力能满足监测指标值的要求，工作面支架最好使用初撑压力保护装置。对没有装备初撑压力保护装置的综采工作面，则必须准备能显示压力的注液设备。检测立柱的初撑压力是否达到指标值，需检测监测线支架的上两架及下两架（或上三架及下三架，或上四架及下四架）中任一支架的所有立柱的初撑力（因监测线上支架的立柱装有压力自记仪，一般能保证初撑力达到指标值），如果达不到指标值，则该监测线上两架及下两架（或上三架及下三架，或上四架及下四架）的所有立柱均必须进行补液，务必使其达到指标值（万一监测线上支架的立柱也达不到指标值，则其也需要进行补液）。

测量支架与工作面输送机的夹角，可约定均测量支架与工作面输送机沿工作面向上方向的夹角。

测量支架横向歪斜角，则可测量支架顶梁与顶板之间的横向夹角：可约定顶梁向上口歪斜时，其夹角为负值；向下口歪斜时，其夹角为正值。

端面距是指移架后，前梁端至煤壁距离。

支架顶梁俯仰角则是指顶梁与顶板间纵向的夹角，测量时可约定俯角为正，仰角为负。

测量相邻支架顶梁错距时，需测量监测线支架与上一支架间及与下一支架间的数据，两个数据取大值。

测量支架间距时，同样需要测量监测线上的支架与上一支架间及与下一支架间的数据，两个数据取大值。

××综采工作面日常监测记录表见表5－3。

表5－3　××综采工作面日常监测记录表

年　月　日　时　分起　　　　上口推进　　m

年　月　日　时　分止　　　　下口推进　　m　　　　监测员：

工作面测线（架号）		1	2	3	4	5	6	7	8	9	10	11
初撑力/MPa	前左											
	前右											
	后左											
	后右											
与工作面输送机的夹角/(°)												

表5-3（续）

工作面测线（架号）		1	2	3	4	5	6	7	8	9	10	11
横向歪斜角/(°)												
端面距/mm												
顶梁俯仰角/(°)												
顶梁错距/mm												
支架间距/mm												
断层描述												
片帮/mm												
采高/m												
端面冒高/mm	高											
	宽											
	长											
工作阻力/MPa	前左											
	前右											
	后左											
	后右											

当检测的初撑力满足指标值要求时，记录监测线上立柱的初撑力。

当初撑力不足、需要补液时，则表5-3中相应的四方格必须用由左下角到右上角的斜线分开，斜线上方记录补液前检测支架立柱的初撑力数据，斜线下方记录不需补液或补液后监测线上支架的初撑力数据。

综采工作面日常监测记录表除记录支护质量及顶板动态参数外，其他如监测时间、该循环工作面上、下口推进距离，以及监测员姓名等均应记载，如表5-3表头所示。

如果一个班内要采几个循环，则监测工作可只选择其中一个完整的循环来进行。当采煤机是由工作面上口（或下口）开始进行双向采煤时，相同班次选择的完整循环，不要总是由上向下（或由下向上），而应适当变动。

（三）日常监报

（1）采煤队负责进行现场的支护质量与顶板动态监测工作，每班质量验收员或安检员监测一次，并认真填写原始记录表。

（2）综采（放）工作面的监测记录表见表5-3。现场监测员每天将井下测取的各种原始数据，按记录表格填写清楚，并及时报送矿压组，矿压组将监测的原始数据进行计算后，填入表格。

（3）采用计算机软件对监测数据进行分析处理，打印出“一表两图”，即基础数据表、阻力曲线图和不安全因素平面图，如图5-2所示。

（4）工作面装面期间、撤面前，必须对液压支架初撑力进行动态监测，对液压系统的完好情况进行统计，并将监测记录存档保存。

××综采工作面

年　　月　　日　　时　　分起　　　　　　上口推进：　　　m

年　　月　　日　　时　　分止　　　　　　下口推进：　　　m　　　　　　　观测人：×××

测　线	初撑力/kN	补撑力/kN	工作阻力/kN	失效	与工作面输送机夹角/(°)	横向倾斜角/(°)	端面距/mm	顶梁俯仰角/(°)	顶梁错距/mm	支架间距/mm	端面冒高/mm	断层落差/m
1	2550		3120		91	0	320	0	50	1500		
2	2580		3500		91	0	320	−8	80	1530		1.2
3	2500		3040		89	+2	330	−3	50	1500	350	
4	2450	2550	3300		88	+2	330	0	100	1480		
5	2600		2910		88	+6	320	0	80	1500	200	
6	2550		3460		90	+3	330	+1	50	1610		
7	2600		2400	*	93	+3	330	+3	0	1500		
8	2500		3640		90	0	345	0	0	1490		
9	2570		3300		84	−1	330	−2	70	1520		
10	2570		3010		85	−1	320	−1	70	1500		
指标值	2500				85～95	±5	340	±7	90	1400～1600	300	
不合格率/%	10			10	10	10	10	10	10	10		

注：* 表示该测线的支架失效，下同。

(a) 基础数据表

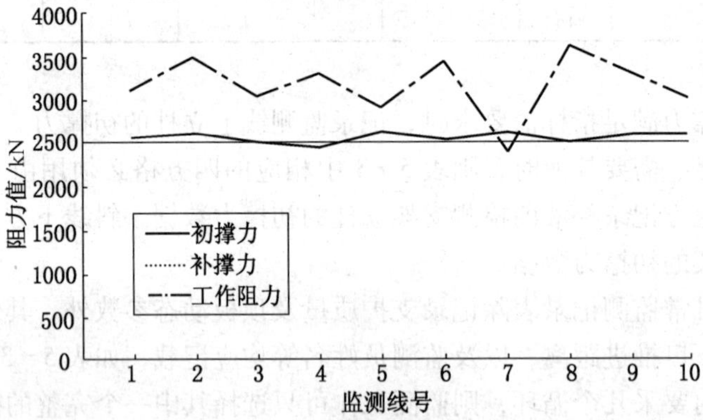

(b) 阻力曲线

监测线号

监测指标	1	2	3	4	5	6	7	8	9	10
初撑力				2450 kN						
失效架							*			
夹角									84°	
横斜					+6°					
端距								345 mm		
俯仰角		−8°								
错距				100 mm						
间距						1610 mm				
端冒			M=350 mm		M=200 mm					
断层落差		H=1.2 m								

工作面回风巷　　　　工作面推进方向 ▽　　　　工作面运输巷

(c) 不安全因素平面图

图 5－2　综采工作面日常监报“一表两图”

（四）日常监报“一表两图”

1. 基础数据表

由图5－2a可知，在初撑力所在列下，只有第4监测线有数据，表明其他监测线初撑力均达到指标值要求，只有第4监测线范围内的支架经过了初撑。

在失效列下，第7监测线格内打了“＊”号，表明该位置支架失效。

在端面冒落及断层落差这两列下，没有不合格率，断层落差这一指标值也没有，因为这几项主要不是工人操作的问题。端面冒落过大是控顶设计确定的初撑力问题，断层落差则是地质条件问题。

在图5－2a中，顶梁错距的指标值为90 mm，这是由具体支架参数决定的，不同支架，该指标值不同。

总的来说，从基础数据表（图5－2a）中可以看出：第4监测线初撑力不足，第7监测线支架失效，第9监测线支架与输送机偏离过大，第5监测线顶梁横向向下歪斜过大，第8监测线端面距过大，第2监测线顶梁仰角过大，第4监测线顶梁错距过大，第6监测线支架间距过大，第3监测线端面冒高350 mm超过指标值，第5监测线端面冒高200 mm，第2监测线有落差为1.2 m的断层。

2. 阻力曲线图

图5－2b中横坐标为监测线号，纵坐标为阻力值。

图5－2b中实直线为支架初撑力指标值，实曲线为初撑力曲线，虚曲线为初撑力曲线，点画曲线为工作阻力曲线。

从曲线图（5－2b）中还可看出，第4监测线初撑力不足，需通过补液才达到要求。此外，第7监测线处支架工作阻力低于初撑力，说明该处支架失效。

3. 不安全因素平面图

图5－2c中横坐标为监测线号，纵坐标为监测指标。

从图5－2c中可直观看出，支护质量存在的问题。第4监测线支架初撑力不足，只有2450 kN；第7监测线支架失效；第9监测线支架与输送机夹角偏离垂直角度达6°，太大；第5监测线支架顶梁横向向下歪斜达6°，太大；第8监测线端面距达345 mm，过大；第2监测线支架顶梁仰角达8°，过大；第4监测线支架顶梁错距达100 mm，过大；第6监测线支架间距达1610 mm，过大。其中，除支架失效需及时维修外，其他均可提醒工人在操作支架时提高工作质量。

从图5－2c中还可直观看出顶板动态。第3监测线端面冒高达350 mm，偏大；第5监测线端面冒高为200 mm，在允许范围内。第2监测线有落差为1.2 m的断层。如果经常多地点出现超过300 mm的端面冒高，表明设计的控顶支架初撑力偏低，需要提高。当遇到断层时，要将断层要素标示在专用的采矿工程平面图上，以判断有无长度超过5 m、平行于工作面的断层，如果存在这样的断层，还必须制定过断层措施。

六、回采巷道日常支护质量与顶板动态监测数据处理

（1）锚网支护巷道回采时，在采动应力影响区内，对掘进期间测点处安设的监测仪器仪表，测取的数据应每周不少于1次；在超前支护区内，每天测取1次；观测数据要按表5－4提供的格式进行详细记录；观测期间还应对巷道支护状态进行统计，如有严重变

形、网不完好、片冒等现象，应进行统计记录。

表5-4　回采巷道顶板离层观测记录表

矿名　　　　巷道　　　　日期　　　　班　　　　记录人

测站/断面							
距工作面距离/m							
仪器名、编号							
测点读数/mm	1						
	2						
	3						
	4						
	5						
	6						
	7						
	8						

（2）架棚支护巷道回采时，不仅在超前支护范围内，测定单体液压支柱的初撑力或工作阻力，还要在超前支护区以外进行统计观测，及时记录、整理观测数据。

（3）技术科应由专人对监测数据及时进行分析处理，掌握顶板离层、围岩变形量随工作面推进的变化规律，发现异常，应及时向分管领导进行汇报。

第三节　单体液压支柱工作面支护质量与顶板动态监测

一、监测支护质量的指标及指标值

对于单体液压支柱工作面，主要监测的采场支护参数是支柱初撑力、支柱密度、支护系统刚度和支柱工作阻力。生产工作面支柱排距、柱距是确定的，只要严格按采煤工作面作业规程执行，也可以不必专门对支柱密度进行监测。因此，要监测的参数主要是支柱的初撑力、支护系统刚度和支柱工作阻力。此外，为保证支柱本身的质量，还需要监测支柱刚度、端面距，以及顶梁的平行度等。

1. 支柱初撑力

使用单体液压支柱的工作面，从防止冒顶事故（主要是防压、防推）的发生角度出发，对支柱初撑力有一定的要求。所需支柱初撑力在工作面顶板控制设计中虽已确定，但由于顶板防漏及保持顶板处于良好状态所需的初撑力，需通过调压试验或日常监测来确定支柱的初撑力。《煤矿安全规程》对支柱的初撑力专门进行了规定，因此在进行支护质量与顶板动态监测时，初撑力以《煤矿安全规程》规定的值为准。

2. 支护系统刚度

支护系统刚度是指单位顶底板移近量的支柱工作阻力增量（kN/mm），它是一个很重要的支护参数，但其合理值研究得还不够，因此这个监测指标的指标值很难确定。当前暂以在支柱初撑力不低于50 kN/根的前提下，支柱钻底量不超过100 mm（包括穿鞋后）为指标值。

3. 支柱刚度

支柱刚度是指单位液压支柱活柱缩量的支柱工作阻力的增量（kN/mm），它是监测液压支柱本身质量好坏、漏液是否严重以及是否失效的一个重要指标。支柱刚度的指标值是很难确定的，当前暂以这个指标值正负，作为判断支柱有效与失效的依据，若测得支柱刚度是负值，说明该支柱已失效。

4. 支柱的工作阻力

支柱的工作阻力是反映采场支护强度的一个重要指标，又是计算支护系统刚度与支柱刚度的必要数据。但是，在相同的条件下，只要变动支柱初撑力，支柱的工作阻力就可能发生变动，因此确定支柱的工作阻力的指标值是很困难的。虽然在顶板控制设计中已选定支柱工作阻力（或支架平均工作阻力），但用这些数据作为指标值也无太大实际意义。不过，监测到的支柱工作阻力最大值能检验设计的合理性，验证对岩层参数估计的正确性。由此可见，监测时，支柱工作阻力是必须要测量的，但暂时还无法确定其具体指标值。此外，支柱工作阻力一般只测量支柱末阻力（通常用末前排支柱工作阻力来代替）。

虽然在单体液压支柱工作面中，监测支护质量的指标主要是上述4个指标，但在现场测量的参数则是支柱初撑力、支柱工作阻力、采高、支柱活柱高度，以及支柱钻底量等。

当监测工作面两端四对八梁支护的初撑力时，由于一根长钢梁下的3根支柱互相影响，因此应在3根支柱都支设好后，再测量其初撑力，只要其平均初撑力能满足要求即可。

5. 支架端面距

对于中等稳定及软弱的直接顶，要求采煤后及时移架，端面距不宜超过200 mm。

综上所述，单体液压支柱工作面支柱质量指标值见表5-5。

表5-5 单体液压支柱工作面支柱质量指标值

项目	初撑力/kN	端面距/mm	钻底量/mm	支柱刚度	采煤机后方挂梁滞后距离/m	顶梁平行度/(°)	柱排距偏差/mm	泵站压力/MPa
指标值	≥60（ϕ80 mm） ≥90（ϕ100 mm）	≤200	≤100	正（合格） 否（失效）	≤10	≤7	≤±100	≥20

二、监测顶板动态的指标及指标值

顶板动态既包括顶板状态参数，如顶底板移近量和端面顶板冒落高度，必要时还有顶板台阶下沉量，又包括与顶板控制有关的一些情况，如顶板中的断层、采空区悬顶等。

在使用单体液压支柱的工作面中，由于支柱的初撑力比较大，可有效控制顶底板移近量与端面顶板冒落高度，因此，可为这些指标确定明确的指标值。

1. 顶底板移近量

要求在工作面控顶范围内，每米采高的顶底板移近量不大于100 mm，这就是顶底板移量的指标值。

2. 端面顶板冒落高度

一般情况下，要求端面顶板冒高不超过200 mm，这就是端面冒高的指标值。

3. 顶板中的断层

应描述顶板中的断层走向、落差、正逆，以及其是否平行工作面等，为控制顶板提供可靠信息。

4. 采空区悬顶

应描述采空区悬顶的长度、范围，为制定控制措施提供依据。

综上所述，单体液压支柱工作面围岩状态监测指标值见表5-6。

表5-6 单体液压支柱工作面围岩状态监测指标值

项 目	每米采高顶底板移近量/mm	端面顶板冒高/mm	顶板中断层	采空区	
				冒高/采高	悬顶面积/m^2
规定值	≤100	≤200	描述断层走向、落差、正逆，以及其是否平行于工作面	≥1.5倍	<2×5

三、工作面上、下出口及两巷超前支护质量标准

（1）工作面煤壁超前20 m范围内支架完整，巷高不小于1.6 m，有0.7 m宽的人行道。

（2）按照采煤工作面作业规程规定，加强端头支护及超前支护。

四、其他监测内容

除支护质量与顶板动态外，其他如监测时间、监测人员、工作面推进度等，只要生产需要，都可进行监测。

五、监测的具体做法

单体液压支柱工作面支护质量与顶板动态监测的具体做法，主要包括测线布置、数据量测和日常监报等3方面。

（一）测线布置

自工作面上口向下约5 m处开始，自上而下沿工作面每10 m左右设置一条监测线，如图5-3所示。

此外，在工作面上、下平巷中，自开切眼煤壁侧开始每10 m设置一个基点，并按顺序编号，供测量工作面推进距时使用。对已生产的工作面，则以开始监测时的工作面煤壁为起点。

（二）数据测量与记录

（1）在各条监测线的第一排和末前排处测量支柱初撑力、工作阻力、采高及活柱高度。此外，还要做到以下两点：

①第一排某测点支柱的初撑力若不够，则该测线上、下5 m范围内的支柱每根均应进

行检测，并及时补液，务必使之达到规定要求。

②末前排支柱还要进行密集支柱初撑力抽查。一般情况下，只对每测线上、下方的新增密集支柱各抽查一根，若达不到要求，该区段内的密集支柱均要进行检测，并及时补液，并把情况记录在备注栏中。

（2）工作面支柱钻底量测量与记录：对末前排测点支柱的钻底量分别在平时和基本顶来压期间各统计观测一次，并把抽查数据记录在备注栏中。如工作面底板条件有变化或发现钻底量过大时，可再次进行测量。

（3）对工作面两端四对八梁支护情况进行监测时，一般情况下，只抽查其中一对前梁3根支柱的初撑力，并务必使其平均初撑力达到规定要求。

（4）对特殊地点，如工作面遇到地质破坏带或老巷，应对该区域每根支柱的初撑力进行测定，并务必使之均符合规定要求。同时，要将特殊地点的采煤工作面长度、观测支柱数量、初撑力不合格的数量等填写在备注栏中。对断层产状要素要进行测量，在备注栏中做好记录，并及时填入采矿工程平面图中。

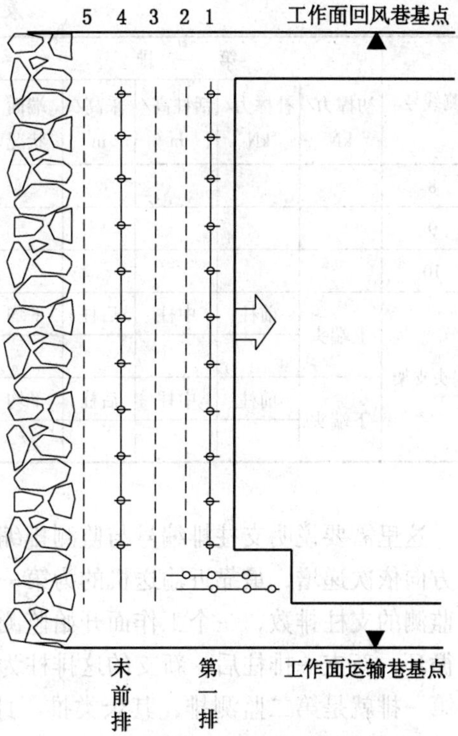

图5-3　单体液压支柱工作面日常监测线布置示意图

（5）对端面冒落、台阶下沉量等顶板状态参数进行观测与素描。对当班无法解决的问题和隐患，要有重点记述。

单体液压支柱工作面日常监测数据记录表见表5-7。

表5-7　单体液压支柱工作面日常监测记录表

____年____月____日____时　推进距____　上口____m　下口____m　监测排编号____

测线号	第一排					末前排						备注
	初撑力/kN	补撑力/kN	活柱高/m	采高/m	端面状况	工作阻力/kN	活柱高/m	采高/m	抽查的初撑力/kN 上	抽查的初撑力/kN 下	采空区状况	
1												
2												
3												
4												
5												
6												
7												

表5-7（续）

<table>
<tr><td rowspan="3">测线号</td><td colspan="5">第　一　排</td><td colspan="6">末　前　排</td><td rowspan="3">备注</td></tr>
<tr><td rowspan="2">初撑力/kN</td><td rowspan="2">补撑力/kN</td><td rowspan="2">活柱高/m</td><td rowspan="2">采高/m</td><td rowspan="2">端面状况</td><td rowspan="2">工作阻力/kN</td><td rowspan="2">活柱高/m</td><td rowspan="2">采高/m</td><td colspan="2">抽查的初撑力/kN</td><td rowspan="2">采空区状况</td></tr>
<tr><td>上</td><td>下</td></tr>
<tr><td>8</td><td></td><td></td><td></td><td></td><td></td><td></td><td></td><td></td><td></td><td></td><td></td><td></td></tr>
<tr><td>9</td><td></td><td></td><td></td><td></td><td></td><td></td><td></td><td></td><td></td><td></td><td></td><td></td></tr>
<tr><td>10</td><td></td><td></td><td></td><td></td><td></td><td></td><td></td><td></td><td></td><td></td><td></td><td></td></tr>
<tr><td rowspan="4">端头支架</td><td rowspan="2">上端头</td><td>前柱</td><td>中柱</td><td>后柱</td><td>平均</td><td rowspan="4">监测员</td><td colspan="6" rowspan="4"></td></tr>
<tr><td></td><td></td><td></td><td></td></tr>
<tr><td rowspan="2">下端头</td><td>前柱</td><td>中柱</td><td>后柱</td><td>平均</td></tr>
<tr><td></td><td></td><td></td><td></td></tr>
</table>

这里需要说明支柱排编号与监测排编号问题：工作面支柱排的编号按由输送机向采空区方向依次递增，最靠近输送机的为第一排，其次为第二排，其余类推；监测排是指已进行监测的支柱排数，一个工作面开始监测时的第一排支柱就是第一监测排，工作面推进一个循环，新支一排柱后，新支的这排柱为新的第一排，原来的第一排变为第二排，而新增的第一排就是第二监测排，其余类推。此后，工作面每推进一个循环，每支设一排支柱后，就增加一个监测排。表5-7表头中的监测排编号，就是指与此时第一排相对应的监测排编号。

表5-7中“第一排”栏以下，记录第一排各测点的初撑力、补撑力、活柱高、采高与端面状况（小冒落、断层等）。其中，补撑力是指初撑力不合格，经过补液合格后的初撑力。当某测点支柱初撑力不够时，该测线上、下各5 m范围内的第一排支柱均应检测其初撑力，并及时补液。

表5-7中“末前排”栏以下，记录末前排各测点的工作阻力、活柱高、采高及采空区状况（悬顶长度、冒落情况等）等。其中“抽查的初撑力”栏是记录每一监测线上、下方某根新增密集支柱的初撑力。

末前排具体指哪一排，与工作面规格有关。如果工作面是三、四排控顶，末前排为第三排；如果工作面是四、五排控顶，则末前排是第四排。前者末前排的监测排编号比第一排少2，后者末前排的监测排编号比第一排少3。

日常监测记录表送到地面后，在进行计算机处理数据前，还需要进行填表，所用表格还是表5-7，“第一排”栏以下各数据、端面状况均按原记录表抄写。“末前排”栏以下的“工作阻力”栏、“活柱高”以及“采高”栏下各测点的空格，用从左下角到右上角的斜线分为两小格，斜线上填写该末前排处在第一排位置时所测量的初撑力（或补撑力）、活柱高与采高，斜线下填写原记录表的数据。“末前排”栏以下的其他数据、采空区状况，按原记录表抄写。这样做的目的是，把计算末前排各测点的基点数据附加到记录表中，既便于计算机进行处理数据，又有利于避免发生差错。

当工作面采用三、四排控顶时，末前排的工作阻力、活柱高及采高的基点数据，就是前2号监测排记录表中“第一排”的数据；当工作面采用四、五排控顶时，末前排的工作阻力、活柱高及采高的基点数据，就是前3号监测排记录表中“第一排”的数据。其余以此类推。

（三）日常监报

（1）采煤队负责进行现场的支护质量与顶板动态监测工作，每班内质量验收员或安检员进行一次监测，并认真填写原始记录表。

（2）单体液压支柱工作面的日常监测记录表见表5-7。现场监测员每天将井下测取的各种原始数据填入记录表格中，并及时报送矿压组，矿压组将监测原始数据进行必要的计算后，填入整理表格中。

（3）监测数据采用计算机软件进行分析处理，打印出“一表两图”，即基础数据表、阻力曲线图和不安全因素平面图，具体如图5-4所示。通过日常监报的“一表两图”对工作面支护质量及煤岩稳定性做出总体评价，并对存在的问题提出整改措施和建议，分管领导签署意见、区队签署整改措施后，存档备查。

（4）工作面装面期间、撤面前必须对液压支架和单体液压支柱的初撑力进行动态监测，对液压系统的完好情况进行统计观测，并将监测记录存档保存。

（四）日常监报的“一表两图”

下面以工作面规定采高为2100～2200 mm，初撑力指标值为90 kN/根，顶底板移近量指标值为200 mm为例，对单体液压支柱工作面日常监报的“一表两图”加以说明。

1. 基础数据表

如图5-4a所示，在采高列下，只有第8监测线上的采高为2250 mm，属超高采煤。

在初撑力列下，第6监测线上的初撑力为63 kN/根，第8监测线上的初撑力为71 kN/根，这两监测线上的初撑力未达到指标值。从补撑力列下可见未达指标值的支柱未进行补撑工作。

在顶沉量（顶底板移近量）列下，可见第2监测线（240 mm）和第9监测线（201 mm）超过指标值。

在切顶上（监测线上密集支柱）、切顶下（监测线下密集支柱）列下，其数据均超过90 kN/根，可见末排柱上的密集支柱的初撑力均合格。

此外，在冒高与刚度列下，其数据均在合理范围内。至于阻力（工作阻力）、柱缩量（活柱缩量）、断层及悬顶长度（采空区悬顶）各列的数据，都提供了有用信息。

2. 阻力与顶沉曲线图

图5-4b中横坐标为监测线号，纵坐标为初撑力（kN）、末阻力（kN）和顶板下沉量（mm）。

图5-4b中两条平行于横坐标的直线，一条是初撑力指标值，另一条是顶沉量指标值。

P_0 为初撑力曲线，可见第6与第8监测线上的初撑力达不到指标值。

P_m 为末阻力（即工作阻力）曲线。

s 为顶板下沉量曲线，由该曲线可见第2与第9监测线顶沉值超标。

3. 不安全因素平面图

图5-4c中横坐标为监测线号，纵坐标为监视指标项目。

年　月　日　班　　　　　　　　　　　　　　　　　　　　　　　　　　工作面：

剩余走向长度：　　　　　　　　　　　　　　　　　　　　　　　　　　观测人：

测线	采高/mm	初撑力/kN	补撑力/kN	阻力/kN	柱缩量/mm	顶沉量/mm	切顶上/kN	切顶下/kN	冒高/mm	断层/mm	刚度/(kN·mm^{-1})	悬顶长度/m
1	2200	102		133	40	50	110	220			1	3.00
2	2100	110		196	115	240	126	149			1	2.00
3	2200	102		118	92	100	188	102	200		0	4.00
4	2150	102		290	93	135	141	212			2	4.00
5	2200	94		314	6	31	228	275			25	2.00
6	2200	63		236	87	162	206	290			2	3.00
7	2200	110		141	22	98	204	157		1000	2	
8	2250	71		283	30	50	220	290			8	1.00
9	2200	94		306	40	201	290	314			6	2.00
10	2200	118		290	6	163	306	298			38	
平均值	2190	97	0	231	53	123	212	231	200	1000	8	2.62
极值	2250	63	0	118	115	240	110	102	200	1000	0	4.00
测线	8	6	1	3	2	2	1	3	3	7	3	3
不合格率	10%	20%	0			20%	0	0				0

(a) 基础数据表

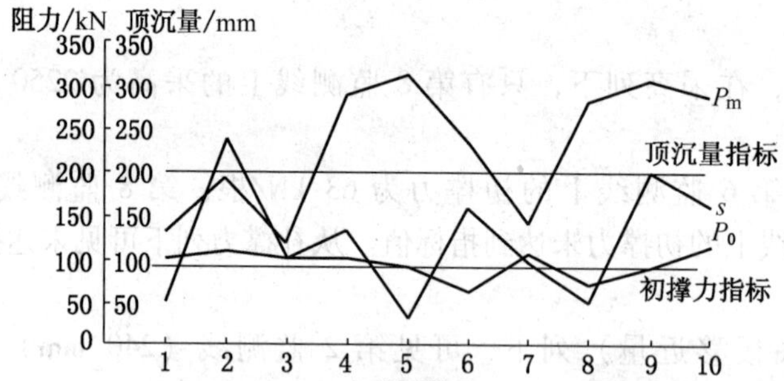

(b) 阻力、顶沉量曲线图

监测线号

监测指标	1	2	3	4	5	6	7	8	9	10
悬顶	X	X	X	X	X	X		X	X	
顶沉		!							!	
初撑						*		*		
断层							H			
冒落										
采高								+		

工作面回风巷　　　　工作面推进方向 ⇩　　　　工作面运输巷

图例：* 初撑力低　! 顶沉超限　H 断层　X 悬顶　+ 超高采煤

(c) 不安全因素平面图

图 5-4　单体液压支柱工作面日常监报的“一表两图”

从图5－4c中可直观看出，支护质量与顶板动态方面存在的问题。全工作面除第7和第10监测线外均有悬顶；第2与第9监测线顶沉值超标；第6与第8监测线初撑力未达标；第7监测线附近有断层；全工作面端面冒落未超标；第8监测线处超高采煤。

图5－4是引用某煤矿采煤工作面某班的日常监报“一表两图”。其中有不完善之处，如补撑情况未在基础数据表（图5－4a）和阻力、顶沉曲线图（图5－4b）中出现，支柱刚度未在不安全因素平面图（图5－4c）中出现，等等。

六、回采巷道日常支护质量与顶板动态监测数据处理

（1）锚网支护巷道回采时，在采动应力影响区内，对掘进期间测点处安设的监测仪器仪表，测取的数据应每周不少于1次；在超前支护区内，每天测取1次；观测数据要按表5－8提供的格式进行详细记录；观测期间还应对巷道支护状态进行统计，如有严重变形、网不完好、片冒等现象，应进行统计记录。

（2）架棚支护巷道回采时，不仅在超前支护范围内，测定单体液压支柱的初撑力或工作阻力，还要在超前支护区以外进行统计观测，及时记录、整理观测数据。

（3）技术科应由专人对监测数据及时进行分析处理，掌握顶板离层、围岩变形量随工作面推进的变化规律，发现异常，应及时向分管领导进行汇报。

表5－8　回采巷道顶板离层观测记录表

矿名　　　　巷道　　　　日期　　　　班　　　　记录人

测站/断面							
距工作面距离/m							
仪器名、编号							
测点读数/mm	1						
	2						
	3						
	4						
	5						
	6						
	7						
	8						

参考文献

[1] 钱鸣高，石平五，许家林．矿山压力与岩层控制［M］．徐州：中国矿业大学出版社，2010.

[2] 陈炎光，钱鸣高．中国煤矿采场围岩控制［M］．徐州：中国矿业大学出版社，1994.

[3] 窦林名，陆菜平，牟宗龙，等．采场顶板控制及监测技术［M］．徐州：中国矿业大学出版社，2009.

[4] 鲁忠良，肖亚宁，唐中华．煤矿液压支架的实用安全理论及技术［M］．徐州：中国矿业大学出版社，2009.

[5] 中国煤炭工业劳动保护科学技术学会．矿山压力与岩层控制技术［M］．北京：煤炭工业出版社，2007.

[6] 姜福兴．采煤工作面顶板控制设计及其专家系统［M］．北京：煤炭工业出版社，2010.

[7] 史元伟．采煤工作面围岩控制原理和技术（上）［M］．徐州：中国矿业大学出版社，2003.

[8] 史元伟．采煤工作面围岩控制原理和技术（下）［M］．徐州：中国矿业大学出版社，2003.

[9] 马念杰，王家臣，曹代勇．顶板灾害防治（A类）［M］．徐州：中国矿业大学出版社，2002.

[10] 赵宏珠，黄炳才，饶明杰．回采工作面端头支护技术与设备［M］．北京：煤炭工业出版社，1993.

[11] 张国华，李凤仪．矿井围岩控制与灾害防治［M］．徐州：中国矿业大学出版社，2009.

[12] 钱鸣高，石平五．矿山压力与岩层控制［M］．徐州：中国矿业大学出版社，2003.

[13] 靳钟铭，徐林生．煤矿坚硬顶板控制［M］．北京：煤炭工业出版社，1994.

[14] 段克信．松软围岩煤层开采［M］．北京：煤炭工业出版社，1995.

[15] 兖矿煤业股份有限公司．采煤工作面矿压观测与支护质量监测技术规范［M］．徐州：中国矿业大学出版社，2006.

[16] 倪兴华，苗素军，杨永杰．综放工作面端头及顺槽超前液压支架支护技术［M］．北京：煤炭工业出版社，2008.

[17] 张文江，张顶立．特厚坚硬煤层综合机械化放顶煤开采技术［M］．北京：煤炭工业出版社，2004.

[18] 蒋立宪，王绪奎，付加利．仰斜综采工作面局部片帮冒顶原因分析及控制［J］．煤矿现代化，2014，(4)：135－136.

[19] 杨兰宁，李孟辉，祝文峰．综采工作面冒顶事故的预防及处理解析［J］．科技传播，2014，121－116.

[20] 刘洪林，柏建彪，马述起，等．断层破碎顶板冒顶巷道修复技术研究［J］．煤炭工程，2011，(4)：76－78.

[21] 郭忠华，郎宝华．单体液压支柱工作面支护密度的分析与设计［J］．科技信息，2007，(3)：209－211.

[22] 汪锋，许家林，王晓振．祁东煤矿 $7_1$32 工作面局部冒顶原因及机理分析［J］．煤炭科学技术，2013，41（2)：24－27.

[23] 李俊龙．综放面架前冒顶控制及破碎围岩注浆加固工艺技术［J］．煤炭技术，2011，30（8)：93－94.

[24] 张森．聚氨酯加固煤岩预防采场冒顶技术［J］．科技与企业，2013，(20)：253.

[25] 程伟，顾新泽，石长坤．单体液压支柱工作面支护参数的优化［J］．煤炭科技，2011，(4)：61－62.

[26] 刘锦荣，袁永．坚硬顶板大采高综采面支架合理工作阻力研究［J］．西安科技大学学报，2013，33（1)：23－27.

[27] 阎建华．综采工作面支架初撑力与围岩相互作用关系分析［J］．煤炭科学技术，2014，42（2）：12－15.
[28]《综采技术手册》编委会．综采技术手册（上、下）［M］．北京：煤炭工业出版社，2001.
[29] 毕华照，等．煤矿顶板事故的防治［M］．北京：煤炭工业出版社，1991.

图书在版编目（CIP）数据

采场顶板控制及监测技术／高召宁主编．--北京：煤炭工业出版社，2015

安徽省省级规划教材

ISBN 978-7-5020-4749-8

Ⅰ．①采…　Ⅱ．①高…　Ⅲ．①煤矿—顶板管理—监测—高等学校—教材　Ⅳ．①TD327.2

中国版本图书馆 CIP 数据核字（2014）第 307558 号

采场顶板控制及监测技术（安徽省省级规划教材）

主　　编　高召宁
责任编辑　张江成
责任校对　邢蕾严
封面设计　于春颖

出版发行　煤炭工业出版社（北京市朝阳区芍药居 35 号　100029）
电　　话　010-84657898（总编室）
　　　　　　010-64018321（发行部）　010-84657880（读者服务部）
电子信箱　cciph612@126.com
网　　址　www.cciph.com.cn
印　　刷　北京玥实印刷有限公司
经　　销　全国新华书店

开　　本　787mm×1092mm $^{1}/_{16}$　**印张**　11　**字数**　257 千字
版　　次　2015 年 5 月第 1 版　2015 年 5 月第 1 次印刷
社内编号　7604　　　　**定价**　30.00 元